放射線物理学

(改訂2版)

柴田徳思
中谷儀一郎 著
山﨑真

放射線双書

通商産業研究社刊

ま　え　が　き

　本書の前身は昭和 39 年に刊行された「アイソトープの物理学」（飯田博美著）にさかのぼる。昭和 47 年から「放射線物理学」として刊行され，増補・改訂・改版を重ね，診療放射線技師，放射線取扱主任者国家試験の受験者，大学の各学部で放射線物理に興味を持つ多くの学生，原子力技術者などへ読者層が広まるとともに，教科書としても利用されてきた。

　飯田先生が長く育ててこられ，広く利用されてきた「放射線物理学」を今後も引き続き刊行し，さらに充実していくことは大変意義のあることと考えて，後を引き継がせて頂くこととした。

　著者が変わる今回，いろいろな物理量の導出に必要な詳細がこれまで十分に記載されていなかった部分については，付録という形で増補した。また，診療放射線に関連する医療分野の記述も加えた。

　今回の改訂では，新しく著者として山﨑真（やまざき　まこと）氏が加わり，山﨑真氏がこの双書を用いた授業の中で気のついた事をもとに修正すべき点を指摘された。それに基づいた修正も加えた。また通商産業研究社の坂本敬親会長および八木原誓一社長には大変お世話いただいた。厚く感謝の意を表する次第である。

　平成 30 年 12 月

著者しるす

目　次

第1章　序　論 …………………………………………………………………… 11

　1.1　はじめに ………………………………………………………………… 11
　1.2　特殊相対性理論 ………………………………………………………… 11
　1.3　光子と物質波 …………………………………………………………… 14
　1.4　エネルギーとエネルギーの単位 ……………………………………… 15
　演習問題 ……………………………………………………………………… 18

第2章　原子の構造 ……………………………………………………………… 20

　2.1　原子の大きさ …………………………………………………………… 20
　2.2　原子の模型 ……………………………………………………………… 20
　2.3　原子スペクトル ………………………………………………………… 21
　2.4　ボーアの原子模型 ……………………………………………………… 23
　2.5　ボーア模型の改良 ……………………………………………………… 25
　2.6　励起と電離 ……………………………………………………………… 27
　2.7　X　　線 ………………………………………………………………… 31
　演習問題 ……………………………………………………………………… 36

第3章　原子核の構造 …………………………………………………………… 38

　3.1　原子核の大きさ ………………………………………………………… 38
　3.2　原子核の構成と同位体 ………………………………………………… 39
　3.3　原子質量単位 …………………………………………………………… 40
　3.4　質量欠損，結合エネルギー …………………………………………… 40
　3.5　電子と核子のスピン …………………………………………………… 42
　演習問題 ……………………………………………………………………… 44

目　次

第4章　放射性壊変 …………………………………… 46

4.1　放射性壊変 ……………………………………… 46
4.2　壊変の法則 ……………………………………… 46
4.3　α 壊 変 ………………………………………… 51
4.4　β 壊 変 ………………………………………… 53
4.5　γ線の放出と原子核のエネルギー準位 ………… 56
4.6　自発核分裂 ……………………………………… 57
4.7　壊 変 図 ………………………………………… 58
4.8　自然放射性核種 ………………………………… 58
4.9　人工放射性核種 ………………………………… 62
演習問題 ……………………………………………… 64

第5章　加 速 器 ………………………………………… 67

5.1　加速器の概要 …………………………………… 67
5.2　コッククロフト・ウォルトン加速装置 ………… 67
5.3　ファン・ド・グラーフ加速装置 ………………… 68
5.4　直線加速装置 …………………………………… 69
5.5　サイクロトロン ………………………………… 71
5.6　AVFサイクロトロン …………………………… 72
5.7　ベータトロン …………………………………… 73
5.8　シンクロトロン ………………………………… 74
5.9　蓄積リング ……………………………………… 75
5.10　マイクロトロン ………………………………… 75
演習問題 ……………………………………………… 77

第6章　核 反 応 ………………………………………… 79

6.1　粒子フルエンス，エネルギーフルエンス ……… 79
6.2　核反応の表式 …………………………………… 80

6.3	核反応断面積	80
6.4	放射性核種の生成	81
6.5	核反応の種類	82
6.6	放 射 化	88
	演習問題	92

第7章　原 子 炉　95

7.1	原子炉の原理	95
7.2	原子炉の構造	96
7.3	原子炉の種類	98
	演習問題	99

第8章　放 射 線　100

8.1	放射線の定義	101
8.2	中性子線	101
8.3	宇 宙 線	104
8.4	放射線に関する諸量と単位	105
8.5	単一γ線源からの実効線量率	111
8.6	電子平衡	111
	演習問題	113

第9章　荷電粒子と物質の相互作用　115

9.1	用語の定義	115
9.2	電子，β線と物質の相互作用	118
9.3	重荷電粒子と物質の相互作用	123
	演習問題	127

第10章　光子と物質の相互作用　130

10.1	単一エネルギーの光子の減衰	130

目　次

10.2　単一エネルギーでない光子の減衰 ……………………………………… 134
10.3　光電効果 …………………………………………………………………… 136
10.4　コンプトン効果 …………………………………………………………… 137
10.5　電子対生成 ………………………………………………………………… 140
10.6　物質へのエネルギー伝達 ………………………………………………… 141
演習問題 …………………………………………………………………………… 143

第11章　中性子と物質の相互作用 …………………………………………… 147

11.1　中性子の種類 ……………………………………………………………… 147
11.2　熱中性子 …………………………………………………………………… 147
11.3　中速中性子 ………………………………………………………………… 148
11.4　高速中性子 ………………………………………………………………… 149
演習問題 …………………………………………………………………………… 151

第12章　放射線診断物理学入門 ……………………………………………… 153

12.1　コンピュータ断層撮影の概要と原理 …………………………………… 153
12.2　核医学検査の概要と原理 ………………………………………………… 157
12.3　MRIの概要と原理 ………………………………………………………… 164
12.4　超音波検査法の概要と原理 ……………………………………………… 167
演習問題 …………………………………………………………………………… 171

第13章　放射線治療物理学入門 ……………………………………………… 173

13.1　放射線治療の概要と原理 ………………………………………………… 173
13.2　放射線治療の基礎 ………………………………………………………… 174
13.3　リアニック治療装置と関連機器 ………………………………………… 176
13.4　高精度放射線治療と原理（定位放射線照射と強度変調放射線治療の原理）…… 177
13.5　放射線治療計画 …………………………………………………………… 178
13.6　線量校正 …………………………………………………………………… 178

付　　録

　付録第1章　序　　論 …………………………………………………………… 183
　付録第2章　原子の構造 ………………………………………………………… 191
　付録第3章　原子核の構造 ……………………………………………………… 196
　付録第4章　放射性壊変 ………………………………………………………… 198
　付録第5章　加 速 器 …………………………………………………………… 203
　付録第8章　放 射 線 …………………………………………………………… 206
　付録第9章　荷電粒子と物質の相互作用 ……………………………………… 208
　付録第11章　中性子と物質の相互作用 ………………………………………… 210
演習問題解答 …………………………………………………………………………… 215
定 数 表 ………………………………………………………………………………… 255

第1章 序論

1.1 はじめに

　放射線や放射能は，産業，医療，研究開発など広い分野で用いられている。放射線が生物に影響を及ぼすことから，利用する場合には安全を確保することが必要である。放射線の利用に際して安全を確保するためには，放射線の性質，放射性核種，放射線と物質との相互作用などの知識が必要となる。放射線の性質を理解するためには，電子や α 粒子などの荷電粒子および光子や中性子などの非荷電粒子に関する基礎的な知識が必要となるが，そこで扱う速度が場合により光速度に近くなるために特殊相対性理論を用いることになる。また，原子や原子核の状態の転移により放射線が発生することから，量子力学を用いる場合も生じる。

　このために本書では特殊相対性理論によるエネルギーや運動量などの扱い，量子力学の基本的な結果などを含めた解説から始めて，原子や原子核の構造，放射性壊変，加速器の原理，放射線と物質との相互作用などについて記述した。また，医療分野における利用が著しく広がっていることから放射線診断及び放射線治療の概要と原理に関する解説を含めた。

1.2 特殊相対性理論（詳細は付録を参照）

1.1.1 座標変換

固定された座標系と一定の速度 V で動く座標系の間の変換はガリレイ変換

$$\begin{cases} x' = x + Vt \\ y' = y \\ z' = z \\ t' = t \end{cases} \tag{1.2.1}$$

で表される。この変換を用いると，ニュートンの運動方程式は異なる系で同じ形をしているが電磁気のマクスウェルの式に当てはめると同じ型にならない。ローレンツ（H. A. Lorentz）はマクスウェルの式を不変に保つローレンツ変換を見出した。アインシュタイン（A. Einstein）は異なる系で光の速度が同じであるとして，特殊相対性理論（special theory of relativity）を作った。ローレンツ変換は特殊相対性理論から引き出される変換と同じ形である。これは，電磁波の速度が光速度であり，特殊相対性理論の枠でなければ記述できないことによる。

　光速度 c が一定のとき，時刻 $t=0$ で o と o' が重なっていて，そこから光が発生したとき（図

第1章 序 論

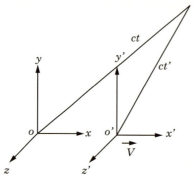

図1.1 固定されたo系と速度vで動くo'系

1.1参照)

$$x^2+y^2+z^2=c^2t^2 \tag{1.2.2}$$

$$x'^2+y'^2+z'^2=c^2t'^2 \tag{1.2.3}$$

である。ここで変換を，未知数 a, b, d, e を用いて

$$\begin{cases} x'=ax+bct \\ y'=y \\ z'=z \\ t'=\dfrac{d}{c}x+et \end{cases} \tag{1.2.4}$$

とおいて座標変換を求めると

$$\begin{cases} x'=\dfrac{1}{\sqrt{1-\dfrac{V^2}{c^2}}}(x-Vt) \\ y'=y \\ z'=z \\ t'=\dfrac{1}{\sqrt{1-\dfrac{V^2}{c^2}}}\left(-\dfrac{V}{c^2}x+t\right) \end{cases} \tag{1.2.5}$$

となり，ローレンツ変換という。また，逆に解いて，

$$\begin{cases} x=\dfrac{1}{\sqrt{1-\dfrac{V^2}{c^2}}}(x'+Vt') \\ y=y' \\ z=z' \\ t=\dfrac{1}{\sqrt{1-\dfrac{V^2}{c^2}}}\left(\dfrac{V}{c^2}x'+t'\right) \end{cases} \tag{1.2.6}$$

を得る。

1.2.2 動いている物の長さ

o'系で長さ ℓ の物体は $x'_2-x'_1=\ell$ で表され，o系での長さは同時刻で測るので (1.2.6) 式を用いて，

$$x_2-x_1=\sqrt{1-\dfrac{V^2}{c^2}}(x'_2-x'_1)=\sqrt{1-\dfrac{V^2}{c^2}}\cdot\ell \tag{1.2.7}$$

となり $\sqrt{1-\dfrac{V^2}{c^2}}$ だけ短くなる。

1.2.3 動いている時計

o' 系での時間差を T とすると $T=t'_2-t'_1$ であり，o' 系で同じ場所についての時間差なので (1.2.6) 式を用いて，

$$(t_2-t_1)=\frac{1}{\sqrt{1-\frac{V^2}{c^2}}}(t'_2-t'_1)=\frac{T}{\sqrt{1-\frac{V^2}{c^2}}} \tag{1.2.8}$$

となり時間は長くなる。このために寿命のごく短い粒子でも光速に近い速度で走ると<u>寿命が延びて観測できるようになる</u>。

1.2.4 速度の和

o' 系で速度 v'_x で動いている物の速度を o 系で見る。つまり速度 V で動いている物から速度 v'_x で打ち出した場合，古典力学では速度 v'_x の運動は $V+v'_x$ で表されるが，光の速度が一定の場合には，o' 系で速度 v'_x を o 系に変換すれば求めることができる。したがって，付録第 1 章に示した速度の変換の式 (A1.2.10) を用いて

$$v_x=\frac{v'_x+V}{1+\frac{v'_x V}{c^2}}$$

つまり速度 V と v'_x の和 v_x は

$$v_x=\frac{v'_x+V}{1+\frac{v'_x V}{c^2}} \tag{1.2.9}$$

で与えられる。

また，o' 系での速度 v'_y は o 系で見ると

$$v_y=\sqrt{1-\frac{V^2}{c^2}}\,\frac{v'_y}{1+\frac{v'_x V}{c^2}} \tag{1.2.10}$$

となり，y 方向の速度であるが，v'_x に依存することになる。

1.2.5 運動量とエネルギー

古典力学では運動量は質点の静止質量を m_0 とすると $m_0\boldsymbol{v}$ で与えられる。図 1.2 のように同じ質量の 2 個の質点が $x-y$ 面内で運動していて，o 系で重心が止まっている場合，運動量を，$m_0\boldsymbol{v}$, $m_0\boldsymbol{u}$ で表されるとすると o 系では

$$m_0 v_x + m_0 u_x = 0$$
$$m_0 v_y + m_0 u_y = 0$$

速度 V で動く系 o' では y' 方向の運動量は $m_0 v'_y + m_0 u'_y$ であるので付録 (A1.2.9) 式を用

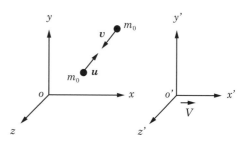

図 1.2　二つの質点の動き

第1章 序論

いて

$$m_0 v'_y + m_0 u'_y = \sqrt{1-\frac{V^2}{c^2}} \left[\frac{m_0 v_y}{1-\frac{v_x V}{c^2}} + \frac{m_0 v_y}{1-\frac{u_x V}{c^2}} \right]$$

となり，これは 0 にならない。つまり運動量が $m_0 \boldsymbol{v}$ では観測する系により物理現象を正しく表すことができない。この原因は dt が座標系により異なるためである。そこで粒子に付けた時計で時間を測ればどの座標系でも同じになる。このことを用いると運動量 $\boldsymbol{p}$ を

$$\boldsymbol{p} = \frac{m_0 \boldsymbol{v}}{\sqrt{1-\frac{v^2}{c^2}}} \tag{1.2.11}$$

と定義すればよいことが分かる。この式は質量が見かけ上 $\dfrac{m_0}{\sqrt{1-\dfrac{v^2}{c^2}}}$ に増加したと見ることもできる。$\dfrac{m_0}{\sqrt{1-\dfrac{v^2}{c^2}}} = m$ とおき相対論的質量とすれば $\boldsymbol{p} = m\boldsymbol{v}$ と表すことができる。運動量 $\boldsymbol{p}$ に対して運動エネルギー K は付録（A.1.2.18）式より

$$K = \frac{m_0 c^2}{\sqrt{1-\frac{v^2}{c^2}}} - m_0 c^2 \tag{1.2.12}$$

で与えられる。ここで

$$E = K + m_0 c^2 \tag{1.2.13}$$

と置くと

$$E^2 = p^2 c^2 + m_0^2 c^4 \tag{1.2.14}$$

を得る。ここで，$m_0 c^2$ は静止エネルギーで，（2.1.13）式より，<u>E は運動エネルギーと静止エネルギーの和で全エネルギーを表す</u>。

1.3 光子と物質波

1.3.1 光子のエネルギーと運動量

溶鉱炉の中の温度と色の関係では，温度が高くなると色が赤色から白い色に変わることが経験的に知られていた。気体の運動について統計力学では原子の運動の自由度（1原子分子の場合は x，y，z 方向の運動があるので自由度は 3）に応じて kT のエネルギーが分配されるという，等分配の法則で表すことができる。空洞の中の光の振動数が連続であるとすると，光の強さは等分配の法則を用いて解くと振動数の分布は変化せずに温度に比例するという結果が得られる。つまり温度とともに色が変わることにはならない。プランク（M. Plank）はこれを解決するために

光のエネルギーには最小単位があるとして説明した。つまり，ある振動数 ν に対して
$$E = h\nu \tag{1.3.1}$$
を最小の単位とした。ここで h はプランク定数である。$\hbar = \dfrac{h}{2\pi}$ として $\hbar$ がしばしば用いられる*。これは光のエネルギーが振動数に比例することを表している。音波や水面を伝わる通常の波のエネルギーは振幅の2乗に比例するので，全く異なる性質を持つことになる。強い光というのはたくさんの光子が飛んでるということになり光の粒子性を示す。

* $\hbar c = 197.3$ MeV・fm（1 fm$= 10^{-15}$m）を覚えておくと計算に便利である。

光の粒子性は光電効果によりはっきりと示される。金属板を波長の短い光で照射すると電子が表面から飛び出す現象が観測される。この現象は，レナード（P. Lenard）により詳しく調べられ，1) ある波長より波長の長い光を当てても電子は飛び出さない，2) 照射する光の波長を短くすると飛び出す電子のエネルギーは高くなるが，飛び出す電子の数は変わらない，3) 同じ波長の光で強度を上げて照射すると飛び出す電子の数は多くなるが，個々の電子のエネルギーはかわらない，ということが観測される。このことは光子のエネルギーが（1.3.1）式で表されることにより理解できる。

光子の運動量は，（1.2.14）式で質量を0とすれば $E = pc$ となるので
$$p = \frac{E}{c} = \frac{mc^2}{c} = mc \tag{1.3.2}$$
で与えられる。ただし，m は相対論的質量を示す。

1.3.2　物質波

ド・ブロイ（L. deBroglie）は光が波動性と粒子性の2重の性質を持つことから，粒子も波動性と粒子性を持つと考えて（1.3.2）式より $p = \dfrac{h\nu}{c} = \dfrac{h}{\lambda}$ となることから，運動量 $\boldsymbol{p}$ の粒子の波長 λ は
$$\lambda = \frac{h}{p} = \frac{h}{mc} \tag{1.3.3}$$
で与えられるとした。実際に，電子線を結晶にあてて干渉縞が表れることで粒子も波動の性質を持つことが示された。

1.4　エネルギーとエネルギーの単位

1.4.1　エネルギー

ここでは古典力学に戻って示す。時刻 $t=0$ で質点に一定の力 $\boldsymbol{F}$ が働くとすると，この質点は加速される。力の方向を x 方向とすると

第1章 序　論

$$F = M_0 \frac{dx^2}{dt^2}$$

ここで，M_0 は質点の静止質量である。時刻 t における速度は

$$\int_0^t \frac{dx^2}{dt^2} dt = \int_0^t \frac{F}{M_0} dt$$

$t=0$ のとき初速度が v_0，$t=t$ のとき v とすると，

$$v - v_0 = \frac{F}{M_0} t \tag{1.4.1}$$

となる。初めの位置を x_0 とすれば (1.4.1) 式より

$$x(t) - x_0 = \int_0^t v(t) dt = \int_0^t \left(v_0 + \frac{F}{M_0} t \right) dt = v_0 t + \frac{1}{2} \frac{F}{m_0} t^2 \tag{1.4.2}$$

(1.4.1) 式より $t = \frac{M_0}{F}(v - v_0)$ であるので，代入して整理すると

$$x - x_0 = \frac{M_0}{F}(v^2 - v_0^2)$$

したがって，

$$\frac{1}{2} M_0 v^2 - \frac{1}{2} M_0 v_0^2 = F \cdot (x - x_0) \tag{1.4.3}$$

つまり，$\frac{1}{2} M_0 v^2$ を運動エネルギーとすれば (1.4.3) 式は運動エネルギーの変化が距離 ($x - x_0$) にわたって作用した力 F により生じたことになる。ここで，$F \cdot (x - x_0)$ を仕事という。単位としては 1 N（ニュートン）の力が 1 m にわたり作用すれば 1 J（ジュール）である。

　質点を力と逆向きに動かせばそれだけエネルギーの高い状態に持っていくことができる。このことは，各点に働く力 F が距離 dr にわたり作用する場合，エネルギーの増分 dV（電位差）は $dV = -F \cdot dr$ で与えられるので R_0 から R まで作用する場合のエネルギーの増加は

$$V(R) - V(R_0) = -\int_{R_0}^{R} F \cdot dr \tag{1.4.4}$$

で与えられることになる。

　電荷に及ぼす力を考える。距離 r 離れた電荷 Q_1 と Q_2 の間に働くクーロン力 F は

$$F = \frac{1}{4\pi\varepsilon_0} \frac{Q_1 \cdot Q_2}{r^2} \tag{1.4.5}$$

で与えられる。この力により R_0 から R まで動かした時のクーロンエネルギー $E(R) - E(R_0)$ は

$$V(R) - V(R_0) = -\int_{R_0}^{R} \frac{1}{4\pi\varepsilon_0} \frac{Q_1 Q_2}{r^2} = \frac{Q_1 Q_2}{4\pi\varepsilon_0}\left(\frac{1}{R} - \frac{1}{R_0}\right) \tag{1.4.6}$$

である。通常 $R_0 \to \infty$ で $V(R_0) = 0$ とするので，クーロンエネルギーは

$$V(R) = \frac{Q_1 Q_2}{4\pi\varepsilon_0} \frac{1}{R} \tag{1.4.7}$$

で与えられる。

1.4.2 エネルギーの単位

エネルギーの単位はジュール（J）である。日常で良く用いられる単位は cal（カロリー）であり，ジュールとの関係は 1 cal＝4.186 J である。原子の励起や放射線のエネルギーは 1 J に比べはるかに小さい量なので，eV（エレクトロンボルト）が用いられる。

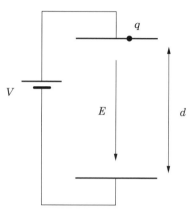

図 1.3　電場と電圧

電場が存在する空間において，電荷には電気力線に沿った力が働く。この力による位置エネルギーを考える。

図 1.3 のように電圧が V で，電極間の距離が d であるとき電極間の電場 $\boldsymbol{E}$ は

$$\boldsymbol{E} = \frac{V}{d}\hat{d}$$

で表される。ここで，$\hat{d}$ は正の電極から負の電極への方向を表す単位ベクトルである。

この電場により電荷 q には力 $\boldsymbol{F} = q\boldsymbol{E}$ が働く。電荷 q を負の電極から正の電極まで持ち上げるのに必要な仕事は $\boldsymbol{E} \cdot \boldsymbol{d} = V$ であり，基準を負電極にとれば位置エネルギーは V となる。電荷が 1 C（クーロン）のときに電位が 1 V（ボルト）であれば，位置エネルギーは 1 J となる。電子や陽子の電荷は $1\,e$ と書いて，その大きさは $1\,e = 1.602 \times 10^{-19}$ C であり，素電荷と呼ばれる。素電荷が 1 V に置かれた時の位置エネルギーを **1 eV（エレクトロンボルト）** といい，その大きさは

$$1\,\text{eV} = 1.6 \times 10^{-19}\,\text{J} \tag{1.4.8}$$

となる。

第1章 序　論

演　習　問　題

問1　次の記述のうち誤っているのはどれか。
  1) 光子の真空中での速度は，光子のエネルギーにより異なる。
  2) 光子のエネルギーは，振動数に比例する。
  3) 光子の運動量は，エネルギーに比例する。
  4) 光子は粒子性とともに波動性を示す。
  5) X線とγ線はいずれも光子である。

問2　1gの物質が完全にエネルギーに変化したとき，どれだけのエネルギーになるか。このエネルギーは石炭の重さ何tに相当するか。石炭1gの燃焼により7,000 calの熱量が発生する。

問3　1 eVのエネルギーの光の波長と振動数はいくらか。

問4　光の0.95倍の速度を持つ電子の質量は電子の静止質量の何倍か。

問5　距離r離れた2つの点電荷q_1とq_2の間のクーロン力によるエネルギー$V(R)$は

$$V(R) = \frac{1}{4\pi\varepsilon_0} \frac{q_1 \cdot q_2}{r}$$

で与えられる。素電荷をeとして，$q_1 = 2e$，$q_2 = 86e$，$r = 7.3$ fm (1 fm $= 10^{-15}$ m) であるときエネルギー$V(R)$は何MeVとなるか。

問6　電子の静止質量の10^4倍大きい質量をもつ原子核から1 MeVの光子が放出されるときに原子核が受ける反跳エネルギーはいくらか。

問7　真空中に1.5 cm離れ1,200 Vの電位差を持つ平行電極がある。電極間の電場の強さはいくらか。電極間に存在する電子に働く力はどれほどか。電子が負電極から正電極まで動くのに要する時間はいくらか。終速度はいくらか。

問8　1,500 Vの電圧で加速された電子が間隔0.5 cm，長さ1 cmの静電偏向板の間を突き抜け，偏向板から30 cmにある蛍光膜上に投ずる場合，蛍光膜上で10 cmの変位を受けさせるためには，偏向板にかける電圧は何V必要か。

問9　放射能が7×10^{11} Bqで，5 MeVのエネルギーを持つα線のみを100％放出する線源がある。この線源から全エネルギーが100 gの水に与えられるとき，1分間での水の上昇温度はいくらか。ただし，熱は外部に漏れないものとし，1 eV $= 1.6 \times 10^{-19}$ Jとする。

問10 ド・ブロイ波の関係式で正しいのはどれか。ただし，波長を λ，運動量を p，プランク定数を h とする。
 1 $\lambda = \dfrac{h}{p}$ 2 $\lambda = \dfrac{p}{h}$ 3 $\lambda = hp$ 4 $\lambda = hp^2$ 5 $\lambda = \dfrac{h}{p^2}$

問11 特殊相対性理論に直接関係ないのはどれか。
 1 慣性系
 2 黒体輻射
 3 光速度不変
 4 質量エネルギー
 5 ローレンツ変換

問12 光速の 0.98 倍に加速された電子の質量は静止質量の何倍か。
 1 0.98   2 1.00   3 1.02   4 2.2   5 5.0

問13 1.0×10^6 [V] で加速した電子の相対論的質量 [kg] はどれか。ただし，電子の質量を $m_0 = 9.1 \times 10^{-27}$ [kg]，光速を $c = 3.0 \times 10^8$ [m/s] とせよ。
 1 2.5×10^{-27} 2 2.6×10^{-27} 3 2.7×10^{-27} 4 2.8×10^{-27} 5 2.9×10^{-27}

問14 50 [kV] で電子を加速するときの電子線の波長 [m] はどれか。ただし，プランク定数を $h = 6.626 \times 10^{-34}$ [J・s] とせよ。
 1 5.9×10^{-16} 2 6.9×10^{-16} 3 7.9×10^{-16} 4 8.9×10^{-16} 5 9.9×10^{-16}

第 2 章 原子の構造

2.1 原子の大きさ

19 世紀の初めには物質が原子から構成されるという原子説はほとんどの化学者によって信じられていて，ドルトン（J. Dalton）は，一種類の元素からなる気体は原子から構成されると考えていた。これに対しアボガドロ（A. Avogadro）は，同温同圧のもとでは，すべての気体は同じ体積中に同数の分子を含むというアボガドロの法則と，気体は原子ではなく，同種の原子が 2 つ結合した分子からなるという考えを唱えた。物質が原子から構成される分子からなるとすると，物質の質量は分子の質量の整数倍ということになる。1 分子の質量を表す物理量を分子量（原子の場合は原子量という。）といい，分子量に等しいグラム数の物質にはすべての物質で同じ個数の分子が含まれることになる。現在，物質量の単位として，炭素 12（^{12}C と書く，説明は後出）の 12 g に存在する原子数と同じ数の物質量を 1 mol と定めている。この数をアボガドロ定数（N_A）といい，6.02214×10^{23} である。炭素（グラファイト）の密度は 2.25 g cm^{-3} であるので，1 cm³ で 2.25 g で，炭素 12 の 1 mol は 12 g なので，1 cm³ の中の原子数 N は

$$N = \frac{2.25}{12} \times N_A = \frac{2.25}{12} \times 6.02 \times 10^{23} = 1.13 \times 10^{23}$$

となる。これより 1 個の炭素 12 の占める体積は 8.86×10^{-24} cm³ となり，これを球だとすると直径は 2.57×10^{-8} cm $= 2.57 \times 10^{-10}$ m となる。次節で示すように，原子の模型は中心に正電荷の核を持ちその周りを電子が周っているモデルで表すことができる。つまり，中心に Ze の電荷があり，その周りを Z 個の電子が周っているモデルである。一番外側の電子の感じる電荷は，$+Ze - (Z-1)e = +e$ となって，すべての原子の一番外側の電子は同じ電荷を感じていることになる（実際には，電子の配位が異なるので少し違う。）。このことは，異なる原子の直径はほぼ同じで $\sim 10^{-10}$ m であるといえる。

2.2 原子の模型

ラザフォード（E. Rutherford）は α 粒子が物質を通るときにおこる現象を明らかにしようとしていた。この頃すでに物質の中に正の電荷と電子があることは知られていて原子のモデルとして，J. J. トムソン（J. Thomson）の正電荷が球状に広がっている中に電子が散らばっているモデルや長岡半太郎の太陽系モデルなどがあった。α 粒子は電荷の中を通ることにより散乱を受

けて方向が変わると考えられるので，薄い箔を通して α 粒子の方向の変化を観測すると α 粒子は少しだけ曲げられることになる．この実験の中で，ほとんどの α 粒子はほぼまっすぐに進むが，たまに，かなりの角度を曲げられて進むものがあることを発見した．ラザフォードは中心に正電荷と質量が集中していて，その正電荷との衝突で α 粒子が曲げられると考えた．この場合 α 粒子は双曲線を描き，α 粒子の曲がる確率は角度の関数として計算できる．これを実験的に確かめて，原子の構造として中心に正電荷をもち質量の集中した核があることを示した．

太陽系のように電子が核のまわりを周っているモデルの場合，電子の進む方向は刻々と変わる加速度運動となり，電磁気学によれば荷電粒子が加速度運動をする時に電波を出すことになるので，電子は回転により電波を出してエネルギーを失い核へ落ち込んでしまう．このために安定に存在することはできない．このモデルの困難な点について，ラザフォードはこの系の安定性に首は突っ込まないと明言している．

このように，中心に正電荷がありそこに質量が集中している核のあることから，この原子核とこれをとりまく電子からなる原子の模型が提唱された．原子をとりまく電子の数は**原子番号**（atomic number）と同じ Z に等しくその全電荷は $-Ze$ である．原子核は，電荷 e を持つ**陽子**（proton）Z 個と電荷をもたない**中性子**（neutron）N 個で構成されているのでその全電荷は Ze となり，原子全体は電気的に中性になる．Z と N の和を A で表し（$A=Z+N$）**質量数**（mass number）という．陽子と中性子を核子（nucleon）という．

核内の陽子数 Z と中性子数 N によって分類された原子核，すなわち Z と N で規定された原子核を核種（nuclide）という．原子番号 Z が等しく中性子数 N の異なる核種を同位体（isotope）という．中性子数 N が等しく Z の異なる核種を同中性子体（isotone）といい，質量数 A が等しく Z と N の異なる核種を同重体（isobar）という．核種は記号で表され，**元素記号の左上に質量数を左下に原子番号，右下に中性子数**を付けて表す．水素の場合，原子番号は1で中性子数が 0, 1, 2 の核種があり，それぞれ $^1_1H_0$, $^2_1H_1$, $^3_1H_2$ と表し，水素，重水素，3重水素を示す．元素記号で原子番号を表すので，通常は質量数と元素記号で表すことが多い．水素の場合，^1H, ^2H, ^3H などで，それぞれ，水素（hydrogen），重水素（deuterium），3重水素あるいはトリチウム（tritium）と呼ばれる．

2.3　原子スペクトル

19世紀の半ばに始められた分光分析法が発展し，水素放電管から放射される光について精度良い測定がなされ，4本の輝線についてその波長が $\lambda_1=656.28$ nm, $\lambda_2=486.13$ nm, $\lambda_3=434.05$ nm, $\lambda_4=410.17$ nm であることが見出された（図2.1参照）．

これらについてバルマー（J. Balmer）は

第2章　原子の構造

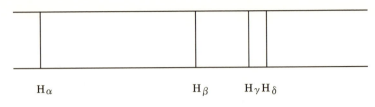

図2.1　バルマー系列

$$\lambda_n = A\frac{(n+2)^2}{\{(n+2)^2-4\}} \qquad (n=1,\,2,\,3,\,4) \tag{2.3.1}$$

$A = 354.46$ nm

という関係で表されることを示した。その後，リュードベリ（J. Rydberg）が原子のスペクトルの波長は，リュードベリ定数 R を用いて

$$\frac{1}{\lambda} = R\left(\frac{1}{n^2} - \frac{1}{m^2}\right) \tag{2.3.2}$$

で表され，バルマーの式はこの特別な場合であることを示した（ただし，n と m は自然数）。このように波長について予測できる式が示されはしたが，なぜこのような形で表されるか説明する理論はまだわかっていなかった。

原子スペクトルはこのように規則正しい系列（series）が存在することが大きな特徴である。水素原子についてみれば波数 $\sigma = \frac{1}{\lambda}$ を用いて以下のような系列が観測される。

$$\left.\begin{array}{l} \sigma = R_H\left(\dfrac{1}{1^2} - \dfrac{1}{n^2}\right);\ n=2,\,3,\,4\cdots\text{ライマン系列（1906）} \\[4pt] \sigma = R_H\left(\dfrac{1}{2^2} - \dfrac{1}{n^2}\right);\ n=3,\,4,\,5\cdots\text{バルマー系列（1885）} \\[4pt] \sigma = R_H\left(\dfrac{1}{3^2} - \dfrac{1}{n^2}\right);\ n=4,\,5,\,6\cdots\text{パッシェン系列（1908）} \\[4pt] \sigma = R_H\left(\dfrac{1}{4^2} - \dfrac{1}{n^2}\right);\ n=5,\,6,\,7\cdots\text{ブラケット系列（1922）} \\[4pt] \sigma = R_H\left(\dfrac{1}{5^2} - \dfrac{1}{n^2}\right);\ n=6,\,7,\,8\cdots\text{フンド系列（1924）} \end{array}\right\} \tag{2.3.3}$$

ここで，R_H は水素に対するリュードベリ定数（Rydeberg constant；$1.09678\times10^7 \text{m}^{-1}$）で

$$R_H = R_\infty \frac{1}{1+\dfrac{m_0}{M_H}} \tag{2.3.4}$$

の関係にある。ここで，R_∞，M_H，m_0，はそれぞれ，原子核の質量が無限大のリュードベリ定数，水素の原子核の質量，電子の質量を表す。

2.4　ボーアの原子模型

　古典電磁気学では，荷電粒子が加速度運動をすると電磁波が放出されるために原子核の周りを電子が周回するという原子模型が安定に存在できなくなる。ボーアは以下の仮定をして原子模型を作った。

1) 原子は一定の状態（定常状態）に限って，長いこととどまることができる。このとき荷電粒子の加速度運動でもエネルギーを吸収したり放出したりしない。〈量子条件〉
2) 状態 E_m から E_n へ転移するとき，決まった振動数の光を放出する。振動数の条件はプランク定数を用いて $E_\mathrm{m}-E_\mathrm{n}=h\nu$ で定まる。〈振動数条件〉

この仮定2）はプランクが光のエネルギーの最小単位を $h\nu$ としたことを受けて考えたと思われる。

　付録第2章で示したように，ボーアの仮定2）を電子軌道の円周が電子の波長 $\lambda=\dfrac{h}{p}$ の整数倍であるとして，原子の半径，電子軌道のエネルギーを求めてみる。電子の質量は原子核の質量に比べて十分小さいので，本来は換算質量を用いるところであるが，ここでは無視する。つまり，原子核の質量を無限大とした場合に相当する。

　図2.2のように電子の静止質量を m_0，速度を v，軌道の半径を r，原子核の電荷を Ze とすると遠心力とクーロン力の釣り合いから

$$m_0 r\omega^2 = m_0\frac{v^2}{r} = \frac{1}{4\pi\varepsilon_0}\frac{Ze^2}{r^2} \quad (2.4.1)$$

量子条件を適用し，電子軌道の円周が波長の整数倍に等しいとして

$$2\pi r = n\lambda = \frac{nh}{p} = \frac{nh}{m_0 v} \quad (2.4.2)$$

(2.4.1) 式と (2.4.2) 式より

$$r_\mathrm{n} = \frac{n^2\hbar^2}{m_0}\frac{4\pi\varepsilon_0}{Ze^2} \quad (2.4.3)$$

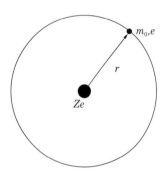

図2.2　電子軌道

と表され，電子軌道がとびとびの値を持つことが導かれる。ここで，$\hbar=\dfrac{h}{2\pi}$ である。水素の半径は (2.4.3) 式で $Z=1$，$n=1$ とすれば求められ，

$$r_1 = \frac{\hbar^2}{m_0}\frac{4\pi\varepsilon_0}{e^2} = \frac{\hbar^2 c^2}{m_0 c^2}\frac{4\pi\varepsilon_0}{e^2} = 5.29\times10^{-11}\mathrm{m}$$

となり，これをボーア半径という。この計算で $\hbar c=197.3\mathrm{fm\ MeV}$，電子の静止エネルギー $m_0 c^2=0.511\mathrm{MeV}$，$\dfrac{e^2}{4\pi\varepsilon_0\hbar c}=\dfrac{1}{137}$ を用いると簡単に導くことができる。軌道のエネルギーは，

第 2 章　原子の構造

$E_n = -\dfrac{1}{4\pi\varepsilon_0}\dfrac{Ze^2}{r_n}+\dfrac{p_n{}^2}{2m_0} = -\dfrac{1}{4\pi\varepsilon_0}\dfrac{Ze^2}{r_n}+\dfrac{1}{2}m_0(r_n\omega_n)^2$ で，(2.4.2) 式より $p_n = \dfrac{nh}{2\pi r_n} = \dfrac{n\hbar}{r_n} = \dfrac{m_0 Ze^2}{n\hbar 4\pi\varepsilon_0}$ を用いて

$$E_n = -\left(\dfrac{Ze^2}{4\pi\varepsilon_0}\right)^2 \dfrac{m_0}{n^2\hbar^2} + \dfrac{1}{2}\left(\dfrac{Ze^2}{4\pi\varepsilon_0}\right)^2 \dfrac{m_0}{n^2\hbar^2} \text{ より}$$

$$E_n = -\dfrac{m_0}{2}\left(\dfrac{Ze^2}{4\pi\varepsilon_0}\right)^2 \dfrac{1}{n^2\hbar^2} \tag{2.4.4}$$

で与えられる。このようにエネルギーが負であることから軌道電子は束縛されていることを示す。**n を主量子数**（principle quantum number）といい，$n=1$ を K 殻，$n=2$ を L 殻，$n=3$ を M 殻という。主量子数以外に電子軌道を特徴づける量子数があり，主量子数で決まる殻には複数の軌道が存在する。水素の場合の $n=1$ に対する軌道のエネルギーは (2.4.4) 式より

$$E_1 = -\dfrac{m_0}{2}\left(\dfrac{e^2}{4\pi\varepsilon_0}\right)^2 \dfrac{1}{\hbar^2} = -\dfrac{m_0 c^2}{2}\left(\dfrac{e^2}{4\pi\varepsilon_0 \hbar c}\right)^2 = -\dfrac{0.511}{2}\times\dfrac{1}{137^2}(\text{MeV}) = -13.6\,(\text{eV})$$

となり，水素原子の電子軌道の束縛エネルギー（**結合エネルギー**ともいう）が得られる。
E_m から E_n へ転移する場合に放出される光子のエネルギー $E_X = E_m - E_n$ は (2.4.4) 式を用いて

$$E_X = E_m - E_n = \dfrac{m_0}{2\hbar^2}\left(\dfrac{Ze^2}{4\pi\varepsilon_0}\right)^2\left(\dfrac{1}{n^2}-\dfrac{1}{m^2}\right) \tag{2.4.5}$$

を得る。光子の波長で表すと $E_X = h\nu = \dfrac{hc}{\lambda} = hc\sigma$ より

$$\dfrac{1}{\lambda} = \sigma = \dfrac{E_X}{hc} = \dfrac{E_X}{2\pi\hbar c} = \dfrac{m_0}{4\pi\hbar^3 c}\left(\dfrac{e^2}{4\pi\varepsilon_0}\right)^2 Z^2\left(\dfrac{1}{n^2}-\dfrac{1}{m^2}\right) = RZ^2\left(\dfrac{1}{n^2}-\dfrac{1}{m^2}\right) \tag{2.4.6}$$

となり，**波長の逆数の平方根は原子番号に比例するというモーズレーの法則**（Moseley's law）が導かれ，また，(2.4.6) 式の R をリュードベリ定数（Rydberg constant）という。(2.4.6) 式は原子核の質量を無限大として求めているので，(2.2.4) 式の R_∞ となっている。

$R_\infty = 1.09^7 \times 10^7\,\text{m}^{-1}$ である。

このように，ボーアの原子模型を用いることにより線スペクトルの系列が完全に説明できる。この原子モデルでは電子軌道のエネルギーが n により与えられる。$n=1,\,2,\,3$ に応じた電子軌道は，$n>1$ では次節で示すように複数存在する。このために，n に対応する軌道群を殻と呼び，$n=1,\,2,\,3,\,4\cdots$ に対応する軌道群を K 殻，L 殻，M 殻…と呼び，図 2.3 に示すように表される。この図では電子が円軌道を回っているように見えるが，これはエネルギー準位を表しているので，空間的な電子

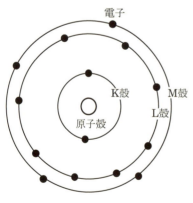

図 2.3　ボーアの原子模型

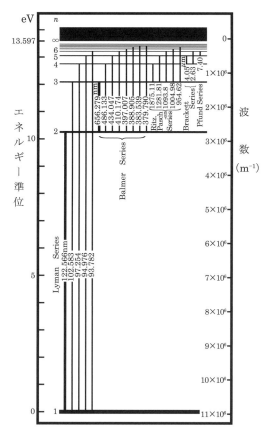

図 2.4　水素原子のエネルギー準位と線スペクトル

軌道を示しているわけではない．実際の電子軌道は球形や楕円体系など複雑な形をしている．

電子軌道のエネルギーは（2.4.4）式で表されるので，電子が軌道間を転移すると軌道間のエネルギー差に等しい光子が放出される．水素の場合のエネルギー準位と線スペクトルを図 2.4 に示した．

2.5　ボーア模型の改良

ボーア模型では，電子の円運動として電子軌道の半径やエネルギーを求めたが，実際の軌道は円運動ではなく，楕円軌道も含まれる．クーロン力は半径の 2 乗に反比例する力なので，重力と同じであり，電子の運動はケプラー問題と同じに扱える．二次元の楕円軌道の場合，量子条件をゾンマーフェルト（Sommerfeld）が拡張した方位角と動径方向の条件を用いることで，付録第 2 章に示したように計算することができる．

この結果によると，主量子数 n に対して動径方向の量子数 n_r と方位角方向の量子数 n_ϕ の間

第 2 章　原子の構造

表 2.1　主量子数に対する方位量子数と軌道
（a_0 はボーア半径である）

主量子数	方位量子数	a	b
$n=1$	$n_\phi=1$	$a=a_0$	$b=a_0$
$n=2$	$n_\phi=2$	$a=4a_0$	$b=4a_0$
	$n_\phi=1$	$a=4a_0$	$b=2a_0$
$n=3$	$n_\phi=3$	$a=9a_0$	$b=9a_0$
	$n_\phi=2$	$a=9a_0$	$b=6a_0$
	$n_\phi=1$	$a=9a_0$	$b=3a_0$

に
$$n = n_r + n_\phi \tag{2.5.1}$$
の関係があり，軌道のエネルギーは
$$E_n = -\frac{m_0 Z^2 e^4}{32\pi^2 \varepsilon_0^2 (n_r + n_\phi)^2 \hbar^2} \tag{2.5.2}$$
で与えられ（2.4.7）式を用いると（2.4.4）式と同じ結果を与える。主量子数 n に対して n_ϕ の取れる値は表 2.1 に示す値となる。

また，楕円の長軸 a と短軸 b は
$$\left.\begin{array}{l} a = -\dfrac{Ze^2}{8\pi\varepsilon_0 E} = \dfrac{4\pi\varepsilon_0 n^2 \hbar^2}{m_0 Z e^2} = a_0 \dfrac{n^2}{Z} \\ b = \dfrac{L}{\sqrt{-2m_0 E}} = \dfrac{4\pi\varepsilon_0 n_\phi n \hbar^2}{m_0 Z e^2} = a_0 \dfrac{n_\phi n}{Z} \end{array}\right\} \tag{2.5.3}$$

で与えられる。ここで，a_0 はボーア半径である。これらを用いると軌道の様子は図 2.5 に示す軌道となる。

ここで，$n_\phi = 0$ は短軸が 0 となり，原子核に衝突するので存在できない。

量子力学を用いて解くと，電子軌道は，主量子数 n に対し**方位量子数**（あるいは角運動量）ℓ，**磁気量子数**（あるいは角運動量の z 成分）m_ℓ 及び**スピン量子数** m_s で特性づけられ，主量子数 $n=1, 2, 3\cdots$ に対し角運動量 $\ell=0, 1, 2\cdots, n-1$，z 成分 $m_\ell = -\ell, -(\ell-1), \cdots 0 \cdots \ell$，スピン $m_s = \pm\dfrac{1}{2}$ で指定できる（スピンについては第 3 章参照）。量子数 n, ℓ, m_ℓ, m_s で定められる状態には 1 個の電子しか入ることができない。これをパウリの排他律または排他原理（Pauli exclusion principle）という。電子がエネルギーの低い軌道から順に詰まった状態がエネルギーの最も低い原子を構成する。この状態を**基底状態**という。図 2.3 に示した電子の軌道の各殻と量子数および最大電子数の関係は

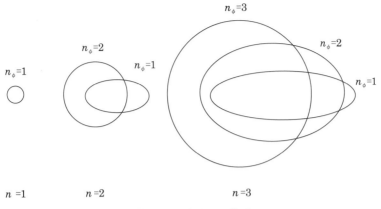

図 2.5　改良ボーア模型

主量子数　　　$n = 1, 2, 3, 4, 5, 6\cdots$
殻記号　　　　K, L, M, N, O, P$\cdots$
最大殻電子数　$2n^2 = 2, 8, 18, 32, 50, 72\cdots$

となる。それぞれの殻が満たされると（$2n^2$ の和に相当する数）化学的に不活性となるため希ガスになり，$n=1$ が He，$n=2$ が Ne に当たる。しかし，原子番号が大きくなると内側の軌道が埋まらないうちに外側の軌道に電子が入る傾向があるために，原子番号が Ar 以上の希ガスでは $2n^2$ の和からずれてくる。実際の各軌道の電子の入り方は表 2.2 に示すようになっている。

また，各殻の中の ℓ に対応する副殻が存在し ℓ の大きさにより記号が付けられている。各副殻の最大電子数は $2(2\ell+1)$ であるので，

方位量子数　　　$\ell = 0, 1, 2, 3, 4, 5, \cdots$
副殻記号　　　　s, p, d, f, g, h, $\cdots$
最大副殻電子数　2, 6, 10, 14, 18, 22, $\cdots$

となる。安定な原子は電子がエネルギーの低い軌道から順に詰まっていくので，表 2.2 に示す配置となる。

2.6　励起と電離

原子が電子などの荷電粒子との衝突によって，また光子（紫外線，X 線等）を吸収することによって，**基底状態からエネルギーの高い状態へ転移することを励起（excite）**されるといい，それに要したエネルギーを励起エネルギー（excitation energy）という（図 2.6 参照）。励起状態は一般に寿命が短く（$\sim 10^{-8}$s），光子を放出してより安定な状態に転移し，最終的には基底状態に戻る。

第2章 原子の構造

表2.2 原子の核外電子配置表

電子の殻 元素名		K	L		M			N				O			イオン化ポテンシャル	
		1s	2s	2p	3s	3p	3d	4s	4p	4d	4f	5s	5p	5d	I 〔eV〕	II 〔eV〕
1	H	1													13.599	—
2	He	2													24.588	54.418
3	Li	2	1												5.392	75.641
4	Be	2	2												9.323	18.211
5	B	2	2	1											8.298	25.156
6	C	2	2	2											11.260	24.383
7	N	2	2	3											14.53	29.602
8	O	2	2	4											13.618	35.118
9	F	2	2	5											17.423	34.98
10	Ne	2	2	6											21.565	40.964
11	Na	2	2	6	1										5.139	47.29
12	Mg	2	2	6	2										7.646	15.035
13	Al	2	2	6	2	1									5.986	18.828
14	Si	2	2	6	2	2									8.152	16.346
15	P	2	2	6	2	3									10.487	19.72
16	S	2	2	6	2	4									10.360	23.4
17	Cl	2	2	6	2	5									12.967	23.80
18	Ar	2	2	6	2	6									15.760	27.62
19	K	2	2	6	2	6		1							4.341	31.81
20	Ca	2	2	6	2	6		2							6.113	11.872
21	Sc	2	2	6	2	6	1	2							6.54	12.80
22	Ti	2	2	6	2	6	2	2							6.82	13.57
23	V	2	2	6	2	6	3	2							6.74	14.65
24	Cr	2	2	6	2	6	5	1							6.765	16.49
25	Mn	2	2	6	2	6	5	2							7.435	15.640
26	Fe	2	2	6	2	6	6	2							7.87	16.18
27	Co	2	2	6	2	6	7	2							7.864	17.05
28	Ni	2	2	6	2	6	8	2							7.635	18.15
29	Cu	2	2	6	2	6	10	1							7.726	20.292
30	Zn	2	2	6	2	6	10	2							9.394	17.964
31	Ga	2	2	6	2	6	10	2	1						5.999	20.51
32	Ge	2	2	6	2	6	10	2	2						7.900	15.935
33	As	2	2	6	2	6	10	2	3						9.81	18.63
34	Se	2	2	6	2	6	10	2	4						9.75	21.5
35	Br	2	2	6	2	6	10	2	5						11.814	21.6
36	Kr	2	2	6	2	6	10	2	6						14.000	24.56
37	Rb	2	2	6	2	6	10	2	6			1			4.177	27.5
38	Sr	2	2	6	2	6	10	2	6			2			5.696	11.030
39	Y	2	2	6	2	6	10	2	6	1		2			6.379	12.236
40	Zr	2	2	6	2	6	10	2	6	2		2			6.837	13.13
41	Nb	2	2	6	2	6	10	2	6	4		1			6.883	14.32
42	Mo	2	2	6	2	6	10	2	6	5		1			7.10	16.15
43	Tc	2	2	6	2	6	10	2	6	6		1			7.28	15.26
44	Ru	2	2	6	2	6	10	2	6	7		1			7.366	16.76
45	Rh	2	2	6	2	6	10	2	6	8		1			7.464	18.07
46	Pd	2	2	6	2	6	10	2	6	10					8.33	19.42
47	Ag	2	2	6	2	6	10	2	6	10		1			7.576	21.48
48	Cd	2	2	6	2	6	10	2	6	10		2			8.994	16.908
49	In	2	2	6	2	6	10	2	6	10		2	1		5.786	18.833
50	Sn	2	2	6	2	6	10	2	6	10		2	2		7.344	14.632
51	Sb	2	2	6	2	6	10	2	6	10		2	3		8.642	16.5
52	Te	2	2	6	2	6	10	2	6	10		2	4		9.01	18.6
53	I	2	2	6	2	6	10	2	6	10		2	5		10.451	19.135
54	Xe	2	2	6	2	6	10	2	6	10		2	6		12.130	21.21

電子の殻	K	L	M	N				O					P					Q	イオン化ポテンシャル	
元素名				4s	4p	4d	4f	5s	5p	5d	5f	5g	6s	6p	6d	6f	6g	7s…	I [eV]	II [eV]
55 Cs	2	8	18	2	6	10		2	6				1						3.894	25.1
56 Ba	2	8	18	2	6	10		2	6				2						5.212	10.004
57 La	2	8	18	2	6	10		2	6	1			2						5.61	11.06
58 Ce	2	8	18	2	6	10	2	2	6				2						5.65	10.85
59 Pr	2	8	18	2	6	10	3	2	6				2						5.42	10.55
60 Nd	2	8	18	2	6	10	4	2	6				2						5.49	10.73
61 Pm	2	8	18	2	6	10	5	2	6				2						5.55	10.90
62 Sm	2	8	18	2	6	10	6	2	6				2						5.63	11.07
63 Eu	2	8	18	2	6	10	7	2	6				2						5.68	11.25
64 Gd	2	8	18	2	6	10	7	2	6	1			2						6.16	12.1
65 Tb	2	8	18	2	6	10	9	2	6				2						5.98	—
66 Dy	2	8	18	2	6	10	10	2	6				2						5.93	11.67
67 Ho	2	8	18	2	6	10	11	2	6				2						6.02	11.80
68 Er	2	8	18	2	6	10	12	2	6				2						6.10	11.93
69 Tm	2	8	18	2	6	10	13	2	6				2						6.18	12.05
70 Yb	2	8	18	2	6	10	14	2	6				2						6.25	12.17
71 Lu	2	8	18	2	6	10	14	2	6	1			2						6.15	13.9
72 Hf	2	8	18	2	6	10	14	2	6	2			2						7.0	14.9
73 Ta	2	8	18	2	6	10	14	2	6	3			2						7.88	16.2
74 W	2	8	18	2	6	10	14	2	6	4			2						7.98	17.7
75 Re	2	8	18	2	6	10	14	2	6	5			2						7.87	16.6
76 Os	2	8	18	2	6	10	14	2	6	6			2						8.7	17
77 Ir	2	8	18	2	6	10	14	2	6	7			2						9.2	—
78 Pt	2	8	18	2	6	10	14	2	6	9			1						9.0	18.56
79 Au	2	8	18	2	6	10	14	2	6	10			1						9.22	20.5
80 Hg	2	8	18	2	6	10	14	2	6	10			2						10.437	18.757
81 Tl	2	8	18	2	6	10	14	2	6	10			2	1					6.108	20.42
82 Pb	2	8	18	2	6	10	14	2	6	10			2	2					7.415	15.032
83 Bi	2	8	18	2	6	10	14	2	6	10			2	3					7.287	16.68
84 Po	2	8	18	2	6	10	14	2	6	10			2	4					8.43	—
85 At	2	8	18	2	6	10	14	2	6	10			2	5					—	—
86 Rn	2	8	18	2	6	10	14	2	6	10			2	6					10.745	—
87 Fr	2	8	18	2	6	10	14	2	6	10			2	6				1	—	—
88 Ra	2	8	18	2	6	10	14	2	6	10			2	6				2	5.277	10.14
89 Ac	2	8	18	2	6	10	14	2	6	10			2	6	1			2	6.9	12.1
90 Th	2	8	18	2	6	10	14	2	6	10			2	6	2			2	—	11.5
91 Pa	2	8	18	2	6	10	14	2	6	10	2		2	6	1			2		
92 U	2	8	18	2	6	10	14	2	6	10	3		2	6	1			2	6.08	—
93 Np	2	8	18	2	6	10	14	2	6	10	4		2	6	1			2	5.8	—
94 Pu	2	8	18	2	6	10	14	2	6	10	6		2	6				2	5.8	—
95 Am	2	8	18	2	6	10	14	2	6	10	7		2	6				2	6.05	—
96 Cm	2	8	18	2	6	10	14	2	6	10	7		2	6	1			2	—	—
97 Bk	2	8	18	2	6	10	14	2	6	10	9		2	6				2	—	—
98 Cf	2	8	18	2	6	10	14	2	6	10	10		2	6				2	—	—
99 Es	2	8	18	2	6	10	14	2	6	10	11		2	6				2	—	—
100 Fm	2	8	18	2	6	10	14	2	6	10	12		2	6				2	—	—
101 Md	2	8	18	2	6	10	14	2	6	10	13		2	6				2	—	—
102 No	2	8	18	2	6	10	14	2	6	10	14		2	6				2	—	—
103 Lr	2	8	18	2	6	10	14	2	6	10	14		2	6	1			2	—	—

イオン化ポテンシャルのⅠ,Ⅱはそれぞれ1価および2価のイオンに対する値を示す。

第 2 章　原子の構造

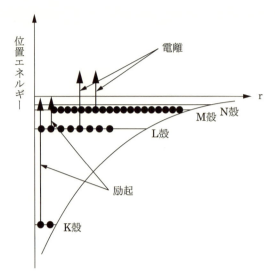

図 2.6　原子の励起と電離
位置エネルギー（クーロンエネルギー）は（1.4.7）
式で与えられ，$r=\infty$ でエネルギーを 0 としている。

　電子軌道のエネルギーは原子核とのクーロン力により引力で束縛されているので，負のエネルギーを持つ。クーロン力による位置エネルギーとして電子軌道を表すと図 2.6 のように表される。位置エネルギーが正の状態は自由電子を表す。

　安定な状態に戻るとき放出されるエネルギーが小さいときは赤外線，可視線（380〜760nm），紫外線（1〜380nm）となることは水素の原子スペクトル（図 2.4 及び図 8.1 参照）に見る通りである。

　原子番号の大きい原子にあってはエネルギーの大きい光子，したがって紫外線より短い光子が放出されるようになる。このように**軌道電子の転移に伴って放出される波長の短い光子は X 線**と呼ばれる。なお，原子核外の電子の転移により放出される光子を X 線といい，**原子核の励起状態にある核子が転移することに伴って放出される光子を γ 線**という。X 線のエネルギーは（2.4.5）式で与えられるように，原子番号に依存し原子に特有なエネルギーを持つことから特性 X 線と呼ばれる。

　十分大きなエネルギーを吸収したときには電子は，位置エネルギーの正の状態へ転移し自由電子となる。つまり，原子のクーロン力の圏外へ出た状態，すなわち，原子が電子 1 個を失って**電離**（ionize）された状態に相当する。水素原子の場合は基底状態では $n=1$ の軌道に電子が存在しているので，$n=1$ と $n=\infty$ の軌道のエネルギー差が電離エネルギー（ionization energy）となり，通常 eV の単位で表す。電離エネルギーは，電離に必要な最小のエネルギーをいうので，

原子の場合，一番エネルギーの高い電子軌道（一番外側の電子軌道）の電子を電離するエネルギーとなる。2.4節に示したように水素の電離エネルギーは13.6eVとなる。各電子軌道のエネルギーは（2.4.4）式で与えられるが，このエネルギーにより電子が束縛されているので，これを束縛エネルギーあるいは**結合エネルギー**という。分子またはその他の原子の結合状態についても，同様に，1個またはいくつかの電子が離れて自由になることを電離という。

2.1節で述べたように，原子番号の異なる原子に対して，一番外側の軌道にある電子が感じる電荷は$+e$であり，原子番号にあまりよらない。したがって，原子番号の異なる原子の電離エネルギーも同じ程度となる。このため気体の電離エネルギーはおおむね数〜数10 eVである。

一般に原子が電子を1個失えば1価のイオン，2個失えば2価のイオンである。アルカリ元素（Li，Na，K，Rb，Cs）などは最外周に1個の電子をもつ構造で，外から数eVのエネルギーを与えることにより電子を離脱させ，正イオンになりやすい。一方，ハロゲン元素（F，Cl，Br，I，At）は最外周の軌道が電子で満たされるのに1個少ないので，電子取り込みやすく負イオンになりやすい。このような電子を引き付ける性質を電子親和力（electron affinity）という。

2.7 X線

2.7.1 X線の発生

X線は，1895年にレントゲン（W. C. Röntgen）により発見され，レントゲン線とも呼ばれる。荷電粒子が物質中に入射すると，荷電粒子が原子核の電場により減速され，減速によるエネルギー差がX線として放出される過程と，荷電粒子が物質中の原子を励起や電離して電子軌道に空席が生じ，より高いエネルギーの軌道にある電子が転移するときにX線が放出される過程がある。前者を制動X線，後者を特性X線という。電子が原子核の電場により減速される大きさは，電子と原子核との衝突距離により決まり，衝突距離は連続的な分布なので，発生する制動X線のエネルギーは連続スペクトルになる。一方，特性X線は軌道電子間のエネルギーできまるので線スペクトルになる。

電子を電場で加速してターゲット（標的）に照射することによりX線を発生させる装置がX線管である。X線管の概要を図2.7に示す。

フィラメントで熱せられて陰極からでた熱電子は陽極のターゲットに向かって加速される。このときの電圧Vによって加速された電子の運動エ

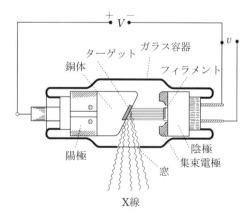

図2.7 X線管

第 2 章　原子の構造

ネルギーは eV となる。通常の X 線管では電圧は 300 kV くらいであるので，X 線の最大エネルギーは 300 keV 程度である。制動 X 線の全強度 I は，ターゲットに衝突する電子の量すなわち管電流を i，管電圧を V，ターゲットの原子番号を Z，比例係数を k とすれば次式で与えられる。

$$I = kiV^2Z \qquad (2.7.1)$$

X 線の発生効率は（2.7.1）式を電力 iV で割れば分かるように，管電圧と原子番号の積に比例する。この値は X 線管では約 1 ％であり，残りは熱として消費される。このように，ほとんどのエネルギーが熱として消費されるので，ターゲット物質には融点の高いタングステンなどの物質が用いられる。

2.7.2 特性 X 線

速度の大きな荷電粒子がターゲット原子の電子軌道に接近すると，クーロン力により軌道電子が励起したり，電離したりして，軌道に空席が生じる。エネルギーの高い軌道の電子がこの空席を埋めるときに軌道間のエネルギー差に等しい光子を放出する。原子番号が大きくなるとこの光子の波長は紫外線より短くなり，X 線の領域に入る。この X 線のエネルギーは，軌道のエネルギーが原子番号により決まるので原子番号に依存し，原子に特有な波長をもっているために**特性 X 線**（characteristic X-ray）と呼ばれ，線スペクトルとなる。

L 殻の軌道（$n=2$），M 殻の軌道（$n=3$）から K 殻（$n=1$）へ転移する場合に発生する特性 X 線を K 線あるいは KX 線と呼び，K_α，K_β で区別し，M 殻の軌道（$n=3$），N 殻の軌道（$n=4$）から L 殻の軌道へ転移する特性 X 線を L 線あるいは LX 線と呼び，L_α，L_β で区別する。（図 2.8 参照）

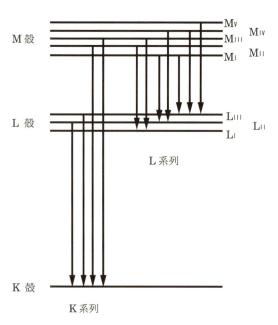

図 2.8　電子軌道と特性 X 線

隣接した原子番号の元素の特性 X 線のスペクトルは似ている。これは，原子番号が相隣り合う原子の電子軌道の電子配列がほぼ同じであることによる。図 2.9 は鉄原子と近接した原子番号のターゲットで発生する KX 線の波長を示す。

特性 X 線の波数 σ は

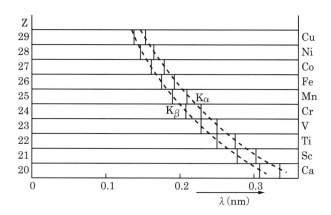

図 2.9　Z＝20〜29 の原子についての K_α 線と K_β 線の波長

$$\sigma = \frac{1}{\lambda} = R(Z-S)^2\left(\frac{1}{n^2} - \frac{1}{m^2}\right) \quad (2.7.2)$$

で表される（ただし，n と m は自然数）。この式は S を除けば（2.4.6）式と同じである。S は転移する電子と原子核の間のクーロン力が他の軌道電子の影響を受けるために導入された項で，遮へい定数（screening factor）という。(2.7.2) 式から振動数 ν について

$$\sqrt{\nu} = k(Z-S) \quad (2.7.3)$$

を得て，モーズレーの法則の 1 つとなる。これは，同一系列の特性 X 線については，原子番号が高くなるほど波長が短くなることを示すもので，図 2.9 の点線が（2.7.3）式の一部を表している。

2.7.3 制動 X 線

荷電粒子の等速度運動は一定の電流が流れていることに対応する。加速度運動をするときは，時間的に変化する電流源となり電磁波の放出が起こる（これを**制動放射**という）。このとき放出される電磁波の強さはポインティングベクトルで表される。ポインティングベクトルは電場と磁場の積であり，電場と磁場は，それぞれ，電流の時間変化に依存するので荷電粒子の加速度に依存する。したがって，放出される電磁波の強度は加速度の 2 乗に比例する。

荷電粒子が物質中を進むときにターゲット元素の原子核の強い電場により制動を受けると加速度運動をすることになり，光子を放出する。この制動は原子核とのクーロン力によるので，原子番号の大きなターゲットと質量の小さい荷電粒子であれば効率的に制動放射が起こるので，電子とタングステンやモリブデンなどの金属ターゲットが用いられる。

運動エネルギー eV をもつ 1 個の電子がクーロン力により完全に阻止され，その運動エネルギー eV が光子に変換するときに最もエネルギーの大きな光子が発生する。光子のエネルギーと波

長の関係 $E=h\nu$ から，そのときの波長は最短長 $\lambda_{\min}$ となり，

$$\lambda_{\min}=\frac{c}{\nu}=\frac{hc}{eV} \tag{2.7.4}$$

で与えられる。

V を kV の単位で表せば，(2.7.4) 式は

$$\lambda_{\min}=\frac{c}{\nu}=\frac{hc}{eV}=\frac{2\pi\hbar c\times 10^6\times 10^{-15}}{V\times 10^3}=\frac{2\pi\times 197.3\times 10^{-9}}{V\times 10^3}=\frac{1.24}{V}(\mathrm{nm}) \tag{2.7.5}$$

となる。これを**デュエヌ・フント（Duane-Hunt）の法則**という。

2.7.4 X線スペクトル

X線管から発生した制動X線の波長分布は，(2.7.5) 式で表される最短波長を端として図 2.10 に示すような山形の**連続スペクトル**となる。制動X線の最も強度の大きい波長は最短波長の約 1.5 倍である。

特性X線は制動X線の上に乗った線スペクトルとして表れる。特性X線の波長はターゲットの元素に特有なもので，X線管にかかる電圧には依存しない。

2.7.5 オージェ効果

励起状態の原子は，一般に，その励起エネルギーを特性X線として放出するが，その励起エネルギーを一つの軌道電子に与えて，その原子を電離する場合がある。この現象をオージェ効果（Auger effect）といい，電離により放出された電子を**オージェ電子（Auger electron）**という。

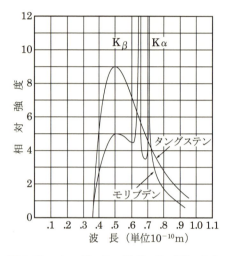

図 2.10 タングステン及びモリブデンをターゲットとしたX線管に 35kV の電圧をかけたときのX線スペクトル。

タングステンのK殻のエネルギーは 70keV であり，35kV で加速された電子のエネルギーではK殻の電子を励起や電離できないのでタングステンターゲットからの特性X線は発生しない。

K殻電子（結合エネルギー E_K）が空位の原子において，L殻電子（結合エネルギー E_L）にオージェ効果が起こった場合のオージェ電子の運動エネルギーは E_K-2E_L で与えられる。

X線の放出とオージェ電子の放出は競合過程であり，どちらか一方しか起こらない。オージェ効果の起こる割合は，原子番号が小さいほど大きい。一つの空位に対して蛍光X線の放出する割合を蛍光収率（fluorescence yield）ω_K といい，次式で与えられる。

$$\omega_K=\frac{P_{KX}}{P_{KX}+P_{KA}} \tag{2.7.6}$$

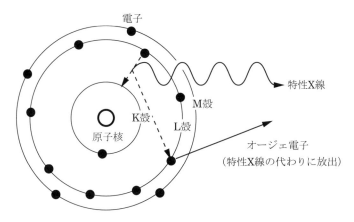

図 2.11 X 線放出とオージェ効果

ここで P_{KX} は KX 線の放出確率で P_{KA} は K オージェ電子の放出確率である。ω_K は半経験式

$$\omega_K = (-A + BZ - CZ^3)^4 \tag{2.7.7}$$

$$A = 0.064, \quad B = 0.043, \quad C = 0.00000103$$

で表される。ω_K と原子番号の関係を図 2.12 に示した。

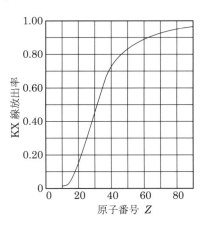

図 2.12 蛍光収率 ω_K の原子番号依存性

第 2 章　原子の構造

演 習 問 題

問 1 原子の電子軌道の結合エネルギーに関係するものとして正しいものの組み合わせは，次のうちどれか。
　　A　内部転換電子のエネルギー
　　B　吸収端のエネルギー
　　C　特性 X 線のエネルギー
　　D　消滅放射線のエネルギー
　　E　弾性散乱中性子のエネルギー
　1　ABC のみ　　2　ABE のみ　　3　ADE のみ　　4　BCD のみ　　5　CDE のみ

問 2 次の記述のうち，正しいものの組み合わせはどれか。
　　A　原子番号は，原子核内の中性子の数に等しい。
　　B　γ 線より波長の長い電磁波を X 線という。
　　C　特性 X 線は，原子核から放出されることはない。
　　D　K-X 線は，原子番号の増加とともに短くなる。
　1　A と B　　2　A と C　　3　B と C　　4　B と D　　5　C と D

問 3 X 線管に 10kVp（p は尖頭電圧の意）の加速電圧をかけたとき，放射される X 線の最短波長はいくらか。

問 4 水素原子の原子核の半径を 2.8×10^{-15} m と仮定し，それをピンポン玉（半径 1.9 cm）の大きさまで引き延ばしたとき，K 殻軌道の半径はどれだけになるか。

問 5 水素原子について最初の 4 つのボーア軌道の半径および軌道電子の速度を計算せよ。

問 6 水素原子の基底状態における軌道電子の運動はどれだけの電流に相当するか。また，磁気モーメントはいくらになるか。

問 7 X 線は，媒質の境界面ではほとんど屈折しないとしてよい。面間隔 d なる結晶格子面に対して θ なる角度で入射する波長 λ の X 線の反射波は $2d\sin\theta = n\lambda$ を満足するとき，干渉の結果強くなることを示せ。

問 8 鉛の KX_α 線のエネルギーを計算せよ。

問 9 X 線の発生で誤っているのはどれか。2 つ選べ。
　1　特性 X 線の発生とオージェ電子の放出とは競合する。

2 特性X線の放出確率はK$_\alpha$線の方がK$_\beta$線より大きい。
3 制動放射によるX線のエネルギーは線スペクトルを示す。
4 制動放射線の最大エネルギーはターゲット物質に依存する。
5 モリブデンのK－X線はタングステンのそれよりエネルギーが低い。

問10 量子数の正しい組合せはどれか。2つ選べ。

	主量子数	方位量子数	磁気量子数
1	2	0	−1
2	2	1	−1
3	3	0	+1
4	3	1	−2
5	3	2	+2

問11 L殻に存在できる軌道電子の最大数はどれか。
 1 2 2 4 3 6 4 8 5 18

問12 制動放射線で正しいのはどれか。
 1 発生強度は管電流の2乗に反比例する。
 2 最短波長は管電圧の最大値に比例する。
 3 エネルギー分布は線スペクトルである。
 4 診断用X線装置の発生効率は約8％である。
 5 電子のエネルギーが大きいほど前方の強度が増大する。

問13 特性X線で正しいのはどれか。2つ選べ。
 1 エネルギーは元素固有である。
 2 K$_\alpha$の放出確率はK$_\beta$よりも小さい。
 3 K$_\alpha$のエネルギーはK$_\beta$よりも小さい
 4 エネルギースペクトルは連続である。
 5 蛍光収率は原子番号が大きいほど小さい。

第3章　原子核の構造

3.1　原子核の大きさ

ラザフォードは α 粒子で原子を照射した場合，後方に跳ね返る事象のあることから，原子の中心に核が存在していてそこに正の電荷と質量があるとした。これは電荷が原子全体に広がっているとすると α 粒子が跳ね返るような現象にはならないからである。点電荷 Q_1 が球状に広がっている電荷分布 Q_2 から受ける力は，点電荷が電荷分布の外にあるときには電荷分布の中心に Q_2 の点電荷がある場合と同じになり，点電荷が電荷分布の内部にあるときには点電荷より外側の電荷は力に寄与しない（付録第3章参照）。したがって，原子全体に広がっている電荷分布により α 粒子が跳ね返されることはない。5 MeV 程度の α 粒子と核の電荷による衝突で最も近づくときの最近接距離は簡単に求めることができる。α 粒子と Au 原子の場合，距離 r におけるクーロンエネルギー V_C は

$$V_C = \frac{1}{4\pi\varepsilon_0} \frac{2e \times 79e}{r} \tag{3.1.1}$$

で与えられる。α 粒子のエネルギーを 5MeV とすると $E_C = 5$ MeV より最近接距離は 4.5×10^{-14} m を得る。これより，原子核の大きさは，せいぜい原子の大きさの 1/10000 程度であることが分かる。

原子核を構成する核子は電気的に正の電荷を持つ陽子と電気を持たない中性子で構成されていて，ごく小さな領域に閉じ込められているのでクーロン力による反発力は非常に大きい。これに打ち勝って小さな領域で原子核が安定に存在するためには特別な力が必要でこれを**核力**という。

核力は非常に強い力であるが，重力やクーロン力のように日常の現象の中で感じることはない。これは到達距離の非常に短い力であり，核子が並んでいるときに隣り同士の核子には働くが，一つとび越えた核子には働かないような短距離にだけ働く力である。したがって，原子核は核子がお互いに触れ合って形造る形となり，原子核の体積は核子の数に比例する。このため質量数 A の原子核の半径 R は

$$R = r_0 A^{\frac{1}{3}} (\text{fm}) \tag{3.1.2}$$

で表される。r_0 の値は電気的な相互作用を用いて測定するか，核力の相互作用を用いて測定するかにより異なるが，$r_0 = 1.2 \sim 1.4$ fm である。

3.2 原子核の構成と同位体

電荷をもった質点が電場 E や磁場 B で受ける力 F は

$$F = Q(E + v \times B) \qquad (3.2.1)$$

で表される。ここで Q は電荷，v は速度である。また，質点の質量を m_0 とすると加速度を用いて

$$F = m_0 a \qquad (3.2.2)$$

となる。両式より，

$$\left(\frac{m_0}{Q}\right) a = E + v \times B \qquad (3.2.3)$$

が得られる。これは電場，磁場，速度から比電荷 Q/m_0 と加速度 a の積が得られることを示す。電場と磁場を別々に与えるとその曲がる角度から加速度 a が得られるので，比電荷 Q/m_0 を求めることができる。これが質量分析法の原理である。1919 年にアストン（W. F. Aston）によって質量分析器が作られ，その後改良が重ねられ，同位体の精密な質量及び混合比の測定が可能となった。

大部分の元素の質量は水素原子の質量の整数倍に近い値であるが，Ne，Mg など整数比からかなりずれるものがある。トムソン（J. J. Thomson）は 1912 年に化学的には同じ元素であっても，質量の異なる原子，すなわち同位体の存在を明らかにした。トムソンは Ne の原子量 20.2 が原子量 20 と 22 の原子の割合が 9：1 で存在するためであることを見いだした。このようにして各同位体の原子量は整数に近いことが確認された。さらに，1932 年にチャドウィック（J. Chadwic）により中性子が発見され，原子核が陽子と中性子で構成されることが明らかになった。陽子と中性子を核子という。

天然に存在する元素の同位体組成を表す値を同位体存在度（isotopic abundance）という。通常，同位体の原子数の割合を百分率で表す。

放射線を出さない元素，同位体及び核種をそれぞれ安定元素（stable element），安定同位体（stable isotope），安定核種（stable nuclide）という。安定核種は約 260 ある。天然に存在する半減期の非常に長い放射性同位体 20 余についても周期表に掲載されている。

自然に存在する同位体を見ると，Tc，Pm は安定同位体が存在せず（人工放射性同位体のみ存在する。），Be，F，Na，Al，Sc，P，Mn，Co，As，Y，Nb，Rh，I，Cs，Pr，Tb，Ho，Tm，Au，Bi，Th の 21 元素はただ一つの同位体が存在し，その他の元素は複数の同位体が存在する。

第3章　原子核の構造

3.3　原子質量単位

原子，原子核等の質量を表すのに特別な単位として**原子質量単位（atomic mass unit，記号 u）**が用いられる。これは ^{12}C の中性原子1個を 12u と定めたもので

$$1\text{u} = 1.66054 \times 10^{-27} \text{kg} \tag{3.3.1}$$

となる。u 単位で表された1原子の質量の数値を原子量（無次元）という。元素が2種類以上の同位体から成るときは各原子量の平均をとる。したがって，原子量表に記載の各原子の数値は，天然に存在する同位体の原子量の平均である。分子量は組成原子の原子量の和である。

1u を静止エネルギーに換算すると，$m_0 c^2$ より，

$$1.4924 \times 10^{-10} \text{J} = 931.5 \text{MeV} \tag{3.3.2}$$

である。1u はほぼ核子（陽子または中性子）の質量に等しい。陽子，中性子，電子の質量と静止エネルギーは

$$\begin{aligned}
&陽子：\quad m_p = 1.007276 \text{ u}, \quad m_p c^2 = 938.3 \text{ MeV} \\
&中性子：m_n = 1.008665 \text{ u}, \quad m_n c^2 = 939.6 \text{ MeV} \\
&電子：\quad m_e = 0.00054858 \text{ u}, \quad m_e c^2 = 0.511 \text{ MeV}
\end{aligned} \tag{3.3.3}$$

である。

原子量が A である元素 $A[\text{g}]$ の物質を1グラム原子という。また，分子量が M である化合物の $M[\text{g}]$ をその化合物の1グラム分子，または1モルという。1モルに含まれる原子（分子）の数はすべての物質に共通で**アボガドロ数 N_A** と呼ばれる。

$$N_A = 6.022045 \times 10^{23} \text{ mol}^{-1} \tag{3.3.4}$$

であり，標準状態の気体の場合，その体積 V_0 は

$$V_0 = 22.4136 \times 10^{-3} \text{ m}^3 \text{ mol}^{-1} \tag{3.3.5}$$

である。

3.4　質量欠損，結合エネルギー

原子番号 Z，中性子数 N，の原子の質量 W は，u 単位で

$$1.007276\, Z + 1.008665\, N + 0.000549\, Z$$

にはならず，これより小さい。この質量の差 ΔM は次式で表される。

$$\Delta M = m_p Z + m_n N + m_e Z - W \tag{3.4.1}$$

原子核は，陽子と中性子で構成されていて，核力で束縛されている。このために原子核内の核子は位置エネルギーが低くなっている，あるいは質量が軽くなっているといえる。このように，質量差は核力の強い引力により生じている。(3.4.1) 式の質量差は核子の核力による束縛と電子

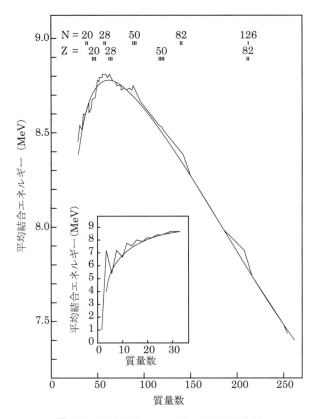

図 3.1　平均結合エネルギーの質量依存性

のクーロン力による束縛の寄与が含まれている。クーロン力による質量差は，核力による質量差に比べて無視できる。原子核の質量差は

$$\Delta M = m_{\mathrm{p}} Z + m_{\mathrm{n}} N - M_{\mathrm{nucl}} \tag{3.4.2}$$

で与えられ，**質量欠損**（mass defect）という。ここで M_{nucl} は原子核の質量である。中性原子の質量 W を原子質量単位で表し，質量数を A で表すときその差 ΔA を質量超過（mass excess）という。

$$\Delta A = W - A \tag{3.4.3}$$

　質量欠損をエネルギーに換算したものを**結合エネルギー**（binding energy）という。結合エネルギーを質量数で割った核子1個当たりの結合エネルギーを**平均結合エネルギー**という。平均結合エネルギーの質量依存性を図 3.1 に示した。これから核子1個当たりの結合エネルギーはおよそ 8MeV であることが分かる。最も安定な領域は質量数が 60 付近である。これを外れると結合エネルギーは小さくなる。このことから，質量数が 60 より小さい核種は核融合によりエネルギーを放出し，60 より大きい核種は核分裂によりエネルギーを放出することができることが

分かる。このような平均結合エネルギーの性質が，核融合エネルギーや核分裂エネルギーの利用の元となっている。また，星が生成され進化し，中心部に鉄のコアを持つことの起源となっている。安定な核種が結合エネルギーの大きさからは融合や分裂が可能であるのに，安定であるのは，核融合や核分裂の際のクーロンエネルギーによる反発力や核の表面張力によるエネルギーの増加が融合や分裂を妨げているからである。

3.5 電子と核子のスピン

ボーアの原子模型のところで，電子軌道の円周の長さが，電子の波長の整数倍であるときに安定な軌道が存在すると述べた。つまり，

$$2\pi r = n\lambda = n\frac{h}{p} \tag{3.5.1}$$

この場合の電子の軌道角運動量は距離 r で運動量 p で円軌道を回っているとすると角運動量 ℓ は

$$\boldsymbol{\ell} = \boldsymbol{r} \times \boldsymbol{p}$$

で与えられるので，軌道と垂直な方向に

$$\ell = rp = n\frac{h}{2\pi} = n\hbar \tag{3.5.2}$$

の大きさとなる。ここで $\hbar = \frac{h}{2\pi}$ である。このことから軌道角運動量は $\hbar$ の整数倍となる。これは角運動量が量子化されていてその最小値が $\hbar$ であることに対応する。

一方，電子が不均一磁場中で運動すると2本に分かれることが実験的に観測された。これは，電子が磁気能率を持っていて，2つの値を示すことに対応する。電荷が円運動をしている場合，それが作る磁気能率は角運動量に比例する。電子の磁気能率をこのように考えると角運動量について2個の値を持つことに対応する。角運動量が整数値に量子化されているとすると，その方向に対する成分も量子化されている。角運動量の最小値は $\ell = \hbar$ で，$n=1$ に対応するので，z 成分は $\ell = 1\hbar,\ 0\hbar,\ -1\hbar$ と3個の値をとる。角運動量が2個の値を持つということは電子のもつ角運動量が $\frac{1}{2}\hbar$ と半奇数であることに対応する。電子は大きさがなく点状の存在なので，角運動量 $\frac{1}{2}\hbar$ は電子の固有の性質あるいは内部自由度といいスピンという。スピンの値は $\hbar$ を省略して $\frac{1}{2}$ という。軌道電子の場合には軌道角運動量とスピンの和が全角運動量となる。K 殻の軌道角運動量は 0 であるので，全角運動量は $\frac{1}{2}$ となりスピン上向き $\left(\frac{1}{2}\right)$ と下向き $\left(-\frac{1}{2}\right)$ の2つの状態があり，K 殻には電子が2個入ることができる。同様に L 殻の軌道角運動量は 0 と 1 なので，全角運動量は $0+\frac{1}{2}=\frac{1}{2}$，$1-\frac{1}{2}=\frac{1}{2}$，$1+\frac{1}{2}=\frac{3}{2}$ となり，全角運動量 $\frac{3}{2}$ の z 成分は $-\frac{3}{2},\ -\frac{1}{2},\ \frac{1}{2},\ \frac{3}{2}$ と4個なので，合計 $2+2+4=8$ 個の電子が入ることができる。

陽子や中性子も同じスピン $\frac{1}{2}$ をもつ。原子核の中での核子の運動は，核力が短距離力であるにもかかわらず，パウリの排他律のために軌道に入る核子の個数が限られているので，お互いが衝突することなく独立に運動する模型で表され，それぞれの核子は軌道角運動量とスピン $\frac{1}{2}$ の和で特徴づけられる。この和を核子のスピンと呼んでいる。原子核全体のスピンは，核子のスピンの和で表されるが，軌道が満たされている場合にはその軌道にある全核子のスピンは 0 となるので，結局原子核のスピンは満たされていない軌道にある核子のスピンの和で表される。

第3章　原子核の構造

演　習　問　題

問1　次の記述のうち，誤っているものはどれか。
A　中性子の質量は陽子の質量より大きい。
B　陽子のスピンは1/2である。
C　重い原子核では中性子の数が陽子の数より多い。
D　重陽子の質量は陽子の質量の2倍である。
E　原子核の半径は質量数の1/3乗に比例する。

問2　原子核の構成核子に関する次の記述のうち，正しいものはどれか。
A　核子当たりの結合エネルギーが最大となるのは，ヘリウムである。
B　複数の陽子が原子核内に存在しても安定なのは，核力があるためである。
C　中性子は，陽子と異なり電荷をもたないため陽子より質量が小さい。
D　質量の大きな原子核では陽子数より中性子数のほうが大きい。

問3　次の記述のうち，正しいものはどれか。
A　原子核の平均結合エネルギーは，核種に依存する。
B　核子当たりの結合エネルギーは，質量数60近くで最大となる。
C　原子核内の陽子と陽子の間には，核力のほかにクーロン力が働く。
D　原子核の平均結合エネルギーは，15〜18 MeVである。
E　核子間の結合エネルギーは，核子間の逆二乗に比例する。

問4　核子間の万有引力による位置エネルギーを求めよ。ただし，G（万有引力定数）$=6.67\times10^{-11}$m^{3}kg^{-1}s^{-2}とする。

問5　原子核の密度を求めよ。

問6　結合エネルギーを考える場合，一般に原子核と軌道電子との間の結合エネルギーは無視される。質量数100の場合にこの影響はどのくらいになるか。

問7　岩塩（NaCl）の密度は2.17g cm^{-3}である。格子定数を562.8 pmとしてアボガドロ数を求めよ。

問8　水素原子は，核のスピンと軌道電子のスピンが平行な場合と反平行な場合とがある。スピンが平行な状態から反平行な状態に移るときに波長21 cmの電磁波を放出する。2つの状態のエネルギー差をeV単位で表せ。

問9　1原子質量単位（MeV）はどれか。
1　931.5　　2　511　　3　12.4　　4　6.63　　5　0.511

問10　核力について誤っているものはどれか。
1　陽子と中性子の間でも働く力である。
2　中性子間でも働く力である。
3　原子の質量欠損と関連がある。
4　クーロン力と同じ性質の力である。
5　核子にかかわらず荷電独立性がある。

問11　粒子とその電荷および静止エネルギーの組合せで正しいのはどれか。2つ選べ。ただし，e は電気素量 $1.6×10^{-19}$C とする。

	粒子	電荷	静止エネルギー [MeV]
1	光子	e^-	0
2	電子	0	0.511
3	陽子	e^+	938
4	中性子	0	940
5	$α$ 粒子	$2e^+$	2,809

問12　1 [u] = $1.66054×10^{-27}$ [kg] をエネルギー [MeV] に換算したものはどれか。
1　0.511　　2　938.3　　3　939.6　　4　931.5　　5　960.5

問13　$^4_2$He の平均結合エネルギー [GeV] はどれか。ただし，ヘリウムの質量を 4.002603 [u]，陽子の質量を 1.007825 [u]，中性子の質量を 1.008665 [u] とせよ。
1　1.4　　2　2.7　　3　4.2　　4　6.6　　5　7.9

第4章　放射性壊変

4.1　放射性壊変

　レントゲンによるX線の発見（1895）にすぐ引き続き，ベクレル（1896）は，ウランの塩類から透過力のある放射線の出ていることを（1）黒い紙を通して写真乾板が感光する，（2）蛍光物質を光らせる，（3）空気をイオン化する，の3つの現象を通して確認した。その後，放射線の中に磁場により曲がり難いもの，曲がり易いもの，曲がらないもののあることが発見された。これらは α 線，β 線，γ 線と名づけられた。これらの放射線は原子核が壊変により転移する際に放出される。X線と γ 線はともに電磁波で同じものであるが，原子核の励起などに伴い原子核内で発生するものを γ 線といい，原子核外の軌道電子の転移などに伴い発生するものをX線という。同位元素の中で放射線を発生するものを**放射性同位体**（radioactive isotope）あるいは**放射性元素**（radioactive element）という。

　原子が放射線を放出して別の元素に変わる現象を**放射性壊変**（radioactive disintegration）あるいは**放射性崩壊**（radioactive decay）という。壊変により生じた核種を**娘核種**（daughter nuclide）といい，壊変前の核種を**親核種**（parent nuclide）という。親核種や娘核種を，親核や娘核ということも多い。

　放射性壊変により親核種は時間とともに減っていき，娘核種は時間とともに増える。親核種の数が半分に減るまでの時間を**半減期**という。

4.2　壊変の法則

4.2.1　壊変定数と半減期

　放射性壊変により転移する核種について，1個の原子核を観察したとき，いつ壊変するかは分からない。一方，ある量の原子核を観察すると，単位時間に一定の数の放射性壊変が観測されるが，元の量を増加させると放射性壊変の数も比例して増加すると考えられる。つまり，単位時間当たりの壊変数は元の原子核の数に比例する。このときの比例定数を**壊変定数あるいは崩壊定数**という。単位時間当たりの壊変数を壊変率という。壊変率を A とし，壊変定数 λ をとすると

$$A = -\frac{dN}{dt} = \lambda N \tag{4.2.1}$$

と表せる。2項目の**負記号**は壊変により原子数の減ることを表している。この微分方程式の解を

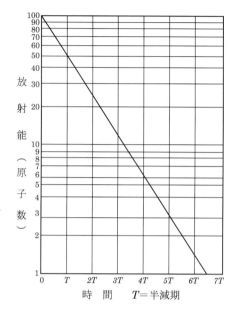

図 4.1　片対数方眼紙に表した放射性核種の崩壊直線

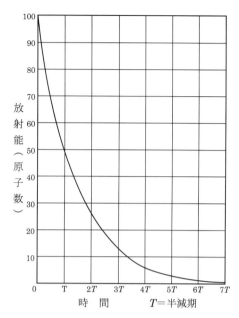

図 4.2　普通方眼紙に表した放射性核種の崩壊直線

求めると，時間 t における原子数 N は，初め（$t=0$）の原子数を N_0 とすると

$$N(t)=N_0 e^{-\lambda t} \tag{4.2.2}$$

として求まる。これより壊変率 I は

$$I=\lambda N=\lambda N_0 e^{-\lambda t} \tag{4.2.3}$$

で与えられる。壊変率の時間的経過を図 4.1 及び図 4.2 に示した。(4.2.2) および (4.2.3) を壊変の指数法則という。

原子数が初めの原子数の $1/e$ にまで減る時間を**平均寿命**（mean life）といい，半分の原子数になるまでの時間を**半減期**（half life）という。平均寿命 τ は (4.2.2) 式より

$$\frac{N_0}{e}=N_0 e^{-\lambda \tau}$$

となり，半減期 $T_{1/2}$ は

$$\frac{N_0}{2}=N_0 e^{-\lambda T_{1/2}}$$

となるので，τ 及び $T_{1/2}$ は

$$\tau=\frac{1}{\lambda},\quad T_{1/2}=\frac{\ln 2}{\lambda}=\frac{0.693}{\lambda} \tag{4.2.4}$$

で与えられる。

第4章　放射性壊変

ある核種が2種類の壊変をするとき，それぞれの壊変の壊変定数を λ_1 及び λ_2 とするとき，λ_1 及び λ_2 を**部分壊変定数**という。また，それぞれの壊変の半減期 T_1 及び T_2 を**部分半減期**という。単位時間に壊変する数 dN は

$$-dN = \lambda_1 N + \lambda_2 N = (\lambda_1 + \lambda_2) N = \lambda N \tag{4.2.5}$$

で与えられるので，2種類の壊変を一緒にした壊変定数 λ は

$$\lambda = \lambda_1 + \lambda_2 \tag{4.2.6}$$

となり，2種類の壊変を一緒にした半減期 T は

$$\frac{1}{T} = \frac{1}{T_1} + \frac{1}{T_2} \tag{4.2.7}$$

で与えられる。

また，毎秒あたりの壊変数を**放射能（activity）** A という。放射能の単位として，**Bq**（ベクレル）が用いられる。

$$1\mathrm{Bq} = 1\text{秒あたりの壊変数} \tag{4.2.8}$$

4.2.2　放射平衡

壊変して生じた娘核種がさらに放射性壊変をするとき逐次壊変といい，親核種の数を N_1，壊変率を λ_1 とし，娘核種の数を N_2，壊変率を λ_2 とすると

$$-\frac{dN_1}{dt} = \lambda_1 N_1$$

$$\frac{dN_2}{dt} = -\lambda_2 N_2 + \lambda_1 N_1$$

と表され，親核種が初めに N_{10} 個で，娘核種の個数 $N_{20}=0$ のとき，これらの微分方程式の解として娘核種の数 N_2 は

$$N_2 = \frac{\lambda_1}{\lambda_2 - \lambda_1} N_{10} (e^{-\lambda_1 t} - e^{-\lambda_2 t}) \tag{4.2.9}$$

で与えられる。なお，初めに娘核種の個数が N_{20} である場合には，

$$N_2 = N_{20} e^{-\lambda_2 t} + \frac{\lambda_1}{\lambda_2 - \lambda_1} N_{10} (e^{-\lambda_1 t} - e^{-\lambda_2 t}) \tag{4.2.10}$$

となる。

次々と壊変していくような場合には次の連立微分方程式が成り立つ。

$$\left.\begin{aligned}\frac{dN_1}{dt} &= -\lambda_1 N_1 \\ \frac{dN_2}{dt} &= \lambda_1 N_1 - \lambda_2 N_2 \\ &\cdots\cdots\cdots \\ \frac{dN_i}{dt} &= \lambda_{i-1} N_{i-1} - \lambda_i N_i \\ &\cdots\cdots\cdots\end{aligned}\right\} \quad (4.2.11)$$

t 時間後には,

$$N_1 = N_{10} e^{-\lambda_1 t}$$
$$N_2 = N_{20} e^{-\lambda_2 t} + N_{10} \lambda_1 \left(\frac{e^{-\lambda_1 t}}{\lambda_2 - \lambda_1} + \frac{e^{-\lambda_2 t}}{\lambda_1 - \lambda_2} \right)$$
$$\cdots\cdots\cdots$$
$$N_i = N_{10} e^{-\lambda_i t} + N_{10} \lambda_1 \lambda_2 \lambda_3 \cdots \lambda_{i-1} \left[\frac{e^{-\lambda_1 t}}{(\lambda_2-\lambda_1)(\lambda_3-\lambda_1)\cdots(\lambda_i-\lambda_1)} \right. \quad (4.2.12)$$
$$\left. + \frac{e^{-\lambda_2 t}}{(\lambda_1-\lambda_2)(\lambda_3-\lambda_2)\cdots(\lambda_i-\lambda_2)} + \cdots + \frac{e^{-\lambda_i t}}{(\lambda_1-\lambda_i)(\lambda_2-\lambda_i)\cdots(\lambda_{i-1}-\lambda_i)} \right]$$

となる。

4.2.3 過渡平衡

(4.2.9)式で親核種の半減期が娘核種の半減期に比べて長い場合,つまり $\lambda_1 < \lambda_2$ のときを考える。十分に長い時間が経過すると $e^{-\lambda_2 t}$ は $e^{-\lambda_1 t}$ に比べて無視できるので,

$$N_2 = \frac{\lambda_1}{\lambda_2 - \lambda_1} N_{10} e^{-\lambda_1 t} \quad (4.2.13)$$

となる。親核種と娘核種の半減期をそれぞれ T_1, T_2, とすれば,

$$\left.\begin{aligned} N_2 &= N_1 \frac{T_2}{T_1 - T_2} \\ \lambda_2 N_2 &= \lambda_1 N_1 \frac{T_1}{T_1 - T_2} \end{aligned}\right\} \quad (4.2.14)$$

この式は,娘核種の数と親核種の数の比が常に一定,あるいは娘核種の放射能と親核種の放射能との比が常に一定であるという平衡が成り立っていることを示す。これを**過渡平衡**(transient equilibrium)という。図 4.3 は $T_1 = 12.79 \mathrm{d}$ の $^{140}\mathrm{Ba}$ から $T_2 = 40.3 \mathrm{h}$ の $^{140}\mathrm{La}$ が生じる場合を示している。片対数方眼紙に表された両核種の原子数は平行な 2 直線となる。

4.2.4 永年平衡(永続平衡)

過渡平衡において $\lambda_1 \ll \lambda_2$,つまり,親核種の半減期が娘核種の半減期に比べて非常に長い場合,十分に時間が経過すると,(4.2.13)式で $\lambda_2 - \lambda_1 \fallingdotseq \lambda_2$, $T_1 - T_2 \fallingdotseq T_1$ とおくことができるの

第4章　放射性壊変

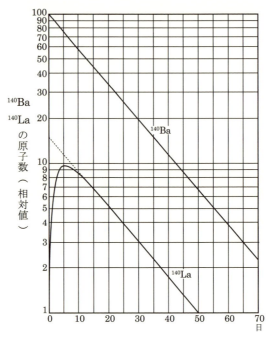

図4.3　^{140}Ba－^{140}La の過渡平衡

で，
$$N_2 = N_1 \frac{\lambda_1}{\lambda_2} = N_1 \frac{T_2}{T_1} \tag{4.2.15}$$

書きかえて
$$\lambda_1 N_1 = \lambda_2 N_2 \tag{4.2.16}$$

となる。

　これは，時間とともに親核種の壊変により娘核種が壊変しながらも増加し，娘核種の壊変率は娘核種の数に比例して増加するので，親核種の壊変率に近づき，親核種の壊変率と同じになると娘核種の数は増加しなくなることを示している。つまり親核種と娘核種の放射能は同じになる。

　この平衡は**永年（または永続）平衡**（secular equilibrium）と呼ばれるもので，例として図4.4 に $T_1 = 28.8\text{y}$ の ^{90}Sr から $T_2 = 64.1\text{h}$ の ^{90}Y が生じる場合を示している。

　^{137}Cs の γ 線は，^{137}Cs と $^{137\text{m}}$Ba の永年平衡（図4.8参照）を利用した線源である。

　核種が次々と系列壊変をするとき，その壊変定数について
$$\lambda_1 \ll \lambda_2, \lambda_3 \cdots, \lambda_{n-1}, \lambda_n$$

の関係があり十分長い時間を経過したときは（4.2.12）式より次の関係が得られ，全系列核種について永年平衡

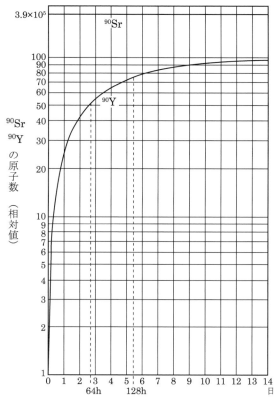

図 4.4 ^{90}Sr－^{90}Y の永年平衡

$$\lambda_1 N_1 = \lambda_2 N_2 = \lambda_3 N_3 = \cdots = \lambda_{n-1} N_{n-1} = \lambda_n N_n$$

$$N_1 : N_2 : N_3 : \cdots : N_{n-1} : N_n = \frac{1}{\lambda_1} : \frac{1}{\lambda_2} : \frac{1}{\lambda_3} : \cdots : \frac{1}{\lambda_{n-1}} : \frac{1}{\lambda_n} \tag{4.2.17}$$

$$= T_1 : T_2 : T_3 : \cdots : T_{n-1} : T_n$$

が成立する。過渡平衡と永年平衡を併せて放射平衡という。

4.3 α 壊 変

4.3.1 α 壊変の表式

α 壊変は，質量数の大きな原子核がヘリウムの原子核を放出する壊変である。α 粒子の平均結合エネルギーは，質量数の小さい核の中では特に大きく，質量数の大きな核種のいくつかは，ヘリウムの原子核を放出することにより，エネルギー的により安定な状態に転移する。原子核内の α 粒子が原子核から放出されるためにはクーロンエネルギー障壁を超える必要があるが，α 壊変で放出される α 線のエネルギーはこれより小さく，古典物理学ではエネルギー保存則を破

第 4 章　放射性壊変

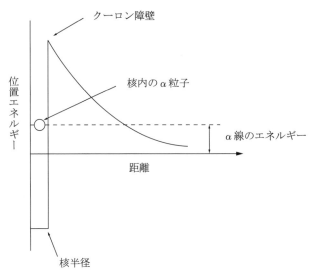

図 4.5　α 壊変における α 粒子のエネルギーとクーロン障壁のエネルギー

ることになり，α 粒子が放出されることはないが，α 粒子は，量子力学の**トンネル効果**によりクーロン障壁を通り抜けて放出される（図 4.5 参照）。

α 壊変核種としてよく知られているものに，キュリー夫人により発見された ^{226}Ra がある。この場合の壊変の表式は

$$\alpha \text{ 壊変} \quad {}^{226}\text{Ra} \to {}^{222}\text{Rn} + {}^{4}\text{He} \quad \text{あるいは} \quad {}^{226}\text{Ra} \to {}^{222}\text{Rn} + \alpha \tag{4.3.1}$$

と表される。

α 壊変では壊変の前後で質量数と原子番号は，$(A, Z) = (A-4, Z-2) + (4, 2)$ と変化する。このように，**娘核種は質量数が 4 減り，原子番号は 2 減る**。ただし，α 粒子を含めて考えると壊変の前後で陽子数と中性子数の和は変化しない。

4.3.2　α 壊変の崩壊エネルギー

α 壊変に伴う壊変のエネルギー E は，壊変前後の質量差で決まる。壊変前は親核種のみであるが，壊変後は娘核種と ^{4}He になるので，前後の質量差から

$$E = M(\text{親})c^2 - M(\text{娘})c^2 - M(^{4}\text{He})c^2 \tag{4.3.2}$$

これを，質量欠損 ΔM を用いて表すと，質量欠損は原子核の質量に基づいて計算されるので

$$E = \Delta M(\text{娘})c^2 + \Delta M(\alpha)c^2 - \Delta M(\text{親})c^2 \tag{4.3.3}$$

で与えられる。ここで ΔM(親)，ΔM(娘) は親核種と娘核種の質量欠損である。この値を α 壊変の**崩壊エネルギー（又は Q 値）**という。

このエネルギーは壊変後の娘核種と α 粒子に分配される。また，壊変後の娘核種は基底状態

になるとは限らず励起状態にある場合もある。このため，α粒子の運動エネルギーはEより小さくなる。娘核種が基底状態になる場合のα粒子のエネルギーE_aは，運動量とエネルギーの保存則より

$$E_a = \frac{M(^{222}\text{Rn})}{M(^{222}\text{Rn})+M(\alpha)}E \quad (4.3.4)$$

で与えられる。このようにα粒子のエネルギーは壊変前後の質量差（励起状態にあるときは，E－励起エネルギー）で決まるので線スペクトルを示す。

4.3.3 α壊変の半減期

α壊変はトンネル効果によりクーロン障壁を抜けて放出されるので，クーロン障壁の厚さがα粒子の通り抜けやすさに関係し，障壁が厚ければ通り抜けにくく半減期は長くなる。図4.3から想像されるように，クーロン障壁の厚さはα粒子のエネルギーに依存する。α壊変の壊変定数をλとすると，原子番号Z，α粒子のエネルギーEとの間に以下の関係がある。

$$\ln \lambda = -A\frac{Z}{\sqrt{E}} + B \quad (4.3.5)$$

ここで，AとBは定数で**ガイガー・ヌッタル（Geiger-Nuttall）の法則**という。

4.4 β壊変

4.4.1 β壊変の表式

中性子は半減期615秒で陽子に壊変する。このとき電子と反ニュートリノが放出される。

$$\beta^- \text{壊変} \quad \text{n} \rightarrow \text{p} + \beta^- + \bar{\nu} \quad (4.4.1)$$

例えば^{32}Pの壊変は

$$^{32}\text{P} \rightarrow ^{32}\text{S} + \beta^- + \bar{\nu}$$

と表される。親核種が質量数Aで原子番号Zのとき$(A, Z) \rightarrow (A, Z+1)$と変化する。

陽子の質量は中性子の質量よりわずかに小さいので，単独の陽子が中性子に壊変する事はない。しかし，原子核の中では陽子数が中性子数に比べて多い場合，クーロン力による反発のエネルギーが高くなり，陽子が中性子に壊変した方がエネルギー的に安定になる場合がある。このとき陽子は中性子に変わり，陽電子とニュートリノが放出される。陽電子は電子の反粒子である。

$$\beta^+ \text{壊変} \quad \text{p} \rightarrow \text{n} + \beta^+ + \nu \quad (4.4.2)$$

例えば^{22}Naの壊変では

$$^{22}\text{Na} \rightarrow ^{22}\text{Ne} + \beta^+ + \nu$$

と表される。親核種が質量数Aで原子番号Zのとき$(A, Z) \rightarrow (A, Z-1)$と変化する。

β壊変では壊変の前後で陽子と中性子の数は変わるが，質量数は変化しない。β$^+$壊変では原

第4章　放射性壊変

子核内の陽子が中性子に壊変するとき、陽子が軌道電子を捕獲して中性子に壊変する場合がある。これを電子捕獲あるいはEC（electron capture）壊変という。つまり

$$\text{電子捕獲}\quad p+e^-\rightarrow n+\nu \tag{4.4.3}$$

このとき軌道電子が捕獲されるために空席が生じるので、エネルギーの高い電子軌道の電子により空席が埋められる。このときに特性X線あるいはオージェ電子が発生する。EC壊変の場合も壊変前後で質量数は変わらない。β^+壊変が起こる場合にはβ^+壊変とEC壊変は競合過程であり、どちらかが起こる。次節で述べるようにβ^+壊変のQ値が$2m_0c^2$より小さい場合にはEC壊変のみが起こる。ただしm_0は電子の静止質量である。

4.4.2　β壊変の崩壊エネルギー

β壊変の崩壊エネルギー（Q値）もα壊変と同様に、壊変前後の状態の質量差で決まる。β^-壊変では壊変後には娘核種とβ線及びニュートリノになる。娘核種は原子番号が1つ増えるので電子が不足するが、壊変で生じた電子の質量を合わせて考えれば、終状態は娘核種とニュートリノとなるのでQ値はニュートリノの質量を0として

$$Q\text{値}(\beta^-\text{壊変})=M(\text{親})c^2-M(\text{娘})c^2 \tag{4.4.4}$$

となる。β^+壊変では、終状態は娘核種と電子及びニュートリノであるが娘核種の原子番号は1つ減るので、終状態では娘核種とβ壊変で生じる電子と余分の軌道電子及びニュートリノとなる。したがって値は

$$Q\text{値}(\beta^+\text{壊変})=M(\text{親})c^2-M(\text{娘})c^2-2m_0c^2 \tag{4.4.5}$$

となる。EC壊変では娘核種の原子番号は1つ減るが、軌道電子が1つ原子核に捕獲されるので、終状態は娘核種とニュートリノになる。したがってQ値は

$$Q\text{値}(\text{EC壊変})=M(\text{親})c^2-M(\text{娘})c^2 \tag{4.4.6}$$

となる。

β壊変ではβ線とニュートリノが発生する。ニュートリノの質量を0として、親核種と娘核種の質量差が電子（β線）の質量より大きくないと起こらない。つまり

$$M(\text{親核種})-M(\text{娘核種})>m_0 \tag{4.4.7}$$

ここで、中性原子の質量Mは$M=M(\text{核})+Zm_0$で与えられるので、(4.4.7)式をβ^-壊変とβ^+壊変について中性原子の質量で表すと、

$$\beta^-\text{壊変}\quad \{M(\text{親})-Zm_0\}-\{M(\text{娘})-(Z+1)m_0\}>m_0$$

より

$$\beta^-\text{壊変}\quad M(\text{親})-M(\text{娘})>0 \tag{4.4.8}$$

であり、

$$\beta^+\text{壊変}\quad \{M(\text{親})-Zm_0\}-\{M(\text{娘})-(Z-1)m_0\}>m_0$$

より

$$\beta^+ \text{壊変} \quad M(\text{親}) - M(\text{娘}) > 2m_0 \tag{4.4.9}$$

となる。また，EC 壊変の場合は親核種の原子核が軌道電子を捕獲して娘核種になり，ニュートリノが放出されるが，ニュートリノの質量はほぼ 0 であることから

EC 壊変　$M(\text{親}) - M(\text{娘}) > 0$　(4.4.10)

の場合に起こる。つまり，β^- 壊変と EC 壊変の場合は壊変の前後で親原子の質量が娘原子の質量より大きければ起こるが，β^+ 壊変の場合は壊変前後の質量差が電子質量の 2 倍より大きくないと起こらない。

(4.4.9) 式と (4.4.10) 式より β^- 壊変と β^+ 壊変における β 線の最大エネルギー $E_{\beta\max}$ は β^- 壊変に対し，

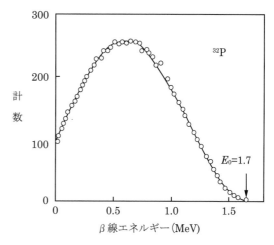

図 4.6　^{32}P の β 線スペクトル

$$\beta^- \text{壊変} \quad E_{\beta\max} = M(\text{親})c^2 - M(\text{娘})c^2 \tag{4.4.11}$$

であり，図 4.6 の β 線の最大エネルギーはこのエネルギーに対応する。また，β^+ 壊変に対し，

$$\beta^+ \text{壊変} \quad E_{\beta\max} = M(\text{親})c^2 - M(\text{娘})c^2 - 2m_0c^2 \tag{4.4.12}$$

で与えられる。β^+ 壊変で壊変前後の質量差が電子質量の 2 倍より小さいときには，陽電子放出は起こらず電子捕獲のみが起こる。

4.4.3　β 壊変に伴う β 線のエネルギースペクトル

β 壊変では壊変のエネルギーが娘原子と β 線とニュートリノの 3 体に分配されるので，放出される β 線とニュートリノの角度により β 線のエネルギーが異なる。このため β 線のエネルギー分布は連続になり連続スペクトルを示す。図 4.6 に ^{32}P の β 線スペクトルを示す。β 線の最大エネルギーはニュートリノのエネルギーがゼロのときで Q 値によって決まる。平均のエネルギーは最大エネルギーの約 1/3 である。

β 壊変のスペクトルの形については壊変の前後の状態間の転移を量子力学的に扱う必要がある。詳しくは付録 4 章に示してあるが，転移の確率 w は β 壊変の相互作用 H' により壊変前後の状態の重なり $H'_{mk} = \langle m|H'|k\rangle$ と終状態の状態密度 $\rho(m)$ を用いて

$$w = \frac{2\pi}{\hbar}|H'_{mk}|^2 \rho(m) \tag{4.4.13}$$

第4章　放射性壊変

で与えられる。状態密度は単位エネルギー当たりの状態数であるので，$\rho(m) = \dfrac{dn}{dE}$ である。状態数 dn は，電子の運動量を p，ニュートリノの運動量を q とすると，運動量空間で大きさ p で厚さ dp の球殻状の体積の中の状態数と，大きさ q と厚さ dp の中の体積の中の状態数の積で与えられる。運動量空間の中で1つの状態が占める大きさは，電子やニュートリノの波動関数を一辺が L の立方体に閉じ込めたとき $\left(\dfrac{2\pi\hbar}{L}\right)^3$ で与えられるので状態数 dn は

$$dn = \frac{4\pi p^2 dp}{\left(\dfrac{2\pi\hbar}{L}\right)^3} \frac{4\pi q^2 dq}{\left(\dfrac{2\pi\hbar}{L}\right)^3} = V^2 \frac{4\pi p^2 dp \cdot 4\pi q^2 dq}{(2\pi\hbar)^6} \quad (4.4.14)$$

で与えられる。ここで $V = L^3$ である。放出エネルギー $E_0 (= Q_\beta + m_0 c^2)$ は電子とニュートリノ（質量は0とする）にそれぞれ E_e, E_ν ずつ分配される。E_e は静止質量を含む全エネルギーである。

$$\left.\begin{array}{l} E_0 \equiv E_e^{\max} = E_e + E_\nu,\ E_\nu = cq \\ E_e = \sqrt{p^2 c^2 + m_0 c^2} \end{array}\right\} \quad (4.4.15)$$

E_e を一定にしたときに全系のエネルギーの増加 dE は

$$dE = dE_\nu = cdq \quad (4.4.16)$$

となるので，(A4.4.14) 式と (A4.4.16) 式より

$$\frac{dn}{dE} = V^2 \frac{p^2 q^2 dp}{4\pi^4 \hbar^6 c} = V^2 \frac{1}{4\pi^4 \hbar^6 c^3}(E_0 - E_e)^2 p^2 dp \quad (4.4.17)$$

E_e についての分布に書き直すと $E_e dE_e = c^2 p dp$ を用いて

$$\frac{dn}{dE} = V^2 \frac{1}{4\pi^4 \hbar^6 c^6}(E_0 - E_e)^2 (E_e^2 - m_0^2 c^4)^{1/2} E_e dE_e \quad (4.4.18)$$

となる。したがって，β の転移確率は (4.4.13) で表されるので $|H'_{mk}|^2$ が E_e に余り依存しなければ，β 線のエネルギー分布は (4.4.18) 式で表される。この式は E_e が 0 と E_0 の範囲で増加するとき，減少する項 $(E_0 - E_e)^2$ と増加する項 $(E_e^2 - m_0^2 c^4)^{1/2}$ の積で表されるので，途中でピークとなる山なりの分布を示す。

4.5　γ線の放出と原子核のエネルギー準位

α 壊変や β 壊変で娘核が生じたとき，娘核種は基底状態になるとは限らず，励起状態になる場合もある。この場合は γ 線が放出される。原子核の励起状態は軌道電子のエネルギーと同じように離散的な値をとる。基底状態からエネルギー順に励起状態を表した図を励起準位という。励起準位の例を図4.7に示した。

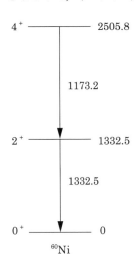

図4.7　エネルギー準位　準位の左側の数字はスピンを記号はパリティを示す。縦線は γ 線を表し，数字は γ 線のエネルギーを示す。準位の右側の数字は励起エネルギーを示す。

エネルギーの高い準位はエネルギーの低い準位へγ線を放出して転移する。エネルギーの高い準位と低い準位のエネルギーをそれぞれ E_i, E_j とするとγ線のエネルギー E_γ は

$$E_\gamma = E_i - E_j \tag{4.5.1}$$

で与えられる。

励起状態の寿命は通常非常に短く瞬間的にγ線が放出されるが，励起状態によっては寿命の長い状態もある。このような状態を**核異性体**（isomer）という。このような励起状態からの転移を**核異性体転移**（略称IT）という。どの程度に寿命が長ければ核異性体転移というかについて決まりはない。

励起状態が転移するとき，γ線を放出せずにそのエネルギーを軌道電子に与えて転移する場合がある。これを**内部転換**（internal conversion）という。放出される軌道電子を**内部転換電子**という。内部転換電子が放出されるとき，軌道電子は束縛されているので放出される内部転換電子のエネルギー E_1 はγ線のエネルギー E_γ より束縛エネルギー E_b だけ低くなる。E_1 は次式で与えられ，とびとびの値を持つ。

$$E_1 = E_\gamma - E_b \tag{4.5.2}$$

励起状態が転移するときγ線放出と内部転換電子の放出は競合過程であり，どちらかの放出が起こる。γ線の放出に対する内部転換電子の放出割合を内部転換係数という。このような現象を内部転換と呼ぶのは，軌道電子の波動関数が広がっていて原子核内にもある確率で存在し，軌道電子のこの部分によって転移が起こるので内部転換と呼ばれる。原子核内に軌道電子が存在する確率は，原子核に近いK殻の軌道電子が大きくL，M殻となるに従い小さくなるのでK殻の内部転換係数は他の殻の係数より大きい。γ線のエネルギーがK殻電子の束縛エネルギーより小さければK殻電子に対する内部転換は起こらない。内部転換が起こると放出された電子の軌道が空席となるので，X線あるいはオージェ電子が放出される。

4.6 自発核分裂

質量数の大きな原子核では陽子数が大きくなり，クーロン力による反発エネルギーが大きくなる。この反発エネルギーのために核分裂が起こる。原子番号が92より大きな原子核の中には，自然に核分裂するものがあり，これを**自発核分裂**（spontaneous fission）という。自発核分裂はα壊変と競合して起こ

表 4.1 自発核分裂核種の例

核　種	自発核分裂の半減期	α崩壊の半減期
$^{232}_{92}$U	8×10^{13} y	72 y
$^{235}_{92}$U	1.8×10^{17} y	7.13×10^8 y
$^{238}_{92}$U	8.19×10^{15} y	4.468×10^9 y
$^{238}_{94}$Pu	4.77×10^{10} y	87.4 y
$^{239}_{94}$Pu	5.5×10^{15} y	24,360 y
$^{240}_{94}$Pu	1.340×10^{11} y	6.57×10^3 y
$^{242}_{94}$Pu	6.75×10^{10} y	3.76×10^5 y
$^{242}_{96}$Cm	6.09×10^6 y	162.8 d
$^{244}_{96}$Cm	1.345×10^7 y	18.11 d
$^{252}_{98}$Cf	85.4 y	2.64 y
$^{254}_{98}$Cf	60 d	60 d

るが，一般的に α 壊変の確率のほうが高い。自発核分裂の部分半減期は原子番号とともに急激に短くなる（表 4.1 参照）。

自然に存在する核種ではウランの自発核分裂が観測される。ただし，ウランは主に α 壊変で転移し，自発核分裂の割合は非常に小さい。自発核分裂の際には3個程度の中性子が同時に放出される。中性子線源として利用される ^{252}Cf は自発核分裂の割合が 3.1％と大きく，1回の核分裂で平均 3.8 個の中性子を放出する。^{252}Cf 1 g 当たりの中性子放出率は 2.31×10^{12} s^{-1} である。核分裂で放出されるエネルギーの大部分は核分裂片の運動エネルギーになる。核分裂片は不安定核である場合が多く，さらに β 線や γ 線などを放出する。

4.7 壊変図

原子核の励起エネルギー，壊変モード，γ 線の強度比などを表した図を壊変図（decay scheme）という。β^+ 壊変や α 壊変は左へ進む斜めの矢印，β^- 壊変は右へ進む斜めの矢印，γ 壊変は垂直の矢印で示す。エネルギー準位には励起エネルギーを数字で示し，各放射線の強度比をそれぞれの矢印に示す。励起準位の半減期が基底状態および核異性体転移に示され，核異性体転移は IT で示す。エネルギー準位には原子核の性質を表すスピンとパリティを示してある。壊変図の例を図 4.8 に示した。

4.8 自然放射性核種

自然放射性核種（natural radioactive nuclide）は，地球の誕生のときから存在するもの（地球起源核種という），宇宙線による原子核反応で生成されるもの（宇宙線起源核種という），地殻中で自然の α 放出核種から放出される α 線による（α, n）核反応で放出される中性子や自発核分裂を起こす核種から放出される中性子による核反応で生じるものがある。地球誕生のときに数多くの核種が作られ，放射性核種も生まれた。放射性核種の大半は，放射線を出して安定な元素に移行したが，寿命の長い放射性核種が今も残っている。宇宙線起源核種は，現在も生成し続けられていて，生成量とそれぞれの半減期による減衰がバランスして，環境にほぼ一定量が存在する。

4.8.1 放射性系列元素

自然に存在する放射性元素は原子番号 82 から 92 までの間に多く存在し，3つの系列が存在する。3つの系列に共通する特徴は，(1) 地球の年齢である **4.5×10^9 年より半減期の長い親核種がある**，(2) 系列の中に **気体の元素（Rn）がある**，(3) **系列の最後の安定元素が鉛である**，ということである。

- ウラン系列

ウラン系列は，4.47×10^9 年の半減期をもつ $^{238}_{92}$U から始まり，いくつかの壊変を経て $^{206}_{82}$Pb

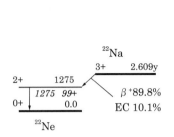
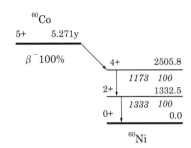
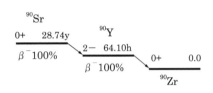
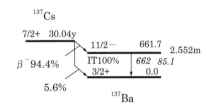
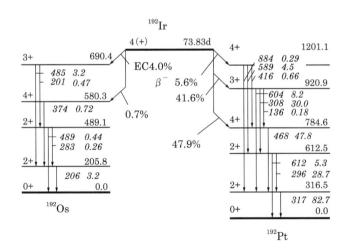

図 4.8　壊変図（アイソトープ手帳 10 版より）

で終わる系列であり，図 4.9 に示すような壊変をたどる．図中に記載してある RaA などの記号は歴史的に使用されてきた名称である．質量数が 4n+2（n は自然数）で表されるので **4n+2 系列**ともいう．系列の途中で $^{218}_{84}\text{Po}(\text{RaA})$ から先に α 壊変したのち β 壊変により $^{214}_{83}\text{Bi}$ に至る系列と先に β 壊変したのち α 壊変により $^{214}_{83}\text{Bi}$ に至る系列があり，これを分岐（branching）という．

第4章 放射性壊変

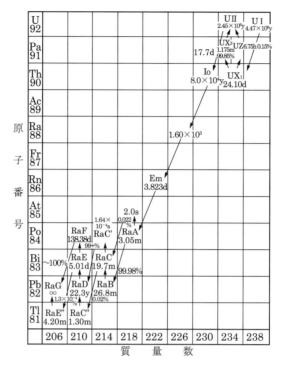

図4.9 ウラン系列

前者の系列は約 0.02 ％で後者の系列が約 99.98 ％である。この比 99.98/0.02＝5000 を RaA に対する分岐比（branching ratio）という。^{234}U の半減期は 2.45×10^5 年と長いので，^{238}U と放射平衡の状態で自然に存在している。^{222}Rn は気体で，半減期は 3.823 日で，^{226}Ra と放射平衡の状態で空気中や水中に存在する。

・トリウム系列とアクチニウム系列

両系列を図 4.10 と図 4.11 に示す。それぞれの系の核種の質量数から**トリウム系列は 4n 系列，アクチニウム系列は 4n+3 系列**とも呼ばれる。

トリウム系列は 1.41×10^{10} 年の半減期をもつ $^{232}_{90}$Th から始まり，いくつかの壊変を経て $^{208}_{82}$Pb で終わる系列であり，図 4.10 に示すような壊変をたどる。

アクチニウム系列は 7.04×10^8 年の半減期をもつ $^{235}_{92}$U から始まり，いくつかの壊変を経て $^{207}_{82}$Pb で終わる系列であり，図 4.11 に示すような壊変をたどる。

4.8.2 壊変系列を作らない核種

壊変系列を作らない長半減期核種で自然に存在するものは，^{40}K，^{87}Rb，^{115}In，^{138}La，^{144}Nd，^{147}Sm，^{176}Lu，^{180}W，^{187}Re，^{190}Pt，^{210m}Bi などである。自然放射性核種による被ばくに大きく寄与する核種は ^{40}K である。その半減期は 1.28×10^9 年で，カリウムに 0.012 ％の割合

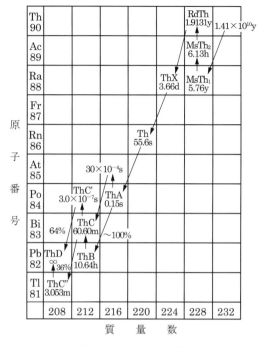

図 4.10 トリウム系列

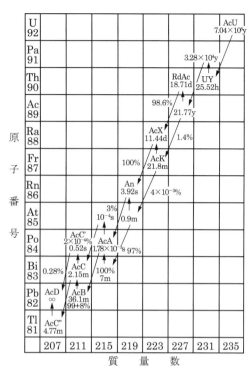

図 4.11 アクチニウム系列

で含まれている。また，カリウムは植物の 3 大栄養素の一つであり，植物に取り込まれることから，植物を食べる動物にも取り込まれ，人々の体の中にも存在する。日本人に含まれる平均のカリウムの量は約 130 g であり，この中の ^{40}K の量は約 4kBq である。

4.8.3 宇宙線起源核種

宇宙線は地球に絶えず降り注いでいて，一次宇宙線は高エネルギーの陽子が主である。この陽子が高空で大気中の窒素や酸素などと原子核反応を起こし反応で生じた γ 線，中性子線，ミュオンなどが地表に降り注ぐ。一次宇宙線及び宇宙線と大気との反応で生じた核破砕片，中性子などにより大気中に放射性同位元素を生じる。生じる核種は ^{3}H，^{7}Be，^{10}Be，^{14}C，^{22}Na，^{32}Si，^{32}P，^{33}P，^{35}S などである。

4.8.4 天然誘導放射性核種

宇宙線起源核種も天然の宇宙線により作られる誘導放射性核種であるが，自然に存在する放射性核種が放出する α 粒子が原子番号の小さい元素との核反応を起こし中性子を発生する。この中性子による核反応で作られる放射性核種がある。たとえば，

^{35}Cl(n, γ)^{36}Cl （3.01×10^{5}y）

^{232}Th(n, γ)^{233}Th → ^{233}Pa → ^{233}U（1.59×10^{5}y）

第4章　放射性壊変

核分裂生成物　^{232}Th，^{235}U，^{238}Uの（n, f）反応，などがある。

4.9　人工放射性核種

人工的に作られた放射性同位元素を人工放射性同位体（artificial radioisotope）という。放射性同位元素は原子核反応によって製造される。主な製造法は，原子炉で発生する中性子を利用して製造する方法と，加速器を用いて荷電粒子反応あるいはγ線による光核反応を利用して製造する方法である。実用されている人工放射性核種（artificial nuclide）は，ほとんどがβ線及びγ線放出核種である。系列壊変をするものに**ネプツニウム系列**がある。その質量数が$4n+1$であることから**$4n+1$系列**ともいう。系列の中で最も半減期の長い^{237}Npでも2.14×10^6年であり，地球の年齢に比べて極めて短いため自然には存在せず"失われた系列（missing series）"と呼ばれたが，人工的に製造された。壊変系列を図4.12に示す。

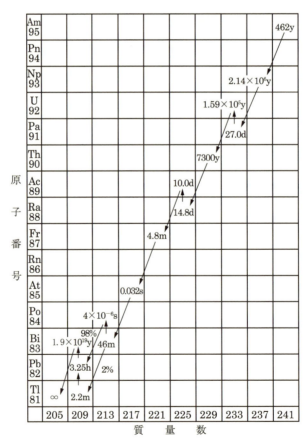

図4.12　ネプツニウム系列

ネプツニウムの他にも，数段系列壊変するものがある。たとえば，

$$^{90}\text{Sr} \xrightarrow[28\text{y}]{\beta^- \ 0.54\,\text{MeV}} {}^{90}\text{Y} \xrightarrow[64\text{h}]{\beta^- \ 2.28\,\text{MeV}} {}^{90}\text{Zr}\ (安定)$$

$$^{140}\text{Xe} \xrightarrow{\beta^-} {}^{140}\text{Cs} \xrightarrow{\beta^-} {}^{140}\text{Ba} \xrightarrow{\beta^-} {}^{140}\text{La} \xrightarrow{\beta^-} {}^{140}\text{Ce}\ (安定)$$

などがある。

第4章　放射性壊変

演習問題

問1 ^{137}Cs は右図に示すような壊変をする。ここで，α は全内部転換係数を示す。この場合，^{137}Cs 1壊変あたりの 662 keV γ 線の放出割合として最も近い値は，次のうちどれか。

1　0.82　　2　0.85　　3　0.88
4　0.91　　5　0.94

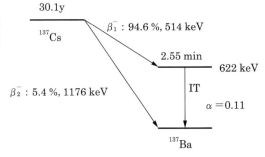

問2 放射性核種 ^A_ZX が壊変して ^AY になる壊変図が右図に示されている。次の記述のうち，正しいものの組み合わせはどれか。

A　壊変の Q 値（壊変エネルギー）は 0.85 MeV である。
B　消滅放射線が観測される。
C　^AY の原子番号は $Z+1$ である。
D　0.15 MeV の γ 線が放出される。
E　^A_ZX の壊変において β^- 線の放出はない。

1　ABC のみ　　2　ABE のみ
3　ADE のみ　　4　BCD のみ
5　CDE のみ

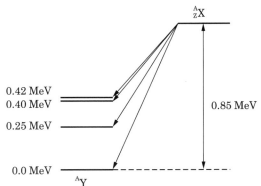

問3 ^{63}Ni，^{39}K および ^{11}C について，それぞれ β^- もしくは β^+ 放射線の有無を判定し，さらに，放射線があるときは，γ 線を伴わないと仮定して，β 線の最大エネルギーを推定せよ。ただし，それぞれの原子の質量は

$^{63}_{28}$Ni：62.92966　　$^{63}_{29}$Cu：62.92959　　$^{39}_{19}$K：38.96371
$^{39}_{18}$Ar：38.96432　　$^{39}_{20}$Ca：38.97081　　$^{11}_{6}$C：11.01143
$^{11}_{5}$B：11.00930　　（単位　u）とし，

また，電子の質量＝0.00055 u，1 u＝931.5 MeV とする。

問4 4×10^{10} Bq の放射能をもつ ^{222}Rn（半減期 3.82 d）の質量とそれが標準状態で占める体積を求めよ。

問5 質量数 A，半減期 T s の放射性核種 1 g の放射能を求めよ。

問6 人体には平均して 0.35 % のカリウムが含まれている。体重 60 kg の人の身体の中にある ^{40}K の放射能を求めよ。^{40}K の存在度は 0.0117 % で，半減期は 1.28×10^9 y である。

問7 古墳から見出された木材の中に含まれている ^{14}C の放射能を測定して，炭素 1 g につき毎分 7.04 壊変なる値を得た。空気中の炭酸ガスについて測定した ^{14}C の放射能は炭素 1 g につき毎分 15.3 壊変である。古墳の年代を推定せよ。^{14}C の半減期は 5.73×10^3 y である。
(注) 生物体の炭素は全て空気中の炭酸ガスから作られるので，その中には空気と同じ濃度の ^{14}C が含まれている。生物の死後は生物体に固定されてその半減期で減衰するものと考えられる。

問8 ^{87}Rb 1 g は 1 分間に何個壊変するか。ただし，^{87}Rb は β^- 壊変し，その半減期は 4.8×10^{10} y である。

問9 生物体内に取り込まれた元素 N_0 個の原子は代謝や排出などによって，時間 t の経過で $N = N_0 e^{-\lambda_b t}$ 個となる。したがって生物学的過程にもとづいて，元素に特有な生物学的半減期 T_b がある。なお，放射性核種であれば体内残存原子は放射性壊変の半減期 T_p でも減少する。この2つの過程によって体内の放射性核種の数が $N_0/2$ になるまでの時間を実効半減期 T_{eff} として，次式となることを示せ。

$$\frac{1}{T_{\text{eff}}} = \frac{1}{T_b} + \frac{1}{T_p}$$

問10 励起原子核（質量 M_0）からエネルギー $h\nu$ の γ 線が放出されたとき，反跳核の運動エネルギーを求めよ。

問11 質量数 200 の原子核が 4 MeV の α 線を放出するとき，生成核の反跳エネルギーは何 MeV か。
 1 0.02   2 0.04   3 0.08   4 13   5 50

問12 放射性壊変で正しいのはどれか。
 a 平均寿命は壊変定数に比例する。
 b 半減期は平均寿命の 1.44 倍である。
 c 半減期は最初に存在した原子数が半分になる時間である。
 d 壊変定数は最初に存在した原子数が $\frac{1}{e}$ になる時間の逆数である。
 e 半減期は壊変定数と反比例の関係にある。
 1 a, b, c   2 a, b, e   3 a, d, e   4 b, c, d   5 c, d, e

第 4 章　放射性壊変

問 13　^{212}Bi は全体の壊変の 34 % が α 壊変して ^{208}Tl に，残りの 66 % が β 壊変して ^{212}Po になる。前者と後者との壊変定数を $0.65×10^{-4}$ s^{-1}，$1.26×10^{-4}$ s^{-1} とすると ^{212}Bi の半減期（min）はどれか。

 1　1.91　　2　3.63　　3　60.5　　4　87.3　　5　3,628

問 14　ウラン壊変系列の一部を図に示す。

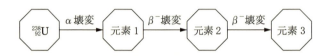

元素 3 の原子番号と質量数との組合せで正しいのはどれか。

	原子番号	質量数
1	88	232
2	88	234
3	90	232
4	90	234
5	92	234

問 15　(4.3.1) の壊変が起こるとき，放出される α 粒子のエネルギー [MeV] はどれか。ただし，^{226}Ra の質量を 226.0254 [u]，^{222}Rn の質量を 222.017574 [u]，ヘリウムの質量を 4.002603 [u] とせよ。

 1　2.9　　2　3.3　　3　3.7　　4　4.1　　5　4.8

第5章 加 速 器

5.1 加速器の概要

　荷電粒子が標的核と衝突して原子核反応を引き起こすには，発熱反応の場合でも，入射粒子と標的核に働くクーロン障壁を越えるエネルギーを荷電粒子が持たなければならない。吸熱反応では入射粒子のエネルギーが反応のしきい値エネルギーを超える必要がある。このために荷電粒子を加速する装置が考案され発展してきた。

　荷電粒子を加速するには，中性原子をイオン化し，電場あるいは交流磁場などにより加速する。イオン化する装置をイオン源という。イオン源では，元素が気体であれば放電によりイオン化し，固体の元素ではスパッタリングにより表面から飛び出た原子をイオン源内のプラズマ領域に導いてイオン化するなどがなされる。加速する電場は直流電場を用いる場合と高周波電場を用いる場合がある。また，ベータトロンでは加速電極は無く，磁場の時間的変化により生じる誘導電場で加速する。

　直流電場を用いる場合の加速エネルギーは，加速電極の両端の電場を V とし，イオンの電荷を ze とすると，得られるエネルギー E は

$$E = zeV \tag{5.1.1}$$

で与えられる。

　高周波を用いて加速する装置には，磁場を用いて荷電流子を周回させる装置と直線的に加速する装置がある。荷電粒子の周回は，磁場中で運動する荷電粒子に働くローレンツ力を利用して行う。高エネルギーの電子の加速の場合，偏向磁石で方向を変えると働く加速度が大きくなるために，加速度運動に伴う制動放射線を発生する。高エネルギーに加速した電子を周回磁場中に蓄積すると，偏向磁石の部分で偏向軌道の接線方向に制動放射線を発生する。この制動放射線を軌道放射光あるいは放射光という。放射光を発生させる装置は，高エネルギーに電子を加速する加速器と電子を蓄積する蓄積リングで構成される。

5.2 コッククロフト・ウォルトン加速装置

　コッククロフト・ウォルトン（Cockroft Walton）加速装置は，整流器とコンデンサを積み重ねて高電圧を発生する装置である。コンデンサと整流器の耐電圧の制限から 2 MV 程度までの加速に用いられる。また，複合加速器の前段加速器としても用いられる。高電圧を発生する原理図

第 5 章 加 速 器

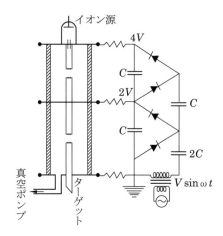

図 5.1 コッククロフト・ウォルトン加速装置

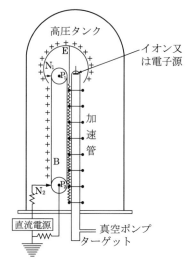

図 5.2 ファン・ド・グラーフ加速装置

を図 5.1 に示した。

イオン源と接地との間に生じる直流電場でイオン源からイオンを引き出し加速するので，取り出されるビームは直流ビームとなる。

5.3 ファン・ド・グラーフ加速装置

ファン・ド・グラーフ（Van de Graaff）加速装置の原理図を図 5.2 に示した。絶縁ベルトに電荷を載せ高電圧部に電荷を運び高電圧を出す装置である。図 5.2 でEは高電圧極，P_2 をモーターで回転させ，$P_1 P_2$ 間の絶縁ベルト B を動かす。N_2 はベルトに接近して並べた針でこれに数万ボルトの電圧をかけて，針の尖端から尖端放電によりベルトに電荷が移る。この電荷はベルトとともに電極 E へ運ばれる。この電荷は針 N_1 で集められて E の表面にたまる。運び込まれた電荷 Q を，電極 E の静電容量を C とすると E の電位 V は $V = Q/C$ で与えられる。空気中で電極 E の表面での電位勾配が 25～30kV/cm 以上になると放電が起こり，限界となる。さらに高電圧を得るために高圧の絶縁ガス詰めた高圧タンク内に設置される。電圧として 2 MV～10 MV 程度の電圧で用いられる。電圧を精密にコントロールできるので，細かいエネルギーステップで原子核反応を測定することができるため，原子核構造などの精密実験に用いられる。負イオンを生成し高電圧に向かって加速し，高電圧部分の荷電変換部で電子を剝ぎ取り正イオンに変換し，再び加速する装置（図 5.3 参照）をタンデム・ファン・ド・グラーフという。ファン・ド・グラーフに比較し，高いエネルギーを得ることができる。またイオン源が外部にあるので，

種々のイオンを用いるときに利用しやすく，近年では加速器質量分析に用いられている。

ファン・ド・グラーフやタンデム・ファン・ド・グラーフで加速されるビームは直流電場による加速であるので，直流ビームが得られる。

5.4 直線加速装置

荷電粒子を加速するための円筒状の電極を直線状に並べた形の加速器で線形加速器（Linear Accelerator）とも言う。ある程度の入射エネル

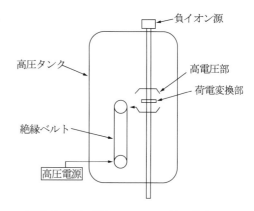

図5.3 タンデム・ファン・ド・グラーフ

ギーが必要なので，コッククロフトウォルトン型加速器などの前段加速器と組み合わせて用いられる。電極の構造によりいくつかの型がある。

5.4.1 ウィデレー型直線加速装置

図5.4に示すのがウィデレー型加速装置で，円筒型の電極に交互に正負の一定周波数の高周波電圧をかける。電極間に生ずる電場が加速位相にある場合に加速される。逆位相の時には粒子は円筒電極の中を進む。電極間の電場を通るたびに加速されるため電極は徐々に長くなる。図5.4において初めの電極に入射される電荷を z，質量 M_0 の荷電粒子のエネルギーを zeV_0，高周波電圧を V とすると，始めの電極と2番目の電極で加速された粒子のエネルギーは $ze(V_0+V)$ となる。このときの粒子の速度を v_2 とすると，非相対論的な扱いであれば運動エネルギーは

$$\frac{1}{2}M_0v_2^2 = ze(V_0+V)$$

から

$$v_2 = \sqrt{\frac{2ze(V_0+V)}{M_0}} \tag{5.4.1}$$

したがって，2番目の電極の長さを l_2 とすると，粒子が v_2 の速度で l_2 走る間に電場の位相が逆転しないといけないので，高周波の周期を T とすれば

$$\frac{T}{2} = \frac{l_2}{v_2} = \sqrt{\frac{M_0}{2ze(V_0+V)}} \cdot l_2$$

より，

$$l_2 = \sqrt{\frac{ze(V_0+V)}{2M_0}} \cdot T \tag{5.4.2}$$

となる。i 番目の電極の長さ l_i は

第5章　加速器

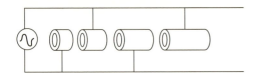

図5.4　ウィデレー型加速装置

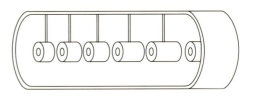

図5.5　アルバレ型加速装置

$$l_i = \sqrt{\frac{ze(V_0 + (i-1)V)}{2M_0}} \cdot T \tag{5.4.3}$$

となる。エネルギーが高くなると相対論的取り扱いが必要となる。加速器の長さを短くするためには，できるだけ周波数の高い高周波を用いる必要がある。しかし，ウィデレー型では電極の長さが高周波の波長に近づくと場所によって高周波の位相が異なり，各ギャップの電圧が一定でなくなるので，10 MHz 程度が限度である。

5.4.2　定在波型加速装置

定在波型加速装置は加速管が空洞共振器から成り，空洞の中に高周波の定在波ができるもので，アルバレ型直線加速装置（ドリフトチューブライナックともいう）を図5.5に示す。この型の加速器は軸方向に前後方向の電場が時間的に交互に発生する。逆方向の時には加速粒子は円筒電極の中を進むようにするため，電極の長さは徐々に長くなる。

5.4.3　進行波型直線加速装置

電子の加速の場合は，すぐに光速に近くなるので，進行波を加速管内に発生させ，波乗りのように電子を加速する方法が用いられる。導体の円形導波管の内部に絞りを入れると，絞りの間隔によって導波管の中を通過するマイクロ波の位相速度を電子の速度に合わせることができ電子を高周波に同期して加速することができる。図5.6に進行波型ライナックに用いられる円盤装荷導波管を示した。位相速度とは正弦波の一定の位相が進む速度であって，波のエネルギーを運ぶ速度とは異なる。図5.7は左から右への進行波で，ある時刻における軸上の電場の強さの分布である。いまB点にある電子は強さの電場によって加速されるが，仮に電子の右方向へ進む速度が

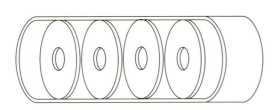

図5.6　円盤装荷導波管

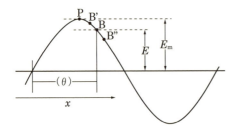

図5.7　加速電界と電子の位置

電波の位相速度に比べて非常に小さい（または大きい）ときは，電波に対する電子の位置は急速に変化し，加速減速を繰り返すので，電子に与えられるエネルギーは0になる。しかし，電子の速度が電波の位相速度に等しい場合は，電子は電波のある一定の位相の場所に保たれ，そこでの電場 E により加速される。位相を θ とすると電場 E は

$$E = E_\mathrm{m} \sin\theta \tag{5.4.4}$$

である。ただし，E_m は電場の最大値である。電波の位相速度の増加が電子の速度の増加と同じ割合であれば，電子は電波に対して常に同じ位相の位置にあり，加速され続ける。図5.7で，Bで加速された電子がB'点にずれた場合は E より強い電場によって大きな加速を受け，電波の位相速度より速くなるので，B点を通り越してB"点にくる。すると，B"点の電場は E より弱いので，加速が小さくなり，電波に対して遅れるので，B点より遅れてしまいB"点へ向かう。このように電子はB点の周りで振動しながら加速される。このような現象を位相安定性という。

直線加速装置では高周波電圧で加速されるので，電圧の位相が加速の場合のみに加速されて，高周波電圧の周期で繰り返されるパルスビームが得られる。ただし，通常は加速管の冷却の限度から一定の繰り返しで高周波が加えられる。このためにこの繰り返しの周期のパルスの中に高周波電圧の繰り返しパルスが含まれているビーム構造となる。

5.5 サイクロトロン

5.5.1 サイクロトロン

サイクロトロン（cyclotron）は，磁場により粒子軌道を周回させることによるコンパクトな形状の加速器である。

一様な磁場（磁束密度 B）に垂直な面内では静止質量 M_0，電荷 ze，速度 v の荷電粒子はローレンツ力を受ける。これにより進行方向に対して直角の方向に $zevB$ の力を受け円運動をする。その半径を r とすればローレンツ力と遠心力が釣り合うことから

$$zevB = \frac{M_0 v^2}{r} \tag{5.5.1}$$

となる。この荷電粒子が円軌道を一周するのに要する時間 T は

$$T = \frac{2\pi r}{v} = \frac{2\pi M_0}{zeB} \tag{5.5.2}$$

となって，非相対論的な速度の範囲では，荷電粒子の速度には無関係な値となる。
図5.8に示すように，磁場に直角に中空の半円形電極（D型をしているのでDeeという）D_1，D_2 を向かい合わせにしておきこれに高周波電圧 V をかける。その周期 T と磁束密度 B との関係式が（5.5.2）式を満たすようにしておく。電極間隙の P_1 部を通過したイオンは，D_1 が正で

第5章 加速器

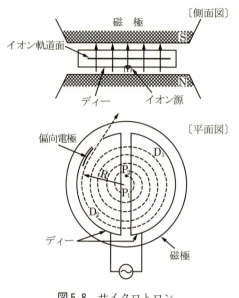

図5.8 サイクロトロン

D_2 が負のときに加速され，運動エネルギー eV を得る。加速によりイオンの回転半径は大きくなるが，一周する時間は変わらない。イオンが半回転して P_2 部にきたときに電圧が逆転し，D_2 が正で D_1 が負となるので，そこでまた加速される。イオン源から引き出されたイオンはこのように次々に加速されて，加速とともに半径が大きくなり，イオン軌道の最大半径を R とすれば最後に得られるエネルギー E は

$$E = \frac{1}{2} M_0 v_{\max}^2 = \frac{1}{2} \frac{B^2 e^2 z^2 R^2}{M_0} \quad (5.5.3)$$

となる。最大半径のところで偏向電極を置き，これに適当な負電圧をかけてイオンを引き出すと一定のエネルギーのイオンビームを取り出すことができる。

イオンの速度が増して，相対論的な効果が大きくなると，見かけの質量が大きくなり，一定の電圧 V で加速されても質量が増すために得られる加速度は小さくなり，一周する周期が長くなる。このためにイオンの回転周期が高周波電圧の周期より遅れて加速ができなくなる。サイクロトロンで得られるエネルギーは陽子の加速で 15 MeV 程度である。

サイクロトロンで得られるビームは，高周波電圧が加速の位相のときに限られるので高周波電圧の周期と同じ周期のパルスビームとなる。

5.6 AVF サイクロトロン

サイクロトロンでは，エネルギーが高くなると相対論的効果により加速エネルギーに限度があるので，これを改善するために AVF（azimuthal varying field cyclotron）が作られた。イオンの速度が大きくなり，高周波電圧の周期に対して遅れないようにするには，外側で磁場を強くし，周回軌道の半径が小さくなるようにすればよい。しかし，このようにすると周回軌道面へのイオンの収束条件が満たされずにビームが発散してしまう（付録第5章加速器参照）。これを防ぐには周回軌道面への収束力を得るようにすればよい。円周方向に磁極を変化させて図5.9のように磁場を周回方向に変化させると，その磁場の境界で収束力が得られる。詳しくは付録第5章に示した。AVF サイクロトロンでは磁場が一様でないためにビーム軌道は円軌道ではない。収束力は磁場強と磁極弱の変化が大きいほど収束力も強くなるので，高エネルギーまで加速す

るために磁場弱の部分をなくして磁場強の磁石のみを設置した型の加速器も用いられていて，500MeV 程度のエネルギーまで加速できるものが作られている。

5.7　ベータトロン

ベータトロン（betatron）は，電磁誘導を利用して相対論的質量変化には無関係に電子を加速する装置で，その原理は変圧器と全く同様である。図 5.10 のように電磁石に交流をかけて磁極間の磁場を周期的に変化させる。磁極間隙の中心を通り磁極面に平行な対称面内に半径 r の円を考える。この円内を貫く全磁束 Φ が時間的に変化するので，ファラデーの電磁誘導法則により電場が生じる。この電場の単位長さ当たりの大きさを $E(r)$ とする。この電場 $E(r)$ は対称性から円周の接線方向に向かっており，磁束の変化を打ち消すように生じるので，その大きさは

$$2\pi r E(r) = -\frac{d\Phi}{dt} \qquad (5.7.1)$$

で与えられる。質量 m_0，電荷 e の電子をこの面内に入射させると電子は電場 $E(r)$ により次第に加速されてエネルギーを増していく。ある一定の条件が満たされると電子は常に一定の半径の円周（これを安定軌道という）上を回転するようにすることができる。この条件は以下のように求めることができる。

安定軌道の半径を R，電子のある時間における速度を v とすると (5.7.1) 式が成立するから

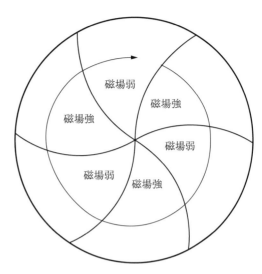

図 5.9　AVF サイクロトロンの磁場とビーム軌道

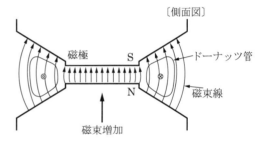

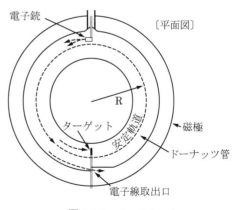

図 5.10　ベータトロン

第5章 加速器

電子が半径 R で周回する場合，ローレンツ力（eBv）と遠心力（mv^2/R）が釣り合うので

$$R = \frac{m_0 v}{B(R) e} \tag{5.7.2}$$

となる。電子は電場 $E(r)$ のために接続方向に eE の力を受けるので，電子の運動量（$m_0 v$）を用いて相対論的運動方程式は次のようになる。

$$\frac{d}{dt}(m_0 v) = -eE(R) = \frac{e}{2\pi R}\frac{d\Phi}{dt} \tag{5.7.3}$$

R を一定とすれば (5.7.2) 式と (5.7.3) 式から

$$2\pi R^2 \left(\frac{dB}{dt}\right)_R = \left(\frac{d\Phi}{dt}\right)_R \tag{5.7.4}$$

$t=0$ で $\Phi(R)=0$ とすると (5.7.4) 式を積分して

$$2\pi R^2 B(R) = \Phi(R) \tag{5.7.5}$$

が得られる。このことから B と Φ が (5.7.5) 式の条件を満たしていれば，電子は常に半径 R の安定軌道上を回転し，磁場の増加とともに運動エネルギーは増加する。運動エネルギーが電子の静止エネルギー $m_0 c^2$ よりはるかに大きいときには全エネルギー ε は $\varepsilon = \sqrt{p^2 c^2 + m_0^2 c^2} \approx pc$ となる。(5.7.2) 式は相対論的な場合でも成り立つので，$p = mv = eBR$ で与えられる。したがって，電子の運動エネルギー T は $T = \varepsilon - m_0 c^2 \approx \varepsilon$ より

$$T \approx \varepsilon \approx pc = eBRc \tag{5.7.6}$$

で与えられる。つまり，得られるエネルギーは $B(R)$ の値で決まる。しかし，エネルギーが非常に高くなると，荷電粒子の加速度運動による制動放射のエネルギー損失が大きくなり，得られるエネルギーの上限は数 100 MeV である。ベータトロンからの電子線は磁場の強さが増加しているときでのみ得られる。したがって，得られる電子の時間構造は交流の周波数に対応するパルス状となる。

5.8 シンクロトロン

サイクロトロンによる加速は，エネルギーが高くなると相対論的効果で加速ができなくなる。これを解決するために，加速とともに磁場を変化させ，同一軌道を周回させる型の加速器がシンクロトロンである。粒子は軌道の一部に設けられた高周波電場で繰返し加速される。エネルギーの増加とともに粒子の速度も大きくなるので，周回する時間も短くなるために高周波の周波数も変化させる。図 5.11 に示すように前段加速器としてコッククロフト・ウォルトンおよび線型加速器を用いて加速した粒子をシンクロトロンに入射してさらに加速する。イオンや電子の高エネルギー加速器としてシンクロトロンが用いられる。電子シンクロトロンの場合には，電子の速度がほとんど光速度なので，固定周波数で加速できる。

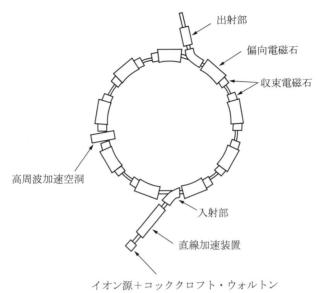

図 5.11　シンクロトロン

シンクロトロンでは磁場を繰り返し変化させて加速するので，加速ビームは繰り返しの周期のパルスビームとなる。

5.9　蓄積リング

荷電粒子を加速度運動させると電磁波が発生する。これは制動放射の一種である。高エネルギーの電子を偏向磁石で曲げると接線方向に制動放射が発生する。これを放射光という。高エネルギーの電子をリングに蓄積することにより偏向電磁石の部分から放射光を取り出すことができる。蓄積リングの構造はシンクロトロンのリングと同様である。電子ビームが周回するときに放射光を放出してエネルギーが下がるのを補償するための加速空洞と偏向電磁石などで構成される。また，蓄積リングに直線部を設け電子の軌道を振動させ，より強い加速度を加えてエネルギーの高い放射光を発生させるために挿入光源が用いられる。

5.10　マイクロトロン

マイクロトロンは一対の電磁石の間に，図 5.12 に示すように電子銃と加速空洞がある。

質量 m_0，速度 v の電子は，一様な磁場（磁束密度 B）に垂直な面内で電子の進行方向に対して直角の方向にローレンツ力 evB を受けて円運動をする。したがって，その円運動の半径を r とすれば，サイクロトロンの場合と同様に，この電子が円軌道を一周するのに要する時間 T は

第 5 章　加 速 器

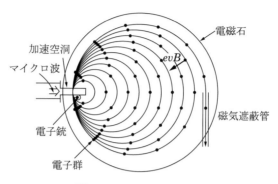

図 5.12　マイクロトロン

$$T=\frac{2\pi r}{v}=\frac{2\pi m_0}{eB} \tag{5.10.1}$$

で与えられる。v が大きくなると，相対論的効果によって質量が大きくなり，電子が円軌道を一周するのに要する時間 T は次第に長くなる。一周毎の時間増加 ΔT は，一周毎の質量増加を Δm とすれば（5.10.1）式より

$$\Delta T=\frac{2\pi}{eB}\Delta m \tag{5.10.2}$$

で与えられる。したがって，ΔT がマイクロ波の周期 τ の整数倍であれば，一周後に再び空洞で加速されることになる。空洞を一回通過して得るエネルギーを ΔE とすると $E=mc^2$ より $\Delta E=\Delta mc^2$ であるので

$$\Delta T=n\tau=\frac{2\pi}{eBc^2}\Delta E \tag{5.10.3}$$

の条件が満たされれば，常に空洞で加速されることになる。

　マイクロトロンのビームは高周波空洞で加速されるので，高周波と同じ周期のパルスビームとなる。

演習問題

問1 次の加速器の組み合わせのうち，いずれも高周波加速を行っているものはどれか。
1 サイクロトロンとシンクロトロン
2 サイクロトロンとコッククロフト・ウォルトン加速器
3 ファン・ド・グラーフ型加速器と線形加速器
4 ベータトロンとファン・ド・グラーフ型加速器
5 シンクロトロンとコッククロフト・ウォルトン型加速器

問2 荷電粒子の加速器に関する次の記述のうち，正しいものの組み合わせはどれか。
A サイクロトロンでは，角速度一定の条件で円軌道運動をさせ，軌道半径を大きくしながら加速する。
B シンクロトロンでは，磁場を変化させて一定の軌道を周回させ，高周波電場により加速する。
C 直線加速器では，直線状に電極を並べ高周波電場を用いて加速する。
D コッククロフト・ウォルトン型加速器では，直流電場を多段の整流器とコンデンサを結合した回路で発生させて加速する。
1 ABCのみ　2 ABDのみ　3 ACDのみ　4 BCDのみ
5 ABCDすべて

問3 次の記述のうち，シンクロトロンに関する説明として誤っているものはどれか。
1 粒子を周回させるために磁場を用いる。
2 粒子を加速するために高周波電場を用いる。
3 加速するにしたがって粒子の軌道半径は大きくなる。
4 電子や陽子の高エネルギー加速器として用いられる。
5 あらかじめ，粒子を加速する前段の加速器が必要である。

問4 サイクロトロンの有効半径が50 cm，磁束密度が1.5 Tであるならば，重陽子に与えることができるエネルギーはいくらになるか。重陽子の静止質量をm_0とする。

問5 300 eVのエネルギーをもった電子と陽子とが50×10^{-4} Tの磁場の中を磁場に垂直に走るとき描く円軌道の半径を求めよ。

問6 30 MeVのベータトロンから発生するX線の最短波長を求めよ。

問7 陽子と$^4_2\text{He}^{2+}$を1 MVの電位差で加速したとき，2つの粒子の運動エネルギーの比及び速度の比を求めよ。

第5章 加 速 器

問 8 陽子を加速粒子としないのはどれか。
　a　定在波型線形加速器
　b　マグネトロン
　c　ベータトロン
　d　マイクロトロン
　e　サイクロトロン
　1　a, b, c　　2　a, b, e　　3　a, d, e　　4　b, c, d　　5　c, d, e

問 9 一様な磁束密度 B を持つサイクロトロンの回転運動の角速度はどれか。
ただし，加速される粒子の質量を m_0，電荷を q とする。
　1　$\dfrac{m_0}{qB}$　　2　$\dfrac{B}{m_0 q}$　　3　$\dfrac{m_0 B}{q}$　　4　$\dfrac{qB}{m_0}$　　5　$\dfrac{m_0 q}{B}$

問 10 シンクロトロン放射と関係するのはどれか。2つ選べ。
　1　放射損失　　2　制動放射　　3　放射平衡　　4　黒体輻射　　5　γ 線放射

第6章 核 反 応

6.1 粒子フルエンス,エネルギーフルエンス

6.1.1 粒子フルエンス

粒子フルエンス(particle fluence)Φ は大円の面積 da の球に入る粒子の数 dN を da で除した値である(図6.1参照)。

$$\Phi = \frac{dN}{da} \tag{6.1.1}$$

単位は m^{-2}, cm^{-2} 等である。

平行線束の場合には粒子フルエンスは線束に直角な単位面積を通過する粒子の数に等しい。また一定方向に速度 $v\,cm\,s^{-1}$ で t 秒間に通過する密度 $k\,cm^{-3}$ の粒子については $\Phi = kvt\,cm^{-2}$ となる。

粒子フルエンス率(particle fluence rate)または粒子束密度(particle flux density)φ は時間 dt での粒子フルエンスの増加 $d\Phi$ を dt で除した値である。

$$\varphi = \frac{d\Phi}{dt} \tag{6.1.2}$$

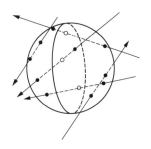

図6.1 粒子フルエンス

単位は $m^{-2}\,s^{-1}$, $cm^{-2}\,s^{-1}$ 等である。

6.1.2 エネルギーフルエンス

エネルギーフルエンス(energy fluence)Ψ は,大円の面積 da の球に入る粒子の運動エネルギーの和を dE_p とすると

$$\Psi = \frac{dE_p}{da} \tag{6.1.3}$$

で定義される,単位は Jm^{-2}, Jcm^{-2} 等である。

エネルギーフルエンス率(energy fluence rate)またはエネルギー束密度(energy flux density)ϕ は

$$\phi = \frac{d\Psi}{dt} \tag{6.1.4}$$

で定義され,単位は $J\,m^{-2}\,s^{-1}$, $W\,m^{-2}$, $W\,cm^{-2}$ 等である。

第6章 核反応

6.2 核反応の表式

原子核（標的核）Aを入射粒子aで照射すると核反応が起き，出射粒子bが放出され，生成核Bを生じる。つまり，

$$a+A \rightarrow b+B$$

で表される核反応を，入射粒子をa，標的核をA，出射粒子をb，生成核をBとしたとき

$$A(a, b)B \tag{6.2.1}$$

で表す。反応の前後の質量差をエネルギーに換算した値を核反応のQ値といい，

$$Q\text{値} = \{M(A) + M(a) - M(B) - M(b)\}c^2 \tag{6.2.2}$$

で与えられる。Q値が正の場合を発熱反応といい，Q値が負の場合を吸熱反応という。吸熱反応の場合には入射粒子のエネルギーがQ値を超えないと反応は起こらない。発熱反応の場合でも入射粒子が荷電粒子の場合には，標的核と入射粒子の間のクーロン力による反発力が働くので，これを超えるエネルギーが必要となる。

入射粒子のエネルギーは，反応前の重心のエネルギーと入射粒子と標的核の相対運動のエネルギーに分けられるが，核反応に寄与するエネルギーは相対運動のエネルギーであるので，相対運動のエネルギーとQ値の関係を調べる必要がある。原子核反応を引き起こすのに必要な最低エネルギーを核反応のしきい値という。

核反応のQ値は，それぞれの結合エネルギー $BE(A)$ などを用いて，

$$Q\text{値} = BE(B) + BE(b) - BE(A) - BE(a) \tag{6.2.3}$$

と表すことができる。

6.3 核反応断面積

入射粒子が物質を照射したとき標的核と衝突する確率を考える。入射粒子が毎秒 $S\,\text{cm}^2$ に1個の割合で照射されるとする。標的核の原子密度を $N\,\text{cm}^{-3}$ とし，物質の厚さを $l\,\text{cm}$ とすると，標的の $S\,\text{cm}^2$ 中の原子数は SlN 個である。原子核1個の断面積（cross section）を $\sigma\,\text{cm}^2$ とすると，$S\,\text{cm}^2$ 中で原子核の占める面積は $\sigma SlN\,\text{cm}^2$ となる。入射粒子がこの面積中に入れば原子核反応が起きるとすると，毎秒当たりの原子核反応の起こる確率 P は

$$P = \frac{\sigma SlN}{S} = \sigma lN\,(\text{s}^{-1}) \tag{6.3.1}$$

で与えられる。ここで，lN は入射粒子の方向 $1\,\text{cm}^2$ 中に存在する原子数である（図6.2参照）。σ を**核反応断面積**という。核反応断面積を表す単位として b（バーン，barn）が用いられ，$1\text{b} = 10^{-24}\,\text{cm}^2$ である。この核反応断面積は単純には原子核の幾何学的断面積で，半径 R とすれば

$\sigma=\pi R^2$ となるが，実際には核反応により異なり，熱中性子（運動エネルギーが室温における熱エネルギーと同じ中性子）反応の場合には幾何学的断面積の2万倍にも達する反応もある。

入射粒子が毎秒 n 個照射されるときの核反応率 y は

$$y = n\sigma l N \, (\text{s}^{-1}) \tag{6.3.2}$$

であたえられる。これを書き直すと

$$y = \sigma \frac{n}{S} S l N \tag{6.3.3}$$

となり n/S はフルエンス率に対応し，SlN は粒子に照射される原子の全数となるので，粒子フルエンス率を φ とし，標的原子の全数を $N_0(=SlN)$ とすると，核反応率 y は

$$y = \sigma \varphi N_0 \tag{6.3.4}$$

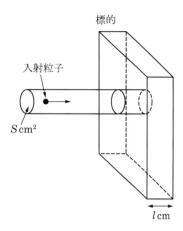

図6.2 核反応の入射粒子と標的との関係

と表される。

核反応 $a+A \to b+B$ で粒子 b が放出される場合，粒子 b の強度は入射粒子の方向に対して角度依存性を持つ。ある方向に放出される強度を表すのに微分断面積が用いられる。入射粒子の方向に対して角度 θ 方向の微小立体角 $d\Omega$ に放出される微分断面積を

$$\text{微分断面積} = \frac{d\sigma(\theta)}{d\Omega} \tag{6.3.5}$$

で表す。

6.4 放射性核種の生成

核反応で生成される生成核が放射性元素である場合には，単位時間に生成される核の数は，核反応率をとすると，生成された核が壊変定数 λ で壊変するので

$$\frac{dN}{dt} = y - \lambda N \tag{6.4.1}$$

で与えられる。この微分方程式をとくと，$t=0$ で $N=0$ として

$$N = \frac{1}{\lambda} y (1 - e^{-\lambda t}) \tag{6.4.2}$$

を得る。したがって生成核の放射能 A は

$$A = \lambda N = y(1 - e^{-\lambda t}) \quad (\text{Bq}) \tag{6.4.3}$$

で与えられる。これより，照射の初め $t \ll 1/\lambda$ で $e^{-\lambda t} \approx 1 - \lambda t$ を用いて $A = y\lambda t$ と照射時間に比例して放射能が増加するが，十分時間が経った後 $t \gg 1/\lambda$ では $A = y$ となり放射能は核反応率と

第6章 核反応

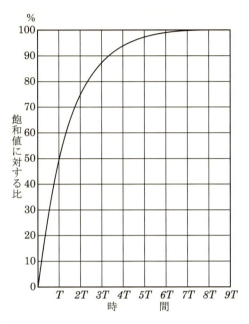

図 6.3 生成される放射能の飽和値に対する割合 T は半減期を示す

同じになる。これを飽和放射能という。生成される放射能 A の飽和放射能（＝y）に対する割合の時間変化を，半減期 T を横軸にとって図 6.3 に示した。

6.5 核反応の種類

6.5.1 陽子入射反応

陽子が標的核へ入射したとき，陽子のエネルギーによりいろいろな種類の核反応が起こる。エネルギーが陽子と標的核のクーロン障壁より小さいときには弾性散乱あるいは標的核を励起する反応が起こる。

エネルギーがクーロン障壁を越えると陽子は標的核内へ入り，標的核と陽子が合体した複合核を形成する。この複合核は，入射した陽子の相対運動のエネルギーおよび陽子の結合エネルギーにより生じる高い励起エネルギーを持つ。この励起エネルギーは熱平衡状態を形成すると考えられる。この複合核の熱平衡の状態から蒸発により核子が蒸発する。このような核反応を複合核形成反応という。蒸発する核子のエネルギーは熱平衡状態の温度によって決まり，その角分布は重心系で等方的である。蒸発核子の平均エネルギーは数 MeV で，核子の結合エネルギーがおよそ 8 MeV なので，1 個の核子が放出されるのにおよそ 10 MeV 程度のエネルギーが必要となる。入射エネルギーが高くなると蒸発する粒子数は増える。標的核の原子番号が大きくなると，蒸発

する核子が陽子の場合は複合核との間のクーロン障壁で放出を妨げられるので，主として中性子の蒸発が起こる。質量の小さい原子核ではクーロン障壁が低いので（p, pxn）あるいは（p, xn）反応が起こり，質量が少し大きくなると主に（p, xn）反応が起こる。ここでxnはx個の中性子が放出されることを表す。核反応の断面積をエネルギーの関数として表したものを励起関数（excitation function）という。励起関数の例を図6.4に示す。

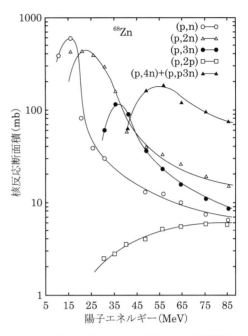

図6.4　陽子入射に対する核反応の励起関数

入射エネルギーがさらに高くなると，熱平衡状態に至るまでに高エネルギー核子が放出される。このような核反応を前平衡核反応という。前平衡核反応で放出される核子の数は入射エネルギーによる。また，放出される粒子は前方向へ放出される割合が大きい。前平衡核反応で高エネルギー粒子が放出されたあと，残ったエネルギーで熱平衡状態を形成し，核子蒸発が起こる。前平衡核反応で放出される粒子はほとんどが陽子および中性子であり，前平衡核反応に引き続き熱平衡状態からの蒸発粒子（陽子及び中性子）が放出される。したがって，入射粒子を陽子，標的核をAとすると核反応はA(p, xpyn)Bと表せる。ここでxpynはx個の陽子とy個の中性子の放出を表す。

さらに高いエネルギーでは，原子核の結合エネルギーは無視できるので，陽子は核内の個々の核子との衝突の繰り返しと考えてよい。エネルギーの高い核子－核子反応となるので，π中間子などの生成も起こってくる。各衝突は核子－核子反応の実験値を用いて表す。このような核反応モデルを核内カスケードモデルという。このような高エネルギー領域では多くの核子放出が起こるので，主に標的核より小さい質量の核種が生成される。このように，核反応により放出される粒子は中性子や陽子が多いが，軽イオンや重イオンが放出される反応も起こる。

6.5.2　軽，重イオン入射反応

入射粒子が陽子，重陽子，ヘリウムの場合に軽イオン反応といい，それより重い入射粒子の場合を重イオン反応という。入射粒子が陽子以外のイオンの場合，陽子反応とは異なった核反応も起こる。エネルギーが比較的低い場合には陽子反応と同様に，複合核が形成され，熱平衡状態からの蒸発粒子放出が起こる。形成される熱平衡状態は，入射粒子の種類にはよらず複合核を形成

第6章 核反応

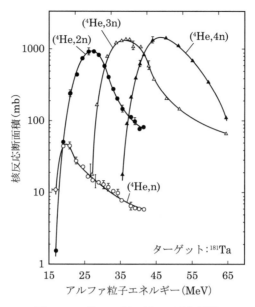

図 6.5　α粒子入射に対する励起関数

するエネルギーで性質が決まるので，放出される粒子や強度は陽子入射反応と同様である。重陽子やα粒子反応で質量の軽い核では（d, pxn）反応や（α, pxn）反応が起こり，質量が大きくなると（d, xn）反応や（α, xn）反応がおこる。α粒子反応の励起関数を図 6.5 に示した。

入射エネルギーが高くなると，熱平衡状態に至るまでに粒子が放出される前平衡核反応が起こる。陽子反応と同様に，反応により放出される粒子は中性子や陽子が多い，軽イオンや重イオンが放出される反応も起こる。さらにエネルギーが高くなると入射粒子の一部が標的原子核と衝突し，残りが前方へ放出されるような核反応も起こる。

6.5.3　電子入射反応

電子で物質を照射した場合，電子が直接原子核と反応する場合と物質内で制動放射により光子を発生し，光子が原子核反応を起こす場合がある。電子と標的核の反応では，電子と原子核の間の相互作用は主に電磁相互作用であるので，主な部分は電子により光子が生成され，その光子が原子核に吸収され原子核が励起されると考えてよい。光子を吸収する場合の特徴的な過程は巨大共鳴といわれる状態の励起である（図 6.6 参照）。これは原子核内の陽子と中性子がそれぞれ集団で互いに振動する状態である。巨大共鳴状態のエネルギーは 13〜20 MeV であり，この状態が励起されるとこの励起状態から核子の蒸発が起こる。さらにエネルギーが高くなると核内の陽子と中性子の対によって光子を吸収し，陽子と中性子が放出される過程が増えてくる。この場合にはエネルギーの高い中性子や陽子が原子核に入射したときの反応モデルで近似できる。

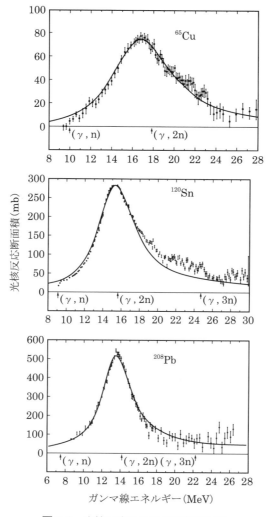

図 6.6　光核反応における吸収断面積

6.5.4　核分裂反応

3章で述べたように，平均の結合エネルギーの質量依存性から，質量の小さい核では核が融合することにより安定な状態になり，質量の大きい核は分裂することにより安定な状態になる。これらの核反応を**核融合**（nuclear fusion）反応及び**核分裂**（nuclear fission）反応という。

質量が非常に大きな核ではクーロンエネルギーが高くなり分裂しやすくなる。このため，質量の大きな核に粒子が入射すると核を励起し，分裂する2個の核間のクーロン障壁を，励起エネルギーが越えると分裂する。エネルギー利用で重要な核分裂は，熱中性子の吸収で分裂を起こす^{235}U である。^{235}U に熱中性子が吸収されると複合核が形成され，その励起エネルギーにより2

第6章 核 反 応

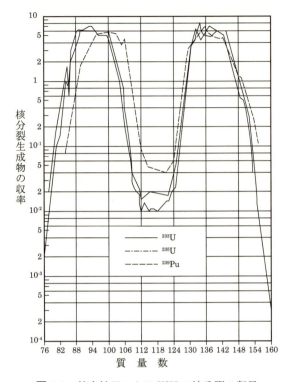

図 6.7 熱中性子による ^{235}U の核分裂の収量

つの核に分裂する。同時に 2〜3 個の中性子が放出される。この中性子を**即発中性子**（prompt neutron）という。分裂で放出されるエネルギーはおよそ 200 MeV である。分裂して生じた核は**核分裂片**（fission fragment）とよばれ，多種類の核種 2 個に分裂する。代表的な核分裂反応として

$$^{235}\mathrm{U} + \mathrm{n} \rightarrow {}^{95}\mathrm{Y} + {}^{139}\mathrm{I} + 2\mathrm{n}$$

等がある。

　ウランのように質量の重い核は中性子数が多いので，核分裂片の多くは中性子過剰核であり，β 壊変により次々に中性子を放出して安定な原子核にたどり着く。β 壊変に伴って放出される中性子を**遅発中性子**（delayed neutron）という。核反応の表式として $^{235}\mathrm{U}(\mathrm{n}, \mathrm{f})$ と表す。2 つの核への割れ方は一定ではなくある質量分布を持つ。$^{235}\mathrm{U}$ が熱中性子を吸収して分裂する場合，質量が 95 と 140 の近くに分裂する確率が大きい。この分布曲線を図 6.7 に示す。

　核分裂の際に 2〜3 個の中性子が放出されるので，この中性子が体系の中で熱中性子となり $^{235}\mathrm{U}$ に吸収され核分裂を起こし，さらに中性子を発生する。このように連鎖反応（chain reaction）を引き起こすことができる。連鎖反応の速さを制御して一定の出力を出すようにしたのが

原子力発電である。自然に存在する元素で熱中性子の吸収で核分裂を起こすのは ^{235}U のみである。人工的に作られる ^{233}U や原子炉内で生成される ^{239}Pu も熱中性子を吸収して核分裂を起こすのでエネルギー生産に利用できる。

6.5.5　核融合反応

原子核が融合するためにはクーロン力による反発を超えて核が近づく必要がある。太陽や星の内部では重力エネルギーにより温度が上がり，融合する核が熱エネルギーによりクーロン障壁を越えて核融合反応が起こっている。星の内部で核融合反応によるエネルギーの生産は，4個の陽子をヘリウムに変える反応で生じる。太陽のように質量の小さい恒星では陽子－陽子連鎖反応でエネルギーが生み出され，質量の大きな恒星では炭素・窒素・酸素が触媒となる C-N-O サイクルでエネルギーが生み出されている。

・陽子―陽子連鎖反応

$$\left.\begin{array}{l} ^{1}\mathrm{H}+{}^{1}\mathrm{H} \rightarrow {}^{2}\mathrm{H} + \beta^{+} + \nu \\ ^{1}\mathrm{H}+{}^{2}\mathrm{H} \rightarrow {}^{3}\mathrm{He} + \gamma \\ ^{3}\mathrm{He}+{}^{3}\mathrm{He} \rightarrow {}^{4}\mathrm{He} + 2{}^{1}\mathrm{H} \end{array}\right\} \tag{6.5.1}$$

・C-N-O サイクル

$$\left.\begin{array}{l} ^{12}\mathrm{C}+{}^{1}\mathrm{H} \rightarrow {}^{13}\mathrm{N} + \gamma \\ ^{13}\mathrm{N} \rightarrow {}^{13}\mathrm{C} + \beta^{+} + \nu \\ ^{13}\mathrm{C}+{}^{1}\mathrm{H} \rightarrow {}^{14}\mathrm{N} + \gamma \\ ^{14}\mathrm{N}+{}^{1}\mathrm{H} \rightarrow {}^{15}\mathrm{O} + \gamma \\ ^{15}\mathrm{O} \rightarrow {}^{15}\mathrm{N} + \beta^{+} + \nu \\ ^{15}\mathrm{N}+{}^{1}\mathrm{H} \rightarrow {}^{12}\mathrm{C} + {}^{4}\mathrm{He} \end{array}\right\} \tag{6.5.2}$$

恒星内部に ^{4}He が蓄積され，十分大きな密度と温度になると，^{8}Be が崩壊するまでのわずかな間に ^{4}He が融合して ^{12}C が合成される。^{12}C と ^{4}He の融合は ^{16}O を，^{16}O 同士の融合は ^{28}Si と ^{4}He を合成する。このように ^{12}C の合成により，その後の核反応プロセスが続いていくことが可能になる。恒星の内部ではこれ以外にも幾つかの過程を経て ^{56}Fe までの軽い核種が出来る。^{56}Fe は全核種の中で最も安定な核種であり，恒星の内部ではこれ以上に重い核種は合成されず，より重い核種は超新星爆発により生成される。

核融合エネルギーを地上で利用するのが熱核融合反応である。これは，高温高密度のプラズマ (plasma) を作って，核融合反応を利用するものである。利用可能な反応としては，低エネルギーで反応断面積の大きいことが必要であるから

$$\text{D-T 炉} \quad {}^{2}\mathrm{H}+{}^{3}\mathrm{H} \rightarrow {}^{4}\mathrm{He}+\mathrm{n} \tag{6.5.3}$$

$$\text{D-D 炉} \quad {}^{2}\mathrm{H}+{}^{2}\mathrm{H} \rightarrow {}^{3}\mathrm{He}+\mathrm{n} \tag{6.5.4}$$

第6章 核反応

$$\text{D–D 炉} \quad {}^2\text{H}+{}^2\text{H} \to {}^3\text{H}+{}^1\text{H} \tag{6.5.5}$$

$$\text{D–T 炉} \quad {}^2\text{H}+{}^3\text{He} \to {}^4\text{He}+{}^1\text{H} \tag{6.5.6}$$

が考えられる。D–D炉は資源的には理想的な方式であるが，反応断面積がD–Tに比べて2桁ほど低いので，炉内の温度をより高温にする必要があり，技術的に困難である。D–T炉に必要な^{3}Hは天然には存在しないので，炉内壁にLiを含む板状の壁材を設置して，次の反応で自己生産する。

$$^6\text{Li}+\text{n} \to {}^4\text{He}+{}^3\text{H} \tag{6.5.7}$$

$$^7\text{Li}+\text{n} \to {}^4\text{He}+{}^3\text{H}+\text{n} \tag{6.5.8}$$

6.6 放射化

　加速器施設では，加速粒子のエネルギーがクーロン障壁を越えて原子核反応を起こす場合には，加速粒子による原子核反応や原子核反応により生じた中性子による核反応などで，放射性同位体が生成される。多くの生成核種は短半減期核種であるが長半減期核種も生成されるので，加速器停止後も加速器機器や遮へい体および加速器室内のコンクリート壁などに残留放射能を生じる。このように残留放射能を生じることを**放射化**といい，生じた放射性同位体を含むものを放射化物という。生じる放射性同位体は，加速粒子や放射化される材料により異なる。加速器施設を管理する上で，どのような放射化物を生じるかを評価しておくことは重要である。

6.6.1　加速粒子による放射化

　加速器で加速された粒子が加速器本体やビームパイプ，ビームコリメータ，ビームストッパーなどの機器に照射しこれらを放射化する。加速器機器に用いられる材料は，アルミニウム，ステンレス，鉄，銅が主要なものである。軽イオン加速の場合にはこれらの材料から複合核反応や(p, xnyp)反応，(d, xnyp)反応，(α, xnyp)反応などで生成される放射性同位体が主で，その中の半減期の長い放射性同位体が残留放射能として残る。重イオン加速の場合にも，複合核を形成し核子が蒸発する複合核反応や前平衡核反応が放射化に寄与するので軽イオン反応で生成される放射性同位体と大差は無い。電子加速器の場合には制動放射で高エネルギーガンマ線が生成される。このため(γ, n)反応により生成される放射性同位体が放射化の主要な部分となる。

6.6.2　2次粒子による放射化

　加速器本体やビームライン機器が加速粒子により照射されると，原子核反応により各種の粒子が放出される。2次粒子の中で中性子は透過力が高いので，加速器機器の周辺の物体や建物の壁を照射して放射化を起こす。このように核反応によって生成された2次粒子により加速器周辺の遮へい体や建物が放射化される。厚い標的を加速粒子が照射して発生される中性子は蒸発中性子，前平衡過程で放出される高エネルギー中性子，さらに核子－核子衝突で放出される高エネル

ギー中性子などがあるが,発生量は蒸発中性子が多いので放射化に寄与する中性子エネルギーの平均値はそれほど高くないといえる。熱中性子捕獲反応の中には,標的核により非常に大きな反応断面積を示すものがある。このため,材料中の微量な核種が放射化に大きく寄与する場合がある。

6.6.3 放射化により生成される放射性同位体

加速エネルギーが非常に大きい場合には核破砕反応が起こり,標的核より質量の小さい核種が多く生成される。わが国の加速器でこのような高エネルギー加速器は少ないので,ここでは核破砕反応は起こらない比較的エネルギーの低い領域について述べる。

表6.1 加速器による放射化で生成される
放射性同位体（半減期10時間以上100年以下の核種）

標的核	放射性同位体（半減期）	備考
アルミニウム	^{22}Na(2.6y), ^{24}Na(15.0h)	
鉄	^{54}Mn(312.1d), ^{55}Fe(2.7y), ^{56}Co(77.3d), ^{57}Co(271.8d), ^{58}Co(70.8d), ^{60}Co(5.3y)	^{60}Coは不純物のCoより生成される
ステンレス	^{44}Ti(49y), ^{46}Sc(83.8d), ^{54}Mn(312.1d), ^{55}Fe(2.7y), ^{56}Co(77.3d), ^{57}Co(271.8d), ^{58}Co(70.8d), ^{60}Co(5.3y), ^{63}Ni(100.1y)	ステンレスの成分はCr, Mn, Fe, Niとした
銅	^{57}Co(271.8d), ^{58}Co(70.8d), ^{60}Co(5.3y), ^{63}Ni(100.1y), ^{64}Cu(12.7h)	
コンクリート	^{3}H(12.3y), ^{134}Cs(2.1y), ^{152}Eu(13.5y), ^{154}Eu(8.6y)	コンクリートに含まれる微量元素から生じる
土	^{3}H(12.3y), ^{152}Eu(13.5y), ^{154}Eu(8.6y)	土に含まれる微量元素から生じる

放射化に寄与する元素として加速器機器の材料の,アルミニウム,鉄,ステンレス（クロム,マンガン,鉄,ニッケル）,遮へい体や建物としてコンクリート（微量元素として含まれるリチウム,酸素,ユウロピウム）および土（微量元素として含まれるリチウム,酸素,ユウロピウム）に含まれる元素を考える。

この中のリチウムやユウロピウムはコンクリートや土に含まれる微量元素であるが,(n, γ)反応の断面積が非常に大きいので含めてある。これまでに加速器施設における放射化物から観測された主な放射性同位体（半減期10時間以上100年以下）を表6.1に示す。

これらを生成する1次粒子や2次粒子による複合核反応や前平衡核反応について,入射粒子

第6章 核反応

は陽子，中性子，γ線とし，放射性同位体を生成するQ値が$-30\mathrm{MeV}$以上の核反応を考える。放射性同位体を生成する核反応と核反応のしきいエネルギーを表6.2にあげた。

半減期が比較的短い核種は長期の冷却期間で消滅するので放射化物の管理という点からは重要でないが，加速器の維持や保守作業ではこれらの放射性同位体からの放射線による被ばくが管理の上で重要となる。

表6.2 放射化により生成される放射性同位体と核反応（半減期10時間以上100年以下の核種）

生成核種	半減期	核反応　[ ] 内の値は核反応の Q 値(MeV)
^{3}H	12.3y	^{6}Li(n,α) [+4.8]
^{22}Na	2.6y	^{27}Al(n,α2n) [−22.5], ^{27}Al(p,pαn) [−22.5]
^{24}Na	15.0h	^{27}Al(n,α) [−3.1], ^{27}Al(p,p^{3}He) [−23.7]
^{44}Ti	49y	^{50}Cr(p,tα) [−22.8]
^{46}Sc	83.8d	^{50}Cr(n,pα) [−10.1], ^{52}Cr(n,tα) [−23.0]
^{54}Mn	312.1d	^{55}Mn(γ,n) [−10.2], ^{55}Mn(n,2n) [−10.2], ^{54}Fe(n,p) [+0.1], ^{56}Fe(n,t) [−11.9], ^{55}Mn(p,d) [−8.0], ^{56}Fe(p,^{3}He) [−12.7]
^{55}Fe	2.7y	^{56}Fe(γ,n) [−11.2], ^{54}Fe(n,γ) [+0.1], ^{56}Fe(n,2n) [−11.2], ^{55}Mn(n,p) [−1.0], ^{56}Fe(p,d) [−9.0]
^{56}Co	77.3d	^{58}Ni(γ,d) [−17.3], ^{58}Ni(n,t) [−11.1], ^{56}Fe(p,n) [−5.4], ^{58}Ni(p,^{3}He) [−11.8]
^{57}Co	271.8d	^{58}Ni(γ,p) [−8.1], ^{58}Ni(n,d) [−5.9], ^{56}Fe(p,γ) [+6.0], ^{58}Ni(p,2p) [−8.1], ^{63}Cu(p,dαn) [−21.0]
^{58}Co	70.8d	^{59}Co(γ,n) [−10.5], ^{60}Ni(γ,d) [−17.8], ^{58}Ni(n,p) [+0.4], ^{63}Cu(n,α2n) [−16.2], ^{57}Fe(p,γ) [+7.0], ^{63}Cu(p,dα) [−14.0]
^{60}Co	5.3y	^{61}Ni(γ,p) [−9.9], ^{62}Ni(γ,d) [−18.2], ^{59}Co(n,γ) [+7.5], ^{60}Ni(n,p) [−20.4], ^{62}Ni(n,p2n) [−20.5], ^{63}Cu(n,α) [+1.7], ^{65}Cu(n,α2n) [−16.1], ^{62}Ni(p,^{3}He) [−12.7], ^{64}Ni(p,^{3}He2n) [−29.2], ^{63}Cu(p,p^{3}He) [−18.9]
^{63}Ni	100.1y	^{64}Ni(γ,n) [−9.7], ^{62}Ni(n,γ) [+6.8], ^{63}Cu(n,p) [+0.7], ^{65}Cu(n,p2n) [−17.1]
^{64}Cu	12.7h	^{65}Cu(γ,n) [−9.9], ^{63}Cu(n,γ) [+7.9]
^{65}Zn	244.3d	^{65}Cu(p,n) [−2.1]
^{134}Cs	2.1y	^{133}Cs(n,γ) [+6.9]
^{152}Eu	13.5y	^{151}Eu(n,γ) [+6.3]
^{154}Eu	8.6y	^{153}Eu(n,γ) [+6.4]

第6章 核 反 応

演 習 問 題

問1 核種Xが核反応X(p, 3n)Yにより核種Yになり，さらに核種Yが軌道電子捕獲(EC)により壊変して核種Zになるとき，次の記述のうち正しいものの組み合わせはどれか。
A 核種Yの原子番号は，核種Xより1つ減少する。
B 核種Yの質量数は，核種Xより2つ減少する。
C 核種Zの陽子数は，核種Xと同じである。
D 核種Zの中性子数は，核種Xより3つ減少する。
1 ACDのみ　　2 ABのみ　　3 BCのみ　　4 Dのみ　　5 ABCDのすべて

問2 速中性子の選択的な測定に用いることのできる核反応は，次のうちのどれか。
1 ^{3}He(n, p)^{3}H　　2 ^{6}Li(n, α)^{3}H　　3 ^{10}B(n, α)^{7}Li　　4 ^{235}U(n, f)

問3 核反応で原子核XがYに変わるとき，起こりうるものの組み合わせは次のうちのどれか。ただし，Mは質量数，Zは原子番号を，また，( )内のn, p, d, αは中性子，陽子，重陽子，α粒子を，それぞれ表す。
A $^M_ZX(n, p)^{M}_{Z-1}Y$　　B $^M_ZX(d, n)^{M+1}_{Z+1}Y$　　C $^M_ZX(p, n)^M_ZY$
D $^M_ZX(d, α)^{M+1}_{Z+2}Y$　　E $^M_ZX(α, n)^{M+3}_{Z+2}Y$
1 ABCのみ　　2 ABEのみ　　3 ADEのみ　　4 BCDのみ　　5 CDEのみ

問4 ^{9}Be (γ, n)^{8}Be 反応をおこす光中性子のしきい値は1.666 MeVである。^{9}Beおよび^{8}Beの質量をそれぞれ9.012186uおよび8.005308uとして中性子の質量を計算せよ。

問5 次の核反応式の( )の中に適当な記号を記入せよ。
(1) $^{32}_{16}S + ^1_0n \longrightarrow$ ( ) $+ ^1_1H$
　　　　( ) $\longrightarrow$ ( ) $+ β^-$
(2) $^{27}_{13}Al + ^1_0n \longrightarrow$ ( ) $+ ^4_2He$
　　　　( ) $\longrightarrow$ ( ) $+ β^-$
(3) $^{197}_{79}Au + ^1_0n \longrightarrow$ ( ) $+ γ$
　　　　( ) $\longrightarrow$ ( ) $+ β^-$
(4) $^{58}_{26}Fe + ^2_1H \longrightarrow$ ( ) $+ ^1_1H$
　　　　( ) $\longrightarrow ^{59}_{27}Co + $ ( )

問6 毎秒 1.0×10^6 個の光子が点線源から放出されている。点線源から5 [m] 離れた位置におけるフルエンス率 [/(m^2・s)] はどれか。
1 2.5×10^3　　2 3.2×10^3　　3 3.7×10^3　　4 4.5×10^3　　5 5.2×10^3

問7　624〔keV〕でフルエンス率 1.0×10^{10}〔/(m²・s)〕の平行線束がある。この線束の1分当たりのエネルギーフルエンス〔J/m²〕はどれか。
　1　2.0×10^{-12}　　2　3.0×10^{-12}　　3　4.0×10^{-12}　　4　5.0×10^{-12}
　5　6.0×10^{-12}

問8　光子がトムソン散乱を起こす断面積は1電子当たり 6.65×10^{-29}〔b〕である。鉛原子1個当たりの断面積〔b〕はどれか。
　1　4.0×10^{-27}　　2　4.5×10^{-27}　　3　5.0×10^{-27}　　4　5.5×10^{-27}
　5　6.0×10^{-27}

問9　熱中性子フルエンス率 $f=2.0\times10^{11}$ cm⁻²・s⁻¹ の原子炉で 1.0 g の無水炭酸ナトリウムに中性子を1時間照射する場合，照射終了時に生成している ²⁴Na の放射能はどれほどか。
　ただし，²⁴Na の半減期 $T=15.0$ h；²³Na（n,γ）²⁴Na の核反応断面積 $\sigma=0.54$ b；²³Na の同位体存在度は100％とする。

問10　$^{63}_{29}\text{Cu}(p,n)^{63}_{30}\text{Zn}$ の反応エネルギーを求めよ。$^{63}_{30}\text{Zn}$ は陽電子崩壊をして，放出される陽電子の最大エネルギーは 2.36 MeV である。

問11　原子核 A（質量 M_A）に粒子 X（質量 M_X）を衝撃して原子核 B（質量 M_B）と粒子 Y（質量 M_Y）とに変換され，そのときの Q 値は負であるとする。
　この場合，入射粒子は $-Q\dfrac{M_A+M_X}{M_A}$ 以上の運動エネルギーを持たなければ前述の核反応は起こらないことを示せ。

問12　2.6 MeV の陽子線 1μC によって 6.1 mg/cm² の Li ターゲットを衝撃したとき，生成された ⁷Be の原子数を計算せよ。⁷Li（p, n）⁷Be の核反応断面積を 0.3 b，^7_3Li の同位体存在比を 92.5％とする。

問13　核反応式で□に入るのはどれか。
　　　$^9_4\text{Be}+\gamma \rightarrow\ ^8_4\text{Be}+\square$
　1　γ　　2　n　　3　e⁺　　4　p　　5　β⁻

問14　水素に中性子が結合し重水素が生成され γ 線が1個放出された。
　　　$^1_1\text{H}+\text{n} \rightarrow\ ^2_1\text{H}+\gamma$
　γ 線のエネルギー（MeV）はどれか。ただし，
　^1_1H：1.0073 u, n：1.0087 u, ^2_1H：2.0136 u, 1u＝931.5 MeV とする。
　1　2.2　　2　6.8　　3　8.1　　4　12.7　　5　14.9

問15 量と単位の組合せで正しいのはどれか。2つ選べ。
1　断面積——————————m^{-2}
2　フルエンス率—————$m^2\,s^{-2}$
3　放射線化学収率—————$mol\,J^{-1}$
4　エネルギーフルエンス率——$J\,m^2\,s^{-1}$
5　質量エネルギー転移係数——$m^2\,kg^{-1}$

第7章 原子炉

7.1 原子炉の原理

天然に存在する ^{235}U は熱中性子を吸収して核分裂し，第6章で述べたように2個の核分裂片と2～3個の即発中性子を放出する。この中性子を減速し熱中性子化することにより，さらに核分裂反応を起こすことができ，次々と連鎖的に核分裂反応が進む。これを連鎖反応という。

原子炉は，核分裂性物質（略して核物質という）を用いて原子核分裂の連鎖反応を一定の規模に制御しながら継続させる装置である。

核分裂で発生した中性子は全てが次の核分裂に使われるわけではなく，体系の外へ漏れるもの，燃料以外に吸収されるもの，核燃料に吸収されても捕獲反応（n, γ）となり核分裂を起こさないものなどがある。体系外へ漏れずに体系内で吸収される割合を P_{NL}，燃料へ吸収される割合を P_{AF}，核分裂する割合を P_F とすると，体系内の中性子の挙動は図7.1のように示される。

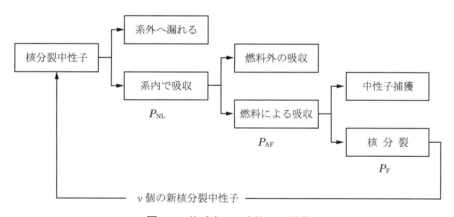

図7.1 体系内での中性子の挙動

連鎖反応の続く系で，核分裂中性子に注目すると，ある世代の中性子数と1世代前の中性子数の比を増倍率 k という。

$$k = \frac{\text{ある世代の中性子数}}{1\text{世代前の中性子数}} \tag{7.1.1}$$

k の値により，$k=1$ を**臨界**，$k>1$ を**超臨界**，$k<1$ を**未臨界**という。

核反応の断面積を σ としたとき，標的核の原子密度 N と σ の積 $\Sigma = N\sigma$ をマクロ断面積とい

第7章 原子炉

う。

核燃料のマクロ吸収断面積を Σ_a^F とし，系内の核燃料以外の物質のマクロ吸収断面積 Σ_a^R とすると図7.1の P_{AF} は

$$P_{AF} = \frac{\Sigma_a^F}{\Sigma_a^F + \Sigma_a^R} \tag{7.1.2}$$

で与えられる。また，核分裂を引き起こす割合 P_F は核燃料のマクロ断面積を Σ_f^F とすれば

$$P_F = \frac{\Sigma_f^F}{\Sigma_a^F} = \frac{\sigma_f^F}{\sigma_a^F} = \frac{\sigma_f^F}{\sigma_f^F + \sigma_c^F} \tag{7.1.3}$$

で与えられる。ここで σ_a^F, σ_f^F, σ_c^F はそれぞれ核燃料物質のミクロ吸収断面積，ミクロ核分裂断面積，ミクロ捕獲断面積を表す。これらを用いて現世代の中性子数を N_1 とすると次世代の中性子数 N_2 は

$$N_2 = \nu P_F P_{AF} P_{NL} N_1 \tag{7.1.4}$$

で与えられる。ここで ν は核分裂当たりに発生する平均の中性子数である。ここで

$$\eta = \nu P_F = \nu \frac{\sigma_f^F}{\sigma_a^F}, \quad f = P_{AF}$$

とおくと

$$N_2 = \eta f P_{NL} N_1 \tag{7.1.5}$$

で与えられるので，増倍率は k

$$k = \frac{N_2}{N_1} = \eta f P_{NL} \tag{7.1.6}$$

で表される。無限の体系が無限大だとすると中性子が漏れることはないので $P_{NL} = 1$ となり，このときの増倍率を k_∞ とすると，k_∞ は

$$k_\infty = \eta f \tag{7.1.7}$$

で表される。系が臨界に達するためには $k \geq 1$ でなければならず，ν が2～3であるので，P_{NL} や P_{AF} が小さいと臨界に達しない。臨界に達するには，系外への中性子の漏れを小さくし，核燃料以外の物質を小さくすることが必要となる。系外への中性子の漏れを小さくするには，系の大きさを大きくすることが必要となる。また，核燃料以外の物質を減らすには ^{235}U の存在度を大きくした濃縮燃料を使うなどが必要で，存在度の大きさにより核燃料の量について最低必要量が変わる。この量を臨界の大きさ（critical size）という。

7.2 原子炉の構造

原子炉の概念図を図7.2に示した。原子炉を構成するものは，**核燃料，減速材，冷却材，反射材，制御棒，遮へい壁**である。

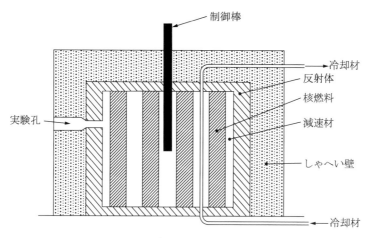

図7.2 原子炉の構造の概念図

核燃料は，^{235}U，^{239}Pu，^{233}U などの核分裂性物質を含んだもので，金属，酸化物，均質液，溶融塩などの形状で使用する．^{239}Pu と ^{233}U は天然には存在せず，以下の過程を経て生成される．

$$^{238}\text{U}+\text{n} \rightarrow {}^{239}\text{U} \xrightarrow{\beta^-} {}^{239}\text{Np} \xrightarrow{\beta^-} {}^{239}\text{Pu} \tag{7.2.1}$$

$$^{232}\text{Th}+\text{n} \rightarrow {}^{233}\text{Th} \xrightarrow{\beta^-} {}^{233}\text{Pa} \xrightarrow{\beta^-} {}^{233}\text{U} \tag{7.2.2}$$

減速材は速中性子が散乱により効率よく減速され，吸収断面積の小さいものが良く，中性子の質量に近い元素が効果的であり，軽水，重水，黒鉛などが用いられる．

冷却材は，中性子の反射や吸収効果が小さく，熱伝導率の高い流体が用いられ，空気，炭酸ガス，ヘリウム，軽水，重水，金属ナトリウム，水銀などが使用される．

反射材は，炉心を囲んで中性子を炉内へ反射させ，炉外への漏えいを防ぐもので，減速材と同じような物質が用いられる．

制御棒は，炉心内に出し入れして，原子炉を起動，停止，また運転を続けさせるために，核分裂に有効な中性子の数を調節するものである．中性子数を調節するには熱中性子の吸収断面積の大きな物質が必要で，ホウ素やカドミウムが用いられる．

遮へい壁は，核分裂反応の結果放出される中性子，γ線及びその他の放射線が炉外に放出されるのを防ぎ，人体に放射線障害を与えないように防護するために炉の周囲を囲む壁である．コンクリート，鉄，鉛，水，ホウ素などの組み合わせで構成される．

第7章 原子炉

7.3 原子炉の種類

　燃料と減速材の組み合わせから分類すると，1) 天然ウランを使用した場合と2) 濃縮ウランを使用した場合がある。天然ウランの場合には ^{235}U の存在度が 0.72％ と小さいので熱中性子をできるだけ多くする必要から，熱中性子の吸収断面積の小さい減速材として黒鉛や重水が用いられる。濃縮ウランを用いる場合は熱中性子が少なくてもよいので，減速材として軽水が用いられる。我が国の発電用の原子炉は，沸騰水型原子炉（Boiling Water Reactor；BWR）と加圧水型原子炉（Pressurized Water Reactor；PWR）が用いられている。BWR は炉心で発生した熱を除去する冷却水が沸騰した状態で炉外へ取り出され，その蒸気で直接タービンを回して発電する。PWR では高圧の一次冷却水系統とタービンへ蒸気を送る二次系統が蒸気発生器を介して分離されている。一次冷却水の沸騰を防ぐために 100〜160 気圧くらいに加圧されている。

　利用する中性子により，1) 熱中性子炉と 2) 高速中性子炉に分類できる。熱中性子炉には在来型の発電炉と ^{238}U を効率よく ^{239}Pu に転換することを目的とした転換炉がある。高速中性子を用いる炉には ^{239}Pu の生成効率をさらに高めて，消費した燃料以上の ^{239}Pu を生成できる高速増殖炉がある。

　原子炉は中性子の発生という点からは効率の良い装置であり，中性子を利用する研究を目的とした研究炉も熱中性子炉が多い。

演習問題

問1 ^{235}U が熱中性子を吸収し ^{236}U が分裂する。^{236}U → ^{139}Ba+^{94}Kr+3n に分裂したときに放出されるエネルギーを求めよ。ただし，^{236}U，^{139}Ba，^{94}Kr の平均結合エネルギーを，それぞれ，7.6 MeV，8.4 MeV，8.7 MeV とする。

問2 ^{235}U の原子核1個が熱中性子によって分裂する際，平均 195 MeV のエネルギーを発生する。^{235}U の 1 g がすべて分裂するとき発生するエネルギーは何キロワット時（kWh）となるか。

問3 今から20億年前の ^{235}U の同位体存在比を求めよ。ただし，現在ウランにおける同位体存在度は ^{238}U 99.275 %，^{235}U 0.720 %，^{234}U 0.0054 % である。また，^{238}U，^{235}U，^{234}U の半減期はそれぞれ 4.47×10^9 y，7.04×10^8 y，2.45×10^5 y である。

第8章 放 射 線

8.1 放射線の定義

これまで放射線という用語を α 線，β 線，電子線，γ 線および X 線の意味に使用してきたが，これらの放射線は正しくは**電離放射線**（ionizing radiation）と称すべきものである。電離放射線は電荷を持つ**荷電粒子**（charged particle）と電荷をもたない光子を含む**非荷電粒子**（uncharged particle）に分けられる。

ある程度のエネルギーをもつ α 粒子，β 粒子，電子，陽子，重陽子，重イオンなどの荷電粒子は，相互作用する相手の原子の電離を引き起こすので，**直接電離粒子**（directly ionizing particle）とも呼ばれる。ある程度のエネルギーを持つ光子，中性子等の非荷電粒子は相手の原子との相互作用で直接電離粒子を放出させ，この荷電粒子が電離を起こすので，**間接電離粒子**（indirectly ionizing particle）とも呼ばれる。

電離作用を示さないマイクロ波，赤外線，可視線，紫外線，レーザー線などは**非電離放射線**（non-ionizing radiation）という。

電磁波は図 8.1 に示すように，長波（電波）と X 線との間におよそ 10^{20} 倍の開きがある。電離作用を示すのはおおむね紫外線以下の波長をもつ電磁波である。レーザー線は赤外領域から紫外領域の波長をもつ電磁波で位相のそろった特定波長の電磁波である。

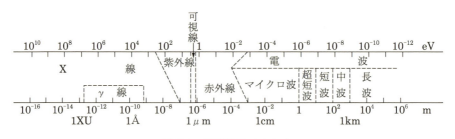

図8.1 電磁波スペクトル

上の数字は光子としてのエネルギー，下の数字は波動としての波長を示す。
$1\text{Å} = 10^{-10}$ m，$1\text{XU} = 1.00202 \times 10^{-13}$ m である。

8.2 中性子線

8.2.1 中性子の壊変

中性子は原子核を構成する粒子であるが，単独に存在する中性子は半減期 10.2 分で β 壊変により陽子に変わる。β 壊変の Q 値は 0.782MeV である。

8.2.2 中性子の速度とエネルギー

中性子は，原子核反応により放出される。第 6 章核反応のところで述べたように原子核に与えられたエネルギーが熱平衡状態を形成し，蒸発により放出される中性子が多く，非相対論的なエネルギー範囲のものが多い。放出された中性子を減速材で速度を落とし，室温にまで運動エネルギーを下げると熱中性子が得られる。

熱平衡にある中性子は気体分子と同様に，**マクスウェル・ボルツマン**（Maxwell-Boltzmann）分布の速度分布に従う。中性子の静止質量を m_N，ボルツマン定数を k，温度を T，単位体積中の中性子数を n とし，単位体積について速度が v と $v+dv$ の間にある中性子の数を $n(v)dv$ とすると，マクスウェル・ボルツマン分布を $f(v)$（付録第 8 章放射線参照）とすれば，

$$n(v)\,dv = n 4\pi v^2 f(v)\,dv = 4\pi n \left(\frac{m_N}{2\pi kT}\right)^{\frac{3}{2}} v^2 e^{-\frac{m_N v^2}{2kT}}\,dv \tag{8.2.1}$$

で表される。

最も確からしい速度（most probable velocity）が分布の最大値を示す時の速度 v_0 とすれば $\dfrac{dn(v)}{dv}=0$ より求まるので

$$\frac{dn}{dv} = 4\pi n \left(\frac{m_N}{2kT}\right)^{\frac{3}{2}} \left[2v e^{-\frac{m_N v^2}{2kT}} + v^2 \left(-\frac{m_N 2v}{2kT}\right) e^{-\frac{m_N v^2}{2kT}} \right] = 0$$

より
$$v_0 = \sqrt{\frac{2kT}{m_N}} \tag{8.2.2}$$

となる。これに対応するエネルギー E_0 は

$$E_0 = \frac{1}{2} m_N v_0^2 = kT \tag{8.2.3}$$

となる。定数を数値に直すと

$$v_0 = 128.4\sqrt{T} \text{ m s}^{-1} \tag{8.2.4}$$

$$E_0 = 8.61 \times 10^{-5} T \text{ eV} \tag{8.2.5}$$

となる。

第8章 放射線

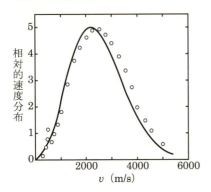

図8.2 常温で測定した熱中性子の速度分布（丸印）とマクスウェル・ボルツマン分布との比較

中性子が周囲の媒質と熱平衡にあれば，マクスウェル・ボルツマンの速度分布に従うので，これを熱中性子 (thermal neutron) とよぶ。一般に熱中性子という用語は常温付近の中性子を意味している。つまり，室温 (20°C=293.2K) のとき，$v_0=2198\,\mathrm{m\,s^{-1}}$，$E_0=0.025$ eV である。常温における中性子の速度分布を図 8.2 に示す。

平均速度 $\bar{v}$ は (8.2.1.1) 式の速度分布 $n(v)$ を用いて

$$\bar{v}=\frac{\int_0^\infty v n(v)\,dv}{\int_0^\infty n(v)\,dv} \tag{8.2.6}$$

で与えられる。この積分は定積分の公式

$$\int_0^\infty e^{-ax^2}x^{2n}dx=\frac{(2n-1)!!}{2^{n+1}}\sqrt{\frac{\pi}{a^{2n+1}}}$$

$$\int_0^\infty e^{-ax^2}x^{2n+1}dx=\frac{n!}{2a^{n+1}}$$

を用いて，(8.2.2) 式の v_0 より

$$\bar{v}=\frac{2}{\sqrt{\pi}\sqrt{\frac{m_\mathrm{N}}{2kT}}}=\frac{2}{\sqrt{\pi}}v_0=1.128v_0 \tag{8.2.7}$$

で与えられる。エネルギー E と $E+dE$ の間の中性子の数を $n(E)\,dE$ で表すと中性子のエネルギー分布は，$E=\frac{1}{2}m_\mathrm{N}v^2$ より $dE=m_\mathrm{N}v\,dv$，$v=\sqrt{\frac{2E}{m_\mathrm{N}}}$ を用いて (8.2.1) 式を書き直すと

$$n(v)\,dv=4\pi n\left(\frac{m_\mathrm{N}}{2\pi kT}\right)^{\frac{3}{2}}\frac{2E}{m_\mathrm{N}}e^{-\frac{E}{kT}}\frac{dE}{m_\mathrm{N}v}=\frac{2\pi n}{(\pi kT)^{\frac{3}{2}}}e^{-\frac{E}{kT}}\sqrt{E}\,dE$$

より

$$n(E)\,dE=\frac{2\pi n}{(nkT)^{\frac{3}{2}}}\sqrt{E}\,e^{-\frac{E}{kT}}\,dE \tag{8.2.8}$$

で与えられる。これから平均エネルギー $\bar{E}$ は

$$\bar{E}=\frac{\int_0^\infty E n(E)\,dE}{\int_0^\infty n(E)\,dE}\frac{3}{2}kT=\frac{3}{2}E_0 \tag{8.2.9}$$

となる。平均エネルギーは平均速度に対応するものでないことに注意しよう。

速度の2乗平均 v_s^2 は平均エネルギーより

$$v_s^2 = \frac{2\bar{E}}{m_N} = \frac{2}{m_N}\left(\frac{3}{2}kT\right) = \frac{3}{2}\left(\frac{2kT}{m_N}\right) = \frac{3}{2}v_0^2 \qquad (8.2.10)$$

これより，2乗平均の平方根（root mean square velocity）v_s は

$$v_s = 1.2284 v_0 = 1.0854 \bar{v} \qquad (8.2.11)$$

となる。

中性子フルエンスは $n(v)v$ で与えられるので，熱中性子フルエンス率の分布は（8.2.1）式と（8.2.2）式より

$$n(v)v\,dv = \frac{4n}{v_0^3\sqrt{\pi}} v^3 e^{-\frac{v^2}{v_0^2}}\,dv \qquad (8.2.12)$$

で与えられる。常温（20℃）における速度の分布とフルエンス率の分布を図8.3に示した。

8.2.3　中性子源

（α, n）反応を用いた線源として ^{226}Ra-Be 線源，^{208}Po-Be 線源，^{210}Po-Be 線源，^{241}Am-Be 線源が用いられている。（α, n）反応の代わりに（γ, n）反応を用いた線源もあるが，中性子のほかにγ線がかなり含まれるので，あまり使われない。

加速器を利用した場合には，反応後に2体反応になるものを用いて高エネルギーで単色の中性子線が得られる。

^{3}H + ^{1}H → ^{3}He + n (0.764 MeV)

^{2}H + ^{2}H → ^{3}He + n (3.26 MeV)

^{3}H + ^{2}H → ^{4}He + n (17.58 MeV)

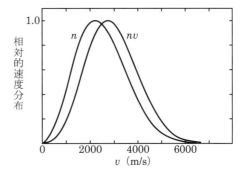

図8.3　常温における熱中性子の速度分布（n）と中性子フルエンス率（nv）の分布

等の反応が用いられる。なお，上式の括弧内の数字は核反応のQ値であり，中性子と残留核にこのエネルギーが分配される。

自発核分裂によって中性子を放出する線源がある。このうち ^{252}Cf（半減期 2.645 年）は 1g あたりの中性子放出率が 2.31×10^{12} s^{-1} と格段に大きいので，中性子線源としてよく利用されている。

原子炉は核分裂による中性子を放出し，炉内で熱中性子に減速されているので原子炉に実験孔を設けて熱中性子源として利用されている。

第8章 放射線

8.3 宇 宙 線

　宇宙線は，①地球に降り注ぐ一次宇宙線と，②一次宇宙線と大気との衝突で生成される各種の放射線から成る二次宇宙線をいう。一次宇宙線の大半は太陽系外に起源をもつ一次銀河宇宙線であるが，太陽フレアの最中に放出される主に陽子とアルファ粒子から成る低エネルギーの荷電粒子（一次太陽宇宙線）も存在する。一次銀河宇宙線の大部分は，太陽系外から太陽系に侵入する高エネルギー陽子（約90％）と He（約10％），その他の軽・重イオンからなる。一次宇宙線粒子の地球への入射粒子束は地球磁場の影響を受け，低緯度地方ほど低エネルギー荷電粒子が宇宙空間へ跳ね返されるため，宇宙線強度は高緯度ほど高くなる。

　一次宇宙線は，大気中に突入した後大気中の原子核と反応を起こし，新しい粒子や核種を生成する。高エネルギーの一次宇宙線粒子と空気の原子核との反応で，中性子，陽子，中間子などの二次粒子と，窒素，酸素，アルゴンなどの原子核との反応で生じる各種の原子核を生成する。こうして生じた高エネルギーの陽子，中性子，中間子はさらに空気の原子核と相互作用を起こし，

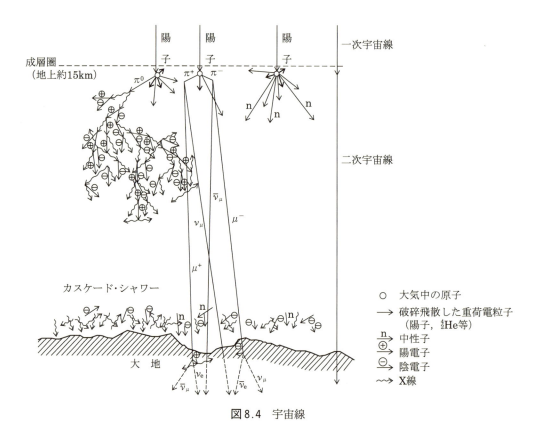

図8.4　宇宙線

さらに多くの二次粒子を生じさせる。このように反応により次々と新たな粒子を生じる現象をカスケードシャワーという。また π 中間子は，壊変してミュオンまたは光子となる。高エネルギーの光子は電子対生成を起こして電子・陽電子を生成し，これらの電子・陽電子が制動放射で光子を生成するので次々と光子と電子・陽電子が生成され，別の種類の電磁カスケードシャワーを形成する。

二次宇宙線は地表面にまで達し，空気を電離する。海面レベルでの宇宙線による空気電離量の内，75％がミュオンの衝突により飛出した電子に，15％がミュオンの崩壊により生じた電子に起因する。この他，宇宙線成分中には中性子も含まれる。宇宙線強度は高度によっても変化し，電離量では，高度2000mで海面レベルの約2倍，5000mで約10倍，10000mで約100倍となる。

8.4 放射線に関する諸量と単位

ここでは，放射線に関連する諸量と単位について記す。

8.4.1 長さ

長さの単位はSI単位系では [m] であるが，長さを表す単位として，長さと密度の積 [$g cm^{-2}$] もよく用いられる。放射線と物質との相互作用では電子数密度に比例する現象が多い。1cm³ 中の電子数 N は，密度を ρ，原子番号を Z，質量数を A とすると，アボガドロ数を N_A として $N = \rho N_A Z/A$ で与えられる。厚さ x cm で 1 cm² 内の電子数は $xN = x\rho N_A Z/A$ で与えられ，厚さを $x\rho$ ($g cm^{-2}$) で表すと 1 $g cm^{-2}$ 当たりの電子数は $N_A Z/A$ となり，この値はあまり物質によらない。したがって，$g cm^{-2}$ の単位を用いると物質によらない厚さを表す単位としてしばしば用いられる。

8.4.2 エネルギーと運動量

静止質量 m_0 の物体が速度 v で運動している時，その物体の運動量 p と運動エネルギー K は

$$p = m_0 v, \qquad K = \frac{1}{2} m_0 v^2 \tag{8.4.1}$$

で表される。静止質量 m_0 の物体が静止しているとき，アインシュタインの公式により，静止質量に相当するエネルギーを静止エネルギーという。静止エネルギー E は

$$E = m_0 c^2 \tag{8.4.2}$$

で与えられる。

速度 v が大きくなって光の速度に近付くと相対論的な取扱が必要となり，運動量 p と運動エネルギー K は

第8章 放射線

$$p = \frac{m_0 v}{\sqrt{1-\beta^2}}, \qquad K = \sqrt{p^2 c^2 + m_0^2 c^4} - m_0 c^2 \tag{8.4.3}$$

で与えられる。ここで $\beta = v/c$ である。なお，全エネルギー E は運動エネルギーと静止エネルギーの和で与えられるので

$$E = K + m_0 c^2 = \sqrt{p^2 c^2 + m_0^2 c^4} \tag{8.4.4}$$

となる。光子については振動数を ν とすると運動量 p とエネルギー E は

$$p = \frac{E}{c} = \frac{h\nu}{c}, \qquad E = h\nu \tag{8.4.5}$$

で与えられる。ここで h はプランク定数である。

電荷を持った二つの物体間にはクーロン力 F が働く。

$$F = \frac{Q_1 Q_2}{4\pi\varepsilon_0 r^2} \tag{8.4.6}$$

クーロン力により生じる位置エネルギーをクーロンエネルギーという。クーロンエネルギーは，片方の電荷を無限の遠くから r の点まで動かすのに要する仕事として測るので，クーロンエネルギー E_C は

$$E_C = \frac{Q_1 Q_2}{4\pi\varepsilon_0 r} \tag{8.4.7}$$

で与えられる。クーロンエネルギーの単位は，電荷をクーロン [C]，距離を [m]，$\varepsilon_0 = 8.85 \times 10^{-12}$ F/m とするとジュール [J] で与えられる。

エネルギーの単位は [J] であるが，電荷素量 e と電圧 V を用いた [eV] も用いられる。電荷素量は $e = 1.6 \times 10^{-19}$ C であるので

$$1 \text{ eV} = 1.6 \times 10^{-19} \text{ J} \tag{8.4.8}$$

である。

8.4.3 阻止能，エネルギー損失，線エネルギー付与

阻止能とエネルギー損失は等しくその単位は [J m^{-1}] で通常 [MeV m^{-1}] が用いられる。阻止能を密度で割って得られる質量阻止能の単位は [J kg^{-1} m^2] で通常 [MeV kg^{-1} m^2] が用いられる。線エネルギー付与は LET ともいう。電離で生じる2次電子のエネルギーが Δ より小さい衝突に基づく LET を L_Δ と表す。単に LET と書かれている場合は L_∞ を意味している。LET の単位は通常 [keV μm^{-1}] で表される。

8.4.4 粒子フルエンスと粒子束密度（粒子フルエンス率）

単位面積の大円を持つ球（平行線束の場合は線束の単位断面積）を通過する粒子の総数を粒子フルエンスといい（図8.5参照），単位は [m^{-2}] で表す。

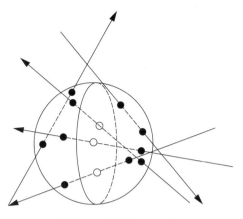

図8.5 粒子フルエンス

単位時間当たりの粒子フルエンスを粒子束密度あるいは粒子フルエンス率といい，単位は $[m^{-2}s^{-1}]$ で表す。

8.4.5 エネルギーフルエンスとエネルギー束密度

粒子の流れを，個々のエネルギーの流れと考え，単位面積を通過するエネルギーの流れをエネルギーフルエンスといい，単位を $[J\ m^{-2}]$ で表す。単位時間当たりのエネルギーフルエンスをエネルギー束密度あるいはエネルギーフルエンス率といい，単位を $[J\ m^{-2}\ s^{-1}]$ で表す。

8.4.6 断面積

断面積は核反応などの起こる確率を表すときに用いられる。核反応の全断面積はおよそ標的核の幾何学的断面積で与えられる。単位は $[m^{-2}]$ であるが，バーン $[b]$ がよく用いられる。

$$1b = 10^{-24}\ cm^2 = 10^{-28}\ m^2 \tag{8.4.9}$$

である。

8.4.7 照射線量

X線やγ線が単位質量当たりの空気を照射し，電離により発生した電子のエネルギーが全て空気で吸収されたときに生成される正または負の電荷量の和を**照射線量**といい，単位を $[C\ kg^{-1}]$ で表す。もともとは標準乾燥空気 $1cm^3$ を電離して $1esu$ の電荷を生じる放射線の量を1レントゲン $[R]$ と定義した。

$$1\ R = 2.58 \times 10^{-4}\ C\ kg^{-1} \tag{8.4.10}$$

である。

8.4.8 吸収線量

物質1kgが照射されて1Jのエネルギーを吸収したときの**吸収線量**を1グレイ $[Gy]$ という。照射線量がX線とγ線について空気の電離を基に定義されているのに対し，吸収線量は，

第8章 放 射 線

放射線と物質の種類を問わず定義されている。

$$1\,\text{Gy} = 1\,\text{J kg}^{-1} \tag{8.4.11}$$

8.4.9 カーマ

光子や非荷電粒子線により照射され，単位質量当たりで荷電粒子に与えられた最初の運動エネルギーの総和を**カーマ**といい，単位は[Gy]である。

8.4.10 衝突カーマ

カーマは上記のように荷電粒子に与えられた運動エネルギーの総和であるが，荷電粒子が制動放射でエネルギーを放出する分を差し引いて単位質量あたりに与えられたエネルギーを**衝突カーマ**といい，単位は[Gy]である。

8.4.11 等価線量

同一の吸収線量であっても，放射線の種類やエネルギーにより人体に対する影響の表れ方は異なる。照射により人体組織に与えられる影響を，同一尺度で計量するために，組織・臓器にわたって平均し，線質について荷重した吸収線量である**等価線量**が導入された。等価線量 H_T と吸収線量 D_{TR} との関係は

$$H_T = \sum_R w_R \cdot D_{TR} \tag{8.4.12}$$

で与えられる。ここで，w_R は**放射線加重（荷重）係数**で，D_{TR} は組織・臓器 T について平均された，放射線 R に起因する吸収線量である。単位は，吸収線量を[Gy]で与えると等価線量は[Sv]で与えられる。放射線加重係数はICRPにより，低線量における確率的影響の誘発に関するその放射線の生物効果比を代表するように選ばれた。w_R の値は線エネルギー付与（LET）の量に関係付けられた線質係数の Q 値とおよそ合っている。w_R の値を表8.1に示した。

8.4.12 実効線量

実効線量 E は，

表8.1 放射線加重係数（ICRP 103, 2007）

放射線の種類とエネルギーの範囲	放射線加重係数
光子，全てのエネルギー	1
電子及びミュー粒子，全てのエネルギー	1
反跳陽子以外の陽子と荷電パイ中間子，全てのエネルギー	2
α 粒子，核分裂片，重原子核	20
中性子，エネルギーの連続関数	$E_n < 1\text{MeV} : 2.5 + 18.2 e^{-[\ln(E_n)]^2/6}$
	$1\text{MeV} \leq E_n \leq 50\text{MeV} : 5.0 + 17.0 e^{-[\ln(2E_n)]^2/6}$
	$E_n > 50\text{MeV} : 2.5 + 3.25 e^{-[\ln(0.04E_n)]^2/6}$

表8.2 組織加重係数（ICRP 103, 2007）

組　織	組織加重係数	組織加重係数の和
骨髄（赤色），結腸，肺，胃，乳房，残りの組織*	0.12	0.72
生殖腺	0.08	0.08
膀胱，食道，肝臓，甲状腺	0.04	0.16
骨表面，脳，唾液腺，皮膚	0.01	0.04
合計		1.00

*残りの組織：
　副腎，胸郭外（ET）領域，胆嚢，心臓，腎臓，リンパ節，筋肉，口腔粘膜，膵臓，前立腺（♂），小腸，脾臓，胸腺，子宮／頸部（♀）

$$E = \sum_T w_T \cdot H_T \tag{8.4.13}$$

で与えられる。ここで，w_T は組織・臓器 T の**組織加重（荷重）係数**で，H_T は組織・臓器 T の等価線量である。実効線量の単位は［Sv］であり，組織加重係数は表 8.2 に与えられている。
等価線量や実効線量は各組織・臓器の吸収線量を知る必要があり，実際に測定できる量ではない。これらの量は放射線の防護に用いられる量であるので防護量といわれる。一方，実際の放射線管理には測定可能な量が必要となる。このため実用量が定められていて，場の線量を表す量として周辺線量等量や方向線量等量が，被ばくを表す量として個人線量当量が定められている。

8.4.13 周辺線量等量

周辺線量当量 $H^*(d)$ は，図 8.6 に示すように，放射線場のある 1 点にすべての方向からくる放射線を整列・拡張した場（1 方向からくるとして整列させた場）に ICRU 球（直径 30 cm の球で，その元素組成が O:76.22 %，C:11.1 %，H:10.1 %，N:2.6 %，密度は1）を置いたとき，整列場の方向に半径上の深さ d mm（p 点）において生ずる線量当量と定義されていて，単位は［Sv］である。
$d = 10$ mm を 1 cm 線量当量とし，$d = 3$ mm 及び $d = 70\,\mu$m をそれぞれ 3 mm 線量当量，70 μm 線量当量とする。

第8章　放射線

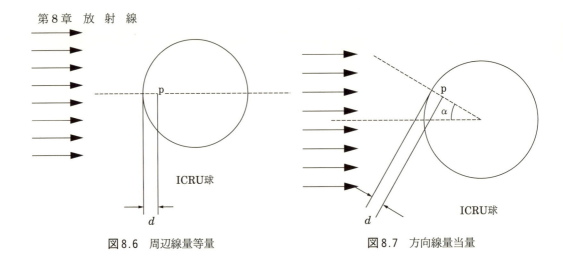

図 8.6　周辺線量等量　　　　　　図 8.7　方向線量当量

8.4.14　方向線量等量

簡単のため放射線が1方向からくる場合を考えると，方向線量当量 $H'(d\alpha)$ は，放射線場に ICRU 球を置き，図 8.7 に示すように放射線の入射方向となす角 α の方向で半径上の深さ d mm に生ずる線量で定義され，単位は [Sv] である。

方向線量当量で $\alpha=0$ のときは方向線量当量 $H'(d, 0)$ と周辺線量当量 $H^*(d)$ は等しい。方向線量当量は放射線の防護の現場で用いられることはないが，線量計の角度依存性を表すのに用いられる。

8.4.15　個人線量当量

ICRU は，個人被ばく線量測定において測定すべき個人線量当量 $H_\mathrm{p}(d)$ を人体上のある特定の点における軟組織の深さ d における線量当量と定義していて，単位は [Sv] である。具体的にはスラブファントム中央面を平行ビームで面に垂直に照射し，ファントムの中央面下の各深さ

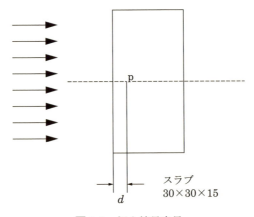

図 8.8　個人線量当量

に生じる線量を計算により求めたものである（図8.8参照）。深さ d の値として深部組織に対する線量には 10 mm，眼の水晶体には 3 mm，表層部組織には 70 μm が推奨されている。

8.5　単一 γ 線源からの実効線量率

線源 Q MBq の線源から r m 離れた位置における実効線量率 $\dot{E}$ は次式で与えられる。

$$\dot{E} = \frac{Q}{r^2}\Gamma_E \quad (\mu \text{Sv MBq}^{-1} \text{ h}^{-1}) \tag{8.4.14}$$

ここで，Γ_E は実効線量率定数である。エネルギー E_i の γ 線のフルエンスから実効線量への換算係数を $k_i(\mu \text{Sv m}^2 \text{ MBq}^{-1} \text{ h}^{-1})$ とすると，実効線量率定数 Γ_E は

$$\Gamma_E = \frac{0.36}{4\pi}\sum_i k_i R_i \tag{8.4.15}$$

で与えられる。ここで，R_i は1壊変当たりの γ 線の放出割合である。換算係数 k_i は放射線施設の遮へい計算実務マニュアル（財団法人原子力安全技術センター）に，またいろいろな放射性同位元素の実効線量率定数はアイソトープ手帳（社団法人アイソトープ協会）に与えられている。

なお，線源と距離 r m の間に遮へいのある場合は，遮へいによる実効線量透過率による減弱を乗ずればよい。いろいろな物質の遮へいによる実効線量透過率は放射線施設の遮へい計算実務マニュアルに与えられている。

8.6　電子平衡

放射線の測定のうち，空気中に生じる電荷を測定し放射線の量を測定する場合が照射線量であり，単位は 1 kg の標準空気を照射して 1 C の電荷を生じる放射線を 1 C kg^{-1} としている。照射線量が測定されるための条件を考えてみる。

図8.9において質量 dm の空気を D とする。左から入射した細い線束の光子が空気 D と光電効果，コンプトン効果，電子対生成などの相互作用を起こして放出する電子のエネルギーの大きさはいろいろであり，かつ，放出される電子の方向は3次元的にあらゆる方向である。簡単のために，光子と空気 D との相互作用で放出された電子を集約的に一本線 d で表すことにする。光子と空気との相互作用で放出された電子によって電離されたイオンを全て集約的に線 d に沿って等間隔に表し，その全数を 1000 とすれば，放射線量は $\frac{dQ}{dm}$ であるから，照射線量を測定するためには，この 1000 個のイオンをことごとく補足測定できればよい。そこで，無限に薄い壁の電離箱 D を考えて，その上下の壁を電極としてイオンを集めれば，線 d が D の内部に相当す

第8章 放 射 線

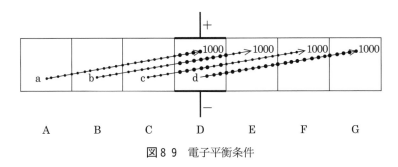

図8・9 電子平衡条件

る電子のみが集められることになり，線dがDの外（図のE，F，G）の部分に相当する電子は集まらない。一方，空気Dと全く同じ体積の空気C，B，Aを考えてみると，C，B，AでもDと同様に，光子との相互作用によって放出されるさまざまな電子がある。Dの場合と同様に，それぞれ1本の線c，b，aで集約的に表し，電離されたイオンを集約的に線c，b，aに沿って等間隔に表すことにする。すると，電離箱Dにおいてはc，b，aのDの内部に相当する部分のイオンも電極に集められることになる。いま，A，B，Cそれぞれにおける光子と空気の相互作用がDにおける相互作用と全く同じ数だけ起こる，つまり，光子の減弱はAからDまでの間（電子の飛程内）では無視できるものとする。したがって，c，b，aはいずれも1000個のイオンを表すことになる。すると，dのE，F，G内部に相当するイオン数はそれぞれc，b，aのD内に相当するイオン数に等しいことになり，dの全イオン数はa，b，c，dのイオンのうちD内部に相当するイオン数の合計に等しいこととなる。これが，電子平衡条件と呼ばれるものである。

今までの考察から分かるように，電子平衡が成立するためには，光子と空気との相互作用の結果放出された電子の飛程内において，光子の減弱が無視される程度でなければならないことになる。光子のエネルギーが極めて大きいと，放出される電子の飛程が大きいために，光子の減弱は電子の飛程内で無視できなくなる。つまり，光子と空気の間に起こる相互作用の数は電子の飛程内でかなりの減少をきたし，電子平衡が成立しない。一方，光子エネルギーが極めて小さいと光子の減弱が大きくなり，光子と空気の相互作用の数は電子の飛程内でかなりの減少をきたし，電子平衡は成立しない。この結果を具体的にいえば，光子エネルギーが数MeV以上または数keV以下のときには，照射線量を測定することは困難であるということになる。

演習問題

問1 次の量と単位の組み合わせのうち，誤っているものはどれか。
1. エネルギーフルエンス　　　　— $kg \cdot s^{-2}$
2. 質量阻止能　　　　　　　　　— $kg \cdot m^4 \cdot s^{-1}$
3. 吸収線量　　　　　　　　　　— $m^2 \cdot s^{-2}$
4. W値　　　　　　　　　　　　— $kg \cdot m^2 \cdot s^{-2}$
5. 線減弱係数　　　　　　　　　— m^{-1}

問2 次の記述のうち，正しいものの組み合わせはどれか。
A 質量阻止能は，質量エネルギー吸収係数と呼ばれることもある。
B エネルギーフルエンスの単位には，$J \cdot m^{-2}$ が用いられる。
C 1原子質量単位は，約931 MeVのエネルギーに対応する。
D 1 mgの^{226}Ra原子核の1秒間の壊変数は，3.7×10^{10} である。
1. ACDのみ　　2. ABのみ　　3. BCのみ　　4. Dのみ
5. ABCDすべて

問3 運動エネルギー2 MeVの中性子が真空中を5 m走ったとき壊変する確率を求めよ。中性子の静止質量を m_N，中性子の半減期を614.5 sとする。

問4 周波数が600 kHz（ラジオ），10 MHz（短波放送），2450 Mz（電子レンジ）の電磁波の真空中における波長はそれぞれいくらか。また，100 m，10 cm，3 mmの電磁波の周波数はいくらか。

問5 300 keVに加速された重陽子を用いた $^3H + ^2H \rightarrow ^4He + n + 17.58$ MeVの反応で放出される中性子の運動エネルギーが14.1 MeVになることを示せ。

問6 常温（20℃）での熱中性子の最も確からしい速さを計算せよ。中性子の静止質量を m_N とする。

問7 光速度の99.98％のミュオンの平均寿命はどれほどか，またそのエネルギーはどれほどか。ミュオンの静止質量を m_0 とする。

問8 放射能40 GBqの ^{198}Auから1 mの距離におけるγ線の実効線量率はいくらか。ただし ^{198}Auの壊変図は図のとおりである。なお，0.412 MeV転位の内部転換係数は0.041，フルエンスから実効線量への換算係数 k （pSv cm^2）は0.412 MeV，0.676 MeV，1.088 MeVに対して，それぞれ2.06，3.18，4.74である。

第8章　放　射　線

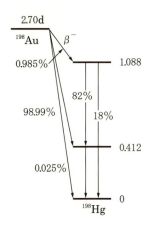

問9　次の物理量のうち，誤っているのはどれか。
1　照射線量は電子に用いられる。
2　カーマは中性子に用いられる。
3　吸収線量は電離放射線に用いられる。
4　粒子フルエンスはすべての粒子に用いられる。
5　放射能は原子核が単位時間あたりに壊変する数をいう。

問10　光子エネルギーが最も小さいのはどれか。
1　可視光線
2　遠赤外線
3　治療用X線
4　診断用X線
5　マイクロ波

問11　体重60 kgの人全身に4 GyのX線を照射した。X線のエネルギーがすべて熱になり熱の放散がないと仮定したとき体温の上昇は約何Kか。
ただし，人体の比熱は4.2×10^3 J・kg^{-1}・K^{-1}とする。
1　1×10^{-3}　　2　1×10^{-2}　　3　1×10^{-1}　　4　1　　5　1×10^1

問12　直接電離放射線はどれか。2つ選べ。
1　α線　　2　β線　　3　γ線　　4　X線　　5　中性子線

第9章　荷電粒子と物質の相互作用

9.1　用語の定義

9.1.1　阻止能

　荷電粒子が物質中を進むとき，物質中の電子はクーロン力を受ける（図9.1参照）。この作用は，荷電粒子は速い速度で移動するので撃力で表すことができる。撃力は，力の大きさと受けた時間の積で表され，運動量の変化に等しいので，電子の受ける運動量の変化はクーロン力を f とすると $\Delta p = \int f dt$ で与えられる。クーロン力は荷電粒子の電荷 z に比例し，撃力を受ける時間は荷電粒子の速度 v に反比例するので，荷電粒子の受ける運動量の変化は $\Delta p \propto \dfrac{ze^2}{v}$ となり，電子の受けるエネルギー $\Delta \varepsilon$ は電子の静止質量を m_0 とすると

$$\Delta \varepsilon \propto \frac{\Delta p^2}{2m_0} \propto \frac{z^2 e^4}{2m_0 v^2} \tag{9.1.1}$$

で表される。単位長さを通過するときに荷電粒子の失うエネルギーは，単位長さの中に存在する電子にエネルギーを与えるので，物質の電子密度を N_e とすると，荷電粒子が単位長さ当たりに失うエネルギーの損失（$-\dfrac{dE}{dx}$）は

$$-\frac{dE}{dx} \propto \frac{z^2 e^4}{m_0 v^2} N_e \tag{9.1.2}$$

と表される。ベーテ（Bethe）等はこのような考え方で式を導いた（付録第9章 A9.1 参照）荷電粒子が単位長さ当たりに失うエネルギーを**線阻止能**（linear stopping power）あるいはエネルギー損失（energy loss）という。（9.1.2）式は，荷電粒子が電子との衝突により失うエネルギ

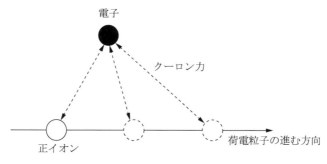

図9.1　荷電粒子と電子に働くクーロン力

第9章 荷電粒子と物質の相互作用

ーを表すので，**線衝突阻止能**（linear collision stopping power）S_{col} という。荷電粒子が原子核の電場により強く曲げられて制動を受ける場合に制動放射を発生しエネルギーを失う。制動放射による阻止能を**線放射阻止能**（linear radiative stopping power）S_{rad} という。線衝突阻止能と線放射阻止能の和を阻止能あるいは全阻止能（total stopping power）という。全阻止能 S は

$$S = S_{col} + S_{rad} \tag{9.1.3}$$

で表され，単位は MeV cm^{-1} がよく用いられる。阻止能を密度（ρ）で割った量を**質量阻止能**という。質量阻止能は，質量衝突阻止能と質量放射阻止能の和で表される。

$$S_m = \frac{S}{\rho}, \quad S_{m,col} = \frac{S_{col}}{\rho}, \quad S_{m,rad} = \frac{S_{rad}}{\rho} \tag{9.1.4}$$

単位は MeV g^{-1} cm^2 がよく用いられる。衝突阻止能は，電子との相互作用であり単位体積当たりの電子数に比例する。単位体積当たりの電子数 N_e は，物質の密度を ρ，原子番号を Z，質量数を A，アボガドロ数を N_A とすると

$$N_e = \frac{\rho}{A} Z N_A$$

で与えられる。したがって，質量阻止能 $S_{m,col}$ は

$$S_{m,col} \propto \frac{z^2 e^4}{v^2} \frac{N_e}{\rho} \propto \frac{z^2 e^4}{v^2} \frac{Z}{A} N_A \tag{9.1.5}$$

であり，$\frac{Z}{A}$ の値は元素によらずおよそ 0.5 であるので質量阻止能は物質にあまりよらない値となる。

9.1.2 飛 程

物質中に照射された荷電粒子は，電離，励起，制動放射によりエネルギーを失い物質中で止まる。止まるまでに進んだ距離を**飛程**（range）という。飛程は荷電粒子の飛跡に沿った長さではなく，荷電粒子が入射した方向に直線上の長さで表す。このため，電子のように軽い粒子は散乱により進行方向が変わると同じエネルギー電子でも飛程は分布を持つことになる。運動エネルギー E の電子が物質中の電子と散乱するときは物質の電子が得る運動エネルギーは散乱され角度により 0 から E まで分布する。物質の電子が $\frac{E}{2}$ を超えた場合は，衝突後はその電子を入射電子とみなす。以降の衝突でも同様で，衝突後の電子のうちエネルギーの高い方を入射電子として飛程を決める。

重荷電粒子のようにほとんど直進する場合には，飛程 R はエネルギー損失より求めることができる。

$$R = \int \frac{dE}{\left(\frac{dE}{dx}\right)} \tag{9.1.6}$$

飛程に密度 ρ を乗じた単位（$\mathrm{kg\,m^{-2}}$, $\mathrm{g\,cm^{-2}}$）で表すことが多く，これを質量飛程と呼ぶこともあり，質量飛程はあまり物質によらない。

9.1.3　線エネルギー付与

生体に対する放射線の影響を調べる場合には細胞内に与えられるエネルギーが問題になる。このため，電離された電子のエネルギーが Δ 以下の電子によるエネルギー損失を**線エネルギー付与**（LET Linear Energy Transfer）といい L_Δ で表し，単位は $\mathrm{keV\mu m^{-1}}$ が用いられる。Δ の単位としては eV が用いられる。$\Delta = \infty$ のとき $L_\infty = S_{\mathrm{col}}$ となり，一般には $L_\Delta < S_{\mathrm{col}}$ となり，このために**制限された線衝突阻止能**（restricted linear collision stopping power）とも呼ばれる。L_Δ は代替荷電粒子の飛跡を中心としたパイプ状の領域内のエネルギー損失とみてよいので，局部的に付与されたエネルギー（energy locally transferred）とも言われる。

9.1.4　1次電離，2次電離

荷電粒子が直接原子を電離する過程を **1次電離**（primary ionization）といい，電離により放出された電子のエネルギーが高く，さらに他の原子を電離する過程を **2次電離**（secondary ionization）という。電離した電子のうち2次電離するエネルギーを持っている電子を δ 線という。

9.1.5　全電離，比電離

荷電粒子による1次電離と2次電離で生じた全イオン数を**全電離**（total ionization），荷電粒子の飛程の単位長さ当たりに電離されたイオンの数を**比電離**（specific ionization）という。

9.1.6　平均電離エネルギー（W 値）

気体が荷電粒子により電離されるとき，イオンと自由電子の対が生じる。このイオン対を作る平均エネルギーを **W 値**という。荷電粒子が気体中でエネルギー E を失ったときに作られる平均のイオン対の数を N とすると W 値は

$$W = \frac{E}{N} \tag{9.1.7}$$

で与えられる。単位は一般に eV が用いられる。W 値は入射エネルギーによらずほとんど一定の値を持つ。W 値は電離エネルギーの2倍程度である。電離エネルギーは元素によりあまり変わらず水素の電離エネルギーである 13.6 eV 程度なので値はおよそ 30 eV 程度であり，空気の W 値は 33.97 eV である。

荷電粒子によって出た制動放射線または他の2次放射線によって生じたイオンは N に含まれる。

第9章 荷電粒子と物質の相互作用

9.2 電子，β線と物質の相互作用

9.2.1 電子の速度，エネルギー

電子のエネルギーは通常 MeV 単位で表すが，電子が一様な磁場中で円運動をし，電子の質量を m_0，運動量 p，電子の運動エネルギーを K とすると相対論的な場合，光速度を c として

$$pc = \sqrt{K^2 + 2m_0 c^2 K} \tag{9.2.1}$$

で与えられる。円運動の回転半径を R，磁束密度を B とすると，遠心力とローレンツ力が釣り合うことから，速度を v，角速度を ω とすると

$$m_0 R \omega^2 = evB \tag{9.2.2}$$

より，(9.2.1) 式を用いてエネルギーの単位を J で表すと $1.022 \times 10^6 \times 1.6 \times 10^{-19}$ となるので

$$m_0 v = p = eBR \tag{9.2.3}$$

$$BR = \frac{pc}{ec} = \frac{\sqrt{K^2 + 2m_0 c^2 K}}{ec} = \frac{\sqrt{K^2 + 1.02K} \times (1.6 \times 10^{-19}) \times 10^6}{(1.6 \times 10^{-19}) \times (3 \times 10^8)} = \frac{1}{300}\sqrt{K^2 + 1.02K} \tag{9.2.4}$$

を得る。ここで，BR の単位は T・m（テスラ・メータ）で K の単位は MeV である。

電子の質量は小さいので，表 9.1 に示すように容易に光速度 c に近い値が得られる。なお，表 9.1 には電子と同じ速度の陽子のエネルギーも示した。

9.2.2 電子の物質中でのエネルギー損失

衝突阻止能については，ベーテ（Bethe）等の式がある。電子のエネルギーを $E(\mathrm{J})$，静止質量を $m_0(\mathrm{kg})$，電荷を $e(\mathrm{C})$，古典半径 $r_0(\mathrm{m})$，速度を $v(\mathrm{m\ s^{-1}})$，$\beta = \dfrac{v}{c}$，物質の原子番号を Z，密度を $\rho(\mathrm{kg\ m^{-3}})$，1 kg 中の原子数を N，平均励起エネルギーを $I(\mathrm{J})$ とすると衝突阻止能 S_{col} は

表 9.1 各速度での電子と陽子のエネルギー

$\beta = v/c$	電子エネルギー	陽子エネルギー
0.1	2.57 keV	4.70 MeV
0.2	1.05×10 keV	19.3 MeV
0.5	7.91×10 keV	1.44×10^2 MeV
0.7	0.205 MeV	3.73×10^2 MeV
0.9	0.661 MeV	1.21 GeV
0.95	1.13 MeV	2.06 GeV
0.99	3.11 MeV	5.67 GeV
0.995	4.61 MeV	8.39 GeV
0.999	10.92 MeV	19.90 GeV

表9.2 各種物質の平均励起エネルギー

物　　質	平均原子番号	I (eV)	$k=I/Z$
N_2	7	81.2	11.6
空　気	7.22	80.1	11.1
O_2	8	91.2	11.4
Al	13	150	11.5
Ar	18	198	11.0
Cu	29	279	9.6
Pb	82	758	9.2

$$S_{col}=2\pi r_0^2 NZ\rho\frac{m_0c^2}{\beta^2}\left[\ln\frac{E^2(E+2m_0c^2)}{2m_0c^2I^2}+\frac{\frac{E^2}{8}-(2E+m_0c^2)m_0c^2\ln 2}{(E+m_0c^2)^2}+1-\beta^2-\delta\right](\text{J m}^2\text{ kg}^{-1})$$
(9.2.5)

で表される。r_0 は電子の古典半径で $r_0=\dfrac{e^2}{m_0c^2}$，δ は密度効果の補正項で，気体にあっては無視してよい。表9.2に若干の物質についての平均励起エネルギーを示す。(9.2.5) 式は質量数を A とすると質量衝突阻止能 $S_{m,col}$ は

$$S_{m,col}=\frac{S_{col}}{\rho}=2.46\times10^{-15}\frac{Z}{A}\beta^{-2}B\,(\text{J m}^2\text{ kg}^{-1}) \tag{9.2.6}$$

$$=1.535\times10^{-2}\frac{Z}{A}\beta^{-2}B\,(\text{MeV m}^2\text{ kg}^{-1}) \tag{9.2.7}$$

となる。ここで，B は (9.2.5) 式の括弧内の式であって，B の値は I が変わってもあまり変化しない。したがって，一定エネルギーの電子線の衝突阻止能は近似的に物質の種類によらないといえる。

質量放射阻止能については，ハイトラー(Heitler)等の式がある。100MeV以下のエネルギーの電子に対して近似的に次式が成立する。

$$S_{m,rad}=\frac{S_{rad}}{\rho}=4r_0^2\frac{NZ^2E}{137}\left[\ln\frac{2(E+m_0c^2)}{m_0c^2}-\frac{1}{3}\right] \tag{9.2.8}$$

式 (9.2.8) は

$$S_{m,rad}=2.237\times10^{-17}\frac{Z^2}{A}EC\,(\text{J m}^2\text{ kg}^{-1}) \tag{9.2.9}$$

$$=1.396\times10^{-4}\frac{Z^2}{A}EC\,(\text{MeV m}^2\text{ kg}^{-2}) \tag{9.2.10}$$

となる。ここで C は (9.2.8) 式の大括弧内の式である。さらに $\dfrac{Z}{A}\sim\dfrac{1}{2}$ を用いて (9.2.9)，(9.2.10) 式は次のようになる。

$$S_{m,rad}\approx1.0\times10^{-17}ZEC\,(\text{J m}^2\text{ kg}^{-1}) \tag{9.2.11}$$

第9章　荷電粒子と物質の相互作用

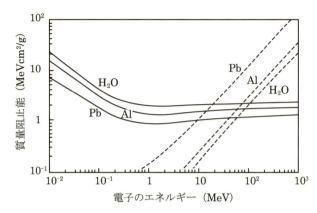

図9.2　電子の質量阻止能，実線は衝突阻止能破線は放射阻止能（アイソトープ便覧改訂3版）

$$\approx 0.6\times 10^{-4} ZEC \,(\mathrm{MeV\,m^2\,kg^{-2}}) \tag{9.2.12}$$

電子のエネルギーが低いと衝突阻止能の占める割合が大きく，エネルギーが高くなると放射阻止能が重要になってくる（図9.2参照）。衝突阻止能と放射阻止能の比をとると，エネルギー E（MeV）の電子に対しておよそ

$$\frac{S_{\mathrm{rad}}}{S_{\mathrm{col}}} = \frac{(E+m_0 c^2)Z}{1600 m_0 c^2} \approx \frac{EZ}{800} \tag{9.2.13}$$

で表される。ここで，m_0 は電子の静止質量，Z は物質の原子番号である。物質が鉛の場合 $Z=82$ であり，衝突阻止能と放射阻止能が等しくなるエネルギーは10 MeV 程度となり，放射性同位元素から放出される電子（最大で3 MeV 程度）では放射阻止能の割合は小さい。したがって，数 MeV 程度までの電子または β 線の阻止能は大部分が衝突にもとづくものであるから，その質量阻止能は近似的に物質によらないといえる。

10 MeV 以下の電子が空気中を走ったときの比電離 I は大体，

$$I = 46\left(\frac{v}{c}\right)^2 \mathrm{cm}^{-1} \tag{9.2.14}$$

で表される。電子のエネルギーが小さいほど I が大きくなるのは，(9.1.2) 式に示すように速度の小さい電子ほど相手とのクーロン力の働く時間が長いからである。

電子の1次電離による電子の多くは空気中の飛程が数分の1 mm 以下であるから，これらのイオン対は実際上電子が走ったジグザグ状の道筋に沿ってできる。電子のエネルギーが低いときには2次電離によるイオン対の数は，1次電離によるイオン対の数の数倍もある（図9.3参照）。β 線の空気に対する平均電離エネルギーは 33.97 eV である。

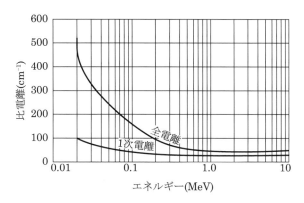

図 9.3　電子の空気中（15℃，1 気圧）

9.2.3　電子の散乱

電子は原子との衝突による電離または励起によって非弾性散乱をする。また，原子核による制動放射によってエネルギーを失うとともに運動方向が変わる。一方，電子または原子核のクーロン力によって弾性散乱を受け，その起こる確率は電子のエネルギーにほぼ比例し，散乱体の原子番号の自乗に比例する。

電子線は散乱の度に運動方向が曲げられる。何回かの散乱によって，入射方向に対して 90°以上方向を変える場合を**後方散乱**（backscattering）という。

9.2.4　電子の飛程

β 線はジグザグ運動をし，連続的なエネルギー分布を持つにもかかわらず，物質中での吸収は大体指数法則にしたがう。しかも均一なエネルギーの電子線と最大エネルギーがそれと一致する β 線の飛程とはほとんど等しい（図 9.4 参照）。吸収曲線が 0 に達する厚さを**最大飛程**（maximum range）という。アルミニウム中の最大飛程のエネルギー依存性を図 9.5 に示した。

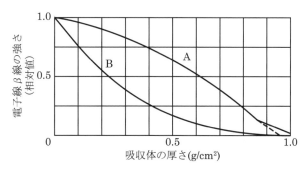

図 9.4　β 線の吸収曲線
実線 A は 1.9 MeV の均一な電子線，実線 B は最大エネルギーが 1.9 MeV の β 線

第9章　荷電粒子と物質の相互作用

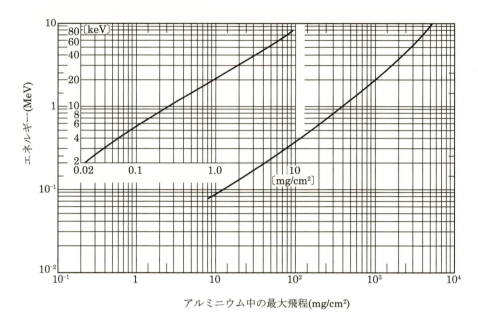

図 9.5　アルミニウム中の電子の最大飛程（アイソトープ便覧改訂3版）

電子の質量飛程 R は物質にあまりよらず，エネルギー E(MeV) の電子に対して次式で表される。

$$\left.\begin{array}{ll} R = 0.542E - 0.133 & 0.8\,\mathrm{MeV} < E < 3 \\ R = 0.407E^{1.38} & 0.15\,\mathrm{MeV} < E < 0.8\,\mathrm{MeV} \end{array}\right\} \quad (9.2.15)$$

ここで，R の単位は $(\mathrm{g\ cm^{-2}})$ である。

遮へいを見積もる場合にはより粗い近似式

$$R = 0.5E \quad (9.2.16)$$

としてよい。

9.2.5　チェレンコフ効果

透明な絶縁体の中を荷電粒子が通過すると，分子は荷電粒子の電場を感じて振動し，この振動により電磁波が発生する。真空中の光速度と物質中の光速度の比である屈折率を n とする。物質中の荷電粒子の速度が物質中の光速度 c/n を超えると飛跡の各点から発生した電磁波は波面が揃い（図 9.6 参照）光として観測される。
これをチェレンコフ光(Cerenkov light)という。波面の進行方向と粒子の進行方向とのなす角度 θ は

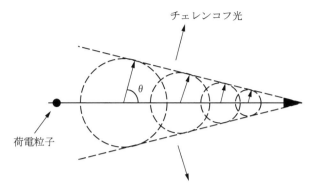

図9.6 チェレンコフ光の発生
荷電粒子の軌跡に沿って光が発生し円錐状の光が放出される。

$$\cos\theta = \frac{\frac{c}{n}}{v} = \frac{1}{n\beta} \tag{9.2.17}$$

で与えられる。ここで，cは光速度，nは物質の屈折率，vは粒子の速度，$\beta = \frac{v}{c}$である。nは波長の関数で，波長が増すとともに減少するから，θの小さい方向に赤い光，θの大きい方向に青い光が進行する。

9.2.6 β^+線

β^+粒子（陽電子）が物質の原子を励起，電離しながら，また制動放射をしながら運動エネルギーを失うことはβ^-粒子とまったく同様である。ほとんど運動エネルギーを失ったβ^+粒子はβ^-粒子（陰電子）と合体して，互いに正反対方向に放射する2個の光子に変わる。これを**電子-陽電子対消滅**（annihilation radiation）または対消滅といい，2個の光子を**消滅放射線**（annihilation radiation）という。この場合は電子対の全質量がエネルギーとなるので，2個の光子はそれぞれ0.511 MeVのエネルギーである。β^+線の遮へいは，飛程より長い物質が必要であるが，消滅放射線の遮へいも考慮しなければならない。

9.3 重荷電粒子と物質の相互作用

9.3.1 物質中でのエネルギー損失

重荷電粒子は，その質量が電子の質量に比べて極めて大きいので，電子と衝突によって，あまりエネルギーを失わず，偏向も受けない。

重荷電粒子の衝突阻止能についてはベーテ等の式がある。重荷電粒子のエネルギーを$E(\mathrm{J})$，質量を$M(\mathrm{kg})$，電荷数をze，速度を$v(\mathrm{ms}^{-1})$とし，その他の記号は（9.2.5）式に用いたもの

第9章 荷電粒子と物質の相互作用

とすると質量衝突阻止能 $S_{m,co1}$ は

$$S_{m,co1}=\frac{S_{co1}}{\rho}=4\pi r_0^2 NZ \frac{z^2 m_0 c^2}{\beta^2}\left[\ln\frac{2m_0 c^2 \beta^2}{I(1-\beta^2)}-\beta^2-\frac{\delta}{2}\right](Jm^2 kg^{-1}) \tag{9.3.1}$$

で表される。この式は

$$S_{m,co1}=4.43\times 10^2 \frac{Z}{A}\frac{z^2}{v^2}\left[\ln\frac{2m_0 c^2 \beta^2}{I(1-\beta^2)}-\beta^2-\frac{\delta}{2}\right](Jm^2 kg^{-1}) \tag{9.3.2}$$

$$=2.76\times 10^{15}\frac{Z}{A}\frac{z^2}{v^2}\left[\ln\frac{2m_0 c^2 \beta^2}{I(1-\beta^2)}-\beta^2-\frac{\delta}{2}\right](MeVm^2 kg^{-1}) \tag{9.3.3}$$

となり，括弧内の式は I が異なってもあまり変化しないので，一定エネルギーの重荷電粒子の質量衝突阻止能は近似的に物質の種類によらないといえる。

重荷電粒子にあっては，特別に高エネルギーの場合を除いて，制動放射による損失は無視できる。

(9.3.1) 式で括弧内の式は I や V による変化が少ないので，衝突阻止能 S_{co1} は

$$S_{co1}=\frac{dE}{dx}\propto\frac{z^2}{v^2}\propto\frac{z^2 M}{E} \tag{9.3.4}$$

と近似できる。

9.3.2 重荷電粒子の散乱

前節で述べたように，重荷電粒子は電子との非弾性衝突によってほとんど散乱を受けない。しかし，エネルギーの小さい重荷電粒子が，その質量に比べてずっと大きな質量の原子核に接近した場合はクーロン力により大きい角度での弾性散乱を受けることがある。

9.3.3 重荷電粒子の飛程

α 粒子が物質中を通過する距離と粒子数の関係は図 9.7 の曲線 a（積分曲線）が示すように，ある程度までは粒子数が一定で，急に減少して 0 になる。入射する α 粒子のエネルギーが一定でも，多数回の電離エネルギーに幅があり，ほとんどエネルギーを失った α 粒子は原子核のクーロン力によって弾性散乱を受けて曲折するものもあり，飛程に揺らぎを生ずる。飛程の平均値を平均飛程（$\bar{R}$）といい，曲線の下方の一番大きな勾配のところで接線を引いて得た点を外挿飛程（R_{ex}），粒子数が 0 になる点を最大飛程（R_{max}）とよぶ。

各飛程の α 粒子の数は図 9.7 の曲線 b（微分曲線）が示すように，平均飛程を中心とするガウス分布を示す。

α 線の空気中の平均飛程については 4～7 MeV の

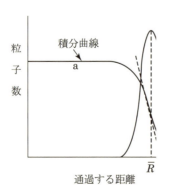

図 9.7 α 粒子の飛程

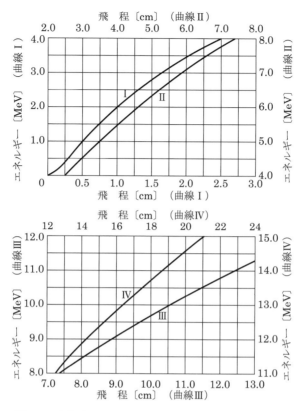

図 9.8　空気中における α 粒子または $_2^4$He 粒子の飛程とエネルギーの関係

範囲では次の実験式が成り立つ。

$$R = 0.318 E^{3/2} \tag{9.3.5}$$

ここで，E の単位は MeV，R の単位は cm である。

α 線の標準状態の空気中における平均飛程を図 9.8 に示す。いくつかの物質に対する α 線の質量飛程を図 9.9 に示した。

α 粒子の進んだあとにできるイオン対の 60～80 % が 2 次電離によるものである。α 粒子は β 粒子に比べて電荷が 2 倍であり，速度がずっと小さいので，その比電離は β 粒子の数百倍である。したがって，一般に α 粒子の飛程は β 粒子の飛程よりずっと小さい。

α 粒子の空気に対する平均電離エネルギー（W 値）は 34.97 eV である。

重荷電粒子の飛程 R は（9.3.4）式より

第9章 荷電粒子と物質の相互作用

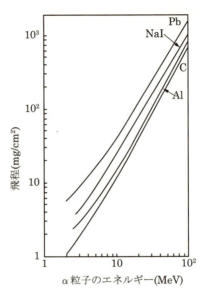

図9.9 α線の質量飛（アイソトープ便覧改訂3版）

$$R \propto \int \frac{dE}{\left(\frac{dE}{dx}\right)} \propto \frac{1}{M_0}\left(\frac{E}{z}\right)^2 \propto \frac{M_0}{z^2}v^2 \tag{9.3.6}$$

と与えられる。この式より同じ速度の陽子線とα線の飛程が同じであることが分かる。あるいは，エネルギー E のα線とエネルギー $E/4$ の陽子線の飛程が同じであるといえる。

9.3.4 ブラッグピーク

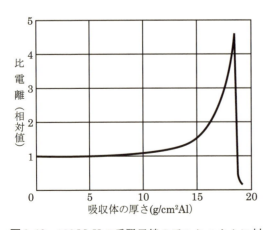

図9.10 190 MeVの重陽子線のアルミニウムに対するブラッグピーク

重荷電粒子は質量が大きく原子の電離や励起をしても方向はほとんど変わらず直線的に進む。阻止能が速度の二乗に反比例することから，重荷電粒子の飛程の最後のところで速度が小さくなるので阻止能が非常に大きくなる。飛跡に沿った単位長さ当たりの電離数を比電離というが，比電離は飛程の最後のところで大きくなる。これをブラッグピークという。重陽子線のブラッグピークを図9.10に示した。

演習問題

問1 同一速度の陽子，重陽子及び α 粒子の同一物質中での飛程をそれぞれ R_p, R_d, R_α とするとき，これらの大小関係として，正しいものは次のうちどれか。
1　$R_\alpha = R_d < R_p$　　2　$R_p = R_\alpha < R_d$　　3　$R_\alpha < R_d = R_p$
4　$R_p < R_\alpha = R_d$　　5　$R_d < R_\alpha < R_p$

問2 等速の α 粒子の阻止能（A）と重陽子の阻止能（B）の比（A/B）として正しいものは，次のうちどれか。
1　0.2　　2　0.5　　3　1　　4　2　　5　4

問3 1MeV の電子線に関する次の記述のうち，正しいものの組み合わせはどれか。
A　吸収体の厚さに対し，強度が指数関数的に減衰する。
B　原子核と衝突して中性子を放出させる。
C　空気中（1気圧，0℃）においてチェレンコフ光を生じる。
D　物質中で連続エネルギー分布の光子を生じる。
1　ACDのみ　　2　ABのみ　　3　BCのみ　　4　Dのみ　　5　ABCDすべて

問4 ^{32}P より放出される β 線の Al 中の飛程を求めよ。

問5 次に掲げる放射性核種を含む物質を壁の厚さ 2 mm の鉛容器に納めたとき，その外部で電磁放射線が検出される。これらはどうして発生したか。
(1)　^{13}N　　(2)　^{60}Co　　(3)　^{90}Sr+^{90}Y

問6 大量の ^{90}Sr 線源の遮へい容器はプラスチック，アルミニウムなどで内張りしてあることが多い。この理由を説明せよ。

問7 同一物質中での重荷電粒子の阻止能は，だいたい，その粒子の電荷の自乗及び質量に比例し，エネルギーに反比例することを示せ。

問8 エネルギー E の陽子と等しい飛程を持つ α 線のエネルギーを近似的に求めよ。

問9 屈折率 $\frac{4}{3}$ の媒質中の光速 c と真空中の光速 c_0 との比（$c:c_0$）はどれか。
1　3:4　　2　9:16　　3　1:1　　4　4:3　　5　16:9

第9章　荷電粒子と物質の相互作用

問10　電子と物質との相互作用で誤っているのはどれか。2つ選べ。
1. 放射損失は原子番号の大きい物質ほど大きい。
2. 衝突損失は電子のエネルギーによって変わる。
3. 制動放射の確率は物質の原子番号に比例する。
4. チェレンコフ放射は物質中で電子の速度が物質中の光速に達するまで生じる。
5. 単一エネルギーの電子線を照射すると物質中の電子のエネルギーは深さに関係なく単一となる。

問11　重荷電粒子線で誤っているのはどれか。
1. 水中を直線的に進む。
2. 電離は飛程の終端部で急激に増大する。
3. 衝突損失は粒子の電荷の2乗に比例する。
4. 衝突損失は運動エネルギーに比例する。
5. 放射損失は無視できる。

問12　陽電子と物質の相互作用で誤っているのはどれか。
1. 弾性散乱
2. 制動放射
3. 非弾性散乱
4. 電子対生成
5. 電子対消滅

問13　図は，ある物質の電子に対する衝突損失と放射損失による質量阻止能である。この物質はどれか。
1. $_6$C　　2. $_{20}$Ca　　3. $_{29}$Cu　　4. $_{53}$I
5. $_{82}$Pb

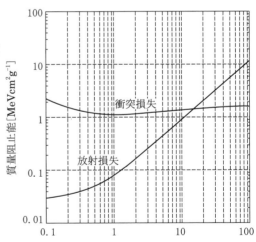

問14　陽子とα粒子との速さが等しいとき，α粒子に対する陽子の運動エネルギーの比はどれか。

1　$\frac{1}{4}$　　2　$\frac{1}{2}$　　3　$\frac{1}{\sqrt{2}}$　　4　$\sqrt{2}$　　5　2

問15　組合せで正しいのはどれか。

	重荷電粒子	電子
1　衝突阻止能	大	小
2　ブラッグピーク	なし	あり
3　エネルギー揺動	大	小
4　多重散乱	大	小
5　核反応	小	大

問16　空気中においてα粒子の比電離が 2.0×10^4 ［/cm］のとき，このα粒子の線阻止能［MeV/cm］はどれか。ただし，α粒子に対する空気のW値は 35 ［eV］とせよ。

1　0.4　　2　0.5　　3　0.6　　4　0.7　　5　0.8

問17　200［keV］の電子に対する空気の質量衝突阻止能が 2.50［MeV・cm²/g］のとき，500［keV］の電子に対する空気の質量衝突阻止能［MeV・cm²/g］はどれか。

1　0.64　　2　0.85　　3　1.05　　4　1.39　　5　1.62

問18　10［MeV］の電子に対するタングステンの質量放射阻止能が 1.13［MeV・cm²/g］であるとき，30［MeV］の電子に対する金の質量放射阻止能［MeV・cm²/g］はどれか。

1　1.87　　2　2.64　　3　3.62　　4　4.75　　5　5.19

第10章　光子と物質の相互作用

10.1 単一エネルギーの光子の減衰

単一エネルギーの光子の狭い平行束（narrow parallel beam）がそれに垂直な物質に入射するものとし（図10.1）入射の際の強度（1秒当たりに入射してくる光子数）を I_0 とする。それが x の深さのところでは I となり、そこからさらに dx のごく薄い層を通る間に dI だけ相互作用を受けて除去されたとすれば、dI は I および dx に比例することは明らかであるから

$$dI = -\mu I dx \tag{10.1.1}$$

とおくことができる。μ を **線減弱係数**（linear attenuation coefficient）といい、単位長さの物質によって、光子が平行線束から除去された数の割合を意味する。μ は物質の原子番号とその密度及び光子のエネルギーによって決まる。μ の単位は m^{-1}, cm^{-1} などである。線減弱係数は線束の断面積には無関係であるから、単位断面積で単位長さの物質による光子数の減衰の割合ということができる。(10.1.1) 式は積分することによって

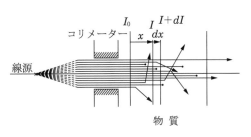

図10.1　光子の減衰

$$I = I_0 e^{-\mu x} \tag{10.1.2}$$

が得られる。

μ は光子のエネルギーと物質の原子番号との関数であるが、一般的には光子のエネルギーが高いほど小さい。このことから波長の短い γ 線や X 線を硬い γ 線や硬い X 線と呼び、波長の長い γ 線や X 線を軟い γ 線や軟い X 線と呼ぶ。μ は物質が決まっていてもその密度によって変わる。μ を物質の密度 ρ で除した

$$\mu_m = \frac{\mu}{\rho} \tag{10.1.3}$$

は、**質量減弱係数**（mass attenuation coefficient）とよばれ、単位断面積で単位質量の物質によって光子が減衰される割合ということができる。μ_m の単位は $m^2\,kg^{-1}$, $cm^2\,g^{-1}$ などである。

一定のエネルギーの光子については物質の状態（気体，液体など）いかんにかかわらず質量減弱係数は等しい。なお、物質の成分元素に関して相加的な性質を持つ。

原子断面積 μ_a は原子1個あたりの断面積で，原子密度を N とすると $\mu=\mu_\mathrm{a}N$ で与えられる。物質の原子番号を Z，質量数を A，アボガドロ数を N_A とすると，1 g 中の原子数は $\dfrac{N_\mathrm{A}}{A}$ で1 cm³ 中の原子数は $\rho\dfrac{N_\mathrm{A}}{A}$ であるから

$$\mu_\mathrm{a}=\frac{\mu}{\rho}\frac{A}{N_\mathrm{A}} \tag{10.1.4}$$

で表される。μ_a の次元は m² である。また，電子1個当たりの断面積，**電子断面積** μ_e は

$$\mu_\mathrm{e}=\frac{\mu_\mathrm{a}}{Z} \tag{10.1.5}$$

で与えられる。

光子がその平行線束から 1/2 だけ除去される物質の厚さ $x_{1/2}$ を**半価層**（half value layer）といい，

$$x_{1/2}=\frac{\ln 2}{\mu}=\frac{0.693}{\mu} \tag{10.1.6}$$

で与えられる。また，同様に 1/10 価層（tenth value layer）は

$$x_{1/10}=\frac{\ln 10}{\mu}=\frac{2.303}{\mu} \tag{10.1.7}$$

で与えられる。

半価層を用いて（10.1.2）式は

$$I=I_0\left(\frac{1}{2}\right)^{\frac{x}{x_{1/2}}} \tag{10.1.8}$$

と表すことができる。

式（10.1.2）は距離 x でその平行線束内に残っている光子の数を示すので，物質との相互作用を起こすまでの走る光子の平均距離，すなわち**平均自由行程**（mean free path）L は

$$L=\frac{\int_0^\infty xe^{-\mu x}dx}{\int_0^\infty e^{-\mu x}dx} \tag{10.1.9}$$

で与えられる。これより

$$L=\frac{1}{\mu}=1.44x_{1/2} \tag{10.1.10}$$

が得られる。これは，物質中で平行線束内の光子の数が $1/e$ に減少するまでの距離に相当する。

原子断面積 μ_a は，光電効果による原子断面積 τ，コンプトン効果による原子断面積 σ 及び電子対生成による原子断面積 κ の和であるので，（10.1.11）式の形で表して μ を**全線減弱係数**（total attenuation coefficient），$\mu_\mathrm{m}=\dfrac{\mu}{\rho}$ を**全質量減弱係数**（total mass attenuation coefficient）などとよぶ。μ の成分としてレーリー散乱による減弱と光子により引き起こされる核反応（光核

第10章　光子と物質の相互作用

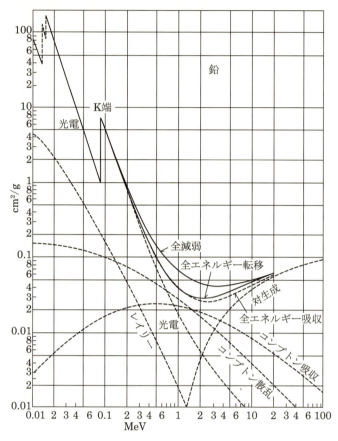

図10.2　鉛に対する質量減弱係数

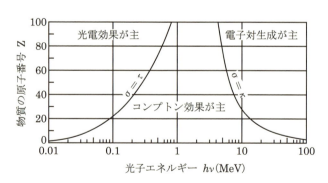

図10.3　光子のエネルギーに対する各効果の相対的重要さ

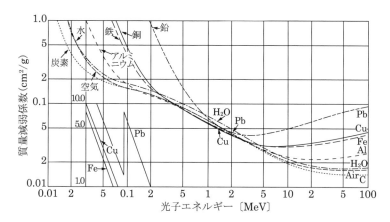

図 10.4　各物質の全質量減弱係数

反応）による減弱がある。光核反応の寄与は最大で5％程度である。

$$\left.\begin{array}{l}\mu=(\tau+\sigma+\kappa)N\\ \mu_a=\tau+\sigma+\kappa\end{array}\right\} \quad (10.1.11)$$

図 10.2 は光子と鉛の相互作用を示したもので，光子のエネルギーが高くなるほど全減弱係数が小さくなる傾向を示す。光子のエネルギーが低いと光電効果が主で，エネルギーが高くなるにつれてコンプトン効果，電子対生成の寄与が大きくなることが分かる。次節以降に示すように，光電効果は物質の原子番号 Z の5乗，コンプトン効果は Z の1乗，電子対生成 Z はの2乗に比例するので，図 10.3 に示すように原子番号が低いほどコンプトン効果が主となる光子のエネルギー範囲が広くなることが分かる。

各物質の質量減弱係数を図 10.4 に示す。

図 10.1 ではコリメートされた光子の減弱を示している。コリメートされていない光子束の場合でも図 10.5 に示すような薄い物質による減弱は，コリメートされた場合と同じように減弱し，減弱される量は（10.1.2）式で表される。

これに対し広い線束の光子の場合は物質が厚くなると図 10.6 に示すように物質中で散乱された光子の一部が測定器に達する確率が増えてくるので，光子の減弱は（10.1.2）式の減弱からずれてくる。この散乱の影響は**ビルドアップ比（build-up ratio）** B で補正する。B は光子のエネルギー，線束の広がり，通過した物質の厚さなどに依存する。

減弱を表す式は

$$I=BI_0 e^{-\mu x} \quad (10.1.12)$$

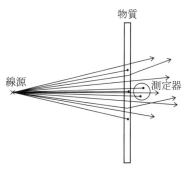

図 10.5　薄い物質での散乱

第10章　光子と物質の相互作用

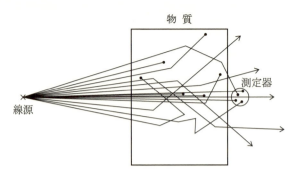

図 10.6　厚い物質での散乱

で与えられる。B の値はおよそ

　　$\mu x < 1$ のときは $B \approx 1$

　　$\mu x > 1$ のときは $B \approx \mu x$

としてよい。しかしながら、光子のエネルギーが 2 MeV より高い場合、また物質の原子番号が高いときは全エネルギーにわたって

$$B \approx 1 + \mu x \tag{10.1.13}$$

を用いてよい。

10.2　単一エネルギーでない光子の減衰

X 線発生装置は、連続的なエネルギー分布を持った X 線を発生させる。この X 線を用いて物質を透過させると長波長側の X 線ほど減衰されやすい。したがって、物質を透過した後の X 線のエネルギー分布は、透過前のものとは異なり、短波長側のエネルギーの X 線の割合が多くなる。60keV の X 線発生装置からの光子が鉄板を透過した後のエネルギースペクトルを図 10.7 に示した。

このような光子の減弱を表すには、通常、照射線量率を用いる。図 10.8 に連続 X 線の減弱曲線の一例を示した。縦軸の測定値の単位は、X 線管の焦点から 1 m の距離における管電流 1 mA 当たりの照射線量率（μC kg^{-1} mA^{-1} min^{-1} at 1m）で表す。図に示すように、鋼板の厚さが薄い場合は減弱曲線は急な曲線で減衰し、厚くなると傾斜は緩やかになり、十分厚いと指数関数で減衰する。

このような減弱曲線の一部で厚さ T_1 での強度 I_1 をとし、T_2 での強度を I_2 とし、I_2 が I_1 の半分になる厚さの差を半価層とすれば $T_2 - T_1 = \bar{h}$ として、平均の減弱係数を $\bar{\mu}$ とすれば

$$\bar{\mu} = \frac{\ln 2}{\bar{h}} = \frac{0.693}{\bar{h}} \tag{10.2.1}$$

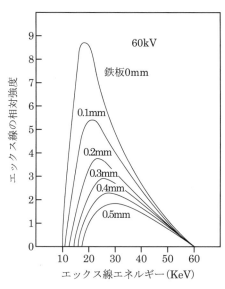

図 10.7 鉄板を透過した後の連続 X 線の
エネルギースペクトル

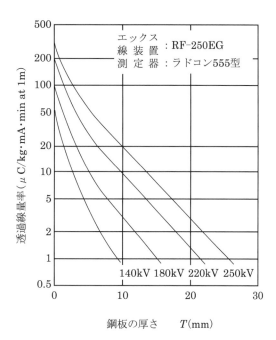

図 10.8 連続 X 線の減弱曲線の例

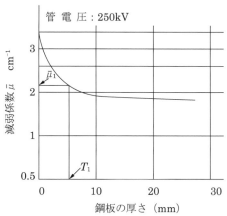

図 10.9 鋼板の厚さと減弱係数の変化

で与えられる。$\bar{\mu}$ は鋼板の厚さとともに変化し、図 10.9 に示すように変化する。

　平均減弱係数は鋼板の厚さとともに減少するが、鋼板の厚さが十分厚くなると減弱係数はほぼ一定となる。

第10章　光子と物質の相互作用

10.3　光電効果

　光子が軌道電子にエネルギーを与え，軌道電子が原子から飛び出す現象を**光電効果**（**photoelectric effect**）という。飛び出す電子を光電子という。光子のエネルギーを E_γ とし，軌道電子の結合エネルギーを E_b とすると光電子のエネルギー E_e は

$$E_e = E_\gamma - E_b \tag{10.3.1}$$

で与えられる。光子のエネルギーが結合エネルギーより低いと軌道電子を飛び出させることはできない。このためK殻，L殻などの軌道電子の結合エネルギーのところで光電効果の断面積がジャンプする。これらを**K吸収端**（**K absorption edge**），**L吸収端**などという。図10.10に鉛に対するK吸収端，L吸収端，銅に対するK吸収端を示した。

　光電効果では，γ線が軌道電子に吸収されるが，γ線と自由電子の衝突でγ線が電子に吸収される現象は起こらない。このような現象は運動量とエネルギー保存則を同時に満足しない。光電効果では，軌道電子と原子核がクーロン力で結びついているので運動量の一部が原子核に与え

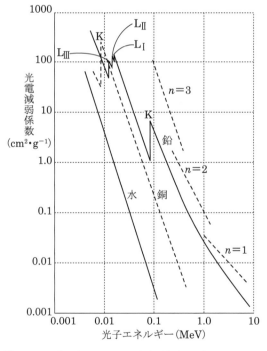

図10.10　水，銅，鉛の光電減弱係数の光子のエネルギーによる変化
図中の点線のところの n は E_γ の n 乗を示し，点線はその傾きを示す。

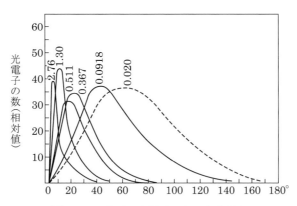

図 10.11 光子と光電子のなす角度分布
図中の数字は MeV 単位で表した光子エネルギー

られて運動量が保存される。このため，原子核との結びつきの強い K 軌道電子による光電効果の断面積が大きく，L 軌道，M 軌道となるに従い断面積が小さくなる。光電効果の原子断面積 τ は原子番号 Z と γ 線のエネルギー E_γ に依存する。エネルギーが 200 keV 以下では E_γ の約 4 乗に比例し，エネルギーの増大とともに次第に E_γ の 2 乗に近づく。原子番号依存性は，吸収端以上のエネルギー範囲で，大体 0.35 MeV までは Z^4 に比例し，0.35 MeV 以上では $Z^4 \sim Z^5$ に比例する。このためおおよそ $\tau \propto Z^5 E_\gamma^{-3.5}$ という関係があるといえる。

光子の入射方向に対する光電子の角度分布は光子のエネルギーにより異なり，低エネルギーでは直角方向に放出されるが，エネルギーが高くなるにつれて前方に放出される（図 10.11）。

10.4 コンプトン効果

光子と電子の衝突で電子と散乱光子が生じる現象を**コンプトン効果**（Compton effect）あるいはコンプトン散乱という。散乱された光子をコンプトン散乱光子，運動エネルギーを得て反跳された電子をコンプトン反跳電子という。

光子と軌道電子との散乱でも，光子のエネルギーに比べ電子の結合エネルギーが無視できる場合にはコンプトン効果が起こり，光子のエネルギーがある程度以上高くなると全ての軌道電子に対してコンプトン効果が起こりうる。

衝突前後の光子のエネルギーを E_γ, E_γ'，電子の静止質量を m_0，衝突後の電子の運動量を p，速度を v とすると，衝突の前後で運動量とエネルギーの保存則を満たすことから

第10章　光子と物質の相互作用

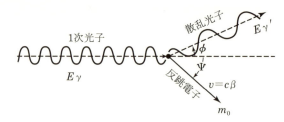

図10.12　コンプトン効果

$$
\left.\begin{array}{ll}
\text{エネルギー保存則} & E_\gamma + m_0 c^2 = E_\gamma' + \sqrt{p^2 c^2 + m_0^2 c^4} \\
\text{運動量保存則} & \dfrac{E_\gamma}{c} = \dfrac{E_\gamma'}{c}\cos\phi + p\cos\Psi \\
& 0 = \dfrac{E_\gamma'}{c}\sin\phi + p\sin\Psi
\end{array}\right\} \tag{10.4.1}
$$

ここで，$p = \dfrac{m_0 v}{\sqrt{1-\beta^2}}$，$\beta = v/c$ である。散乱後の角度 ϕ，Ψ は図10.12 に示した。散乱された γ 線のエネルギー E_γ' は

$$E_\gamma' = \frac{E_\gamma}{1 + E_\gamma(1-\cos\phi)/m_0 c^2} \tag{10.4.2}$$

で与えられる。また，散乱されたコンプトン電子のエネルギー E_e は

$$E_e = E_\gamma - E_\gamma' = \frac{E_\gamma}{1 + m_0 c^2/E_\gamma(1-\cos\phi)} \tag{10.4.3}$$

で与えられる。これよりコンプトン電子のエネルギーは光子が $180°$ 後方へ散乱されたときに最大となる。また，このとき光子のエネルギーが十分大きい場合，散乱光子のエネルギー E_γ' は，ほぼ $250\,\text{keV}$ となる。

入射光子の波長を $\lambda = \dfrac{c}{\nu}$，散乱光子の波長を $\lambda' = \dfrac{c}{\nu'}$ とすると $E = h\nu$ の関係を用いて (10.4.3) 式より

$$\Delta\lambda = \lambda' - \lambda = \frac{h}{m_0 c}(1-\cos\phi) = \lambda_C (1-\cos\phi) \tag{10.4.4}$$

を得る。入射光に対して $90°$ の方向に出る散乱線の波長の増加を**コンプトン波長** λ_C といい，$\lambda_C = \dfrac{h}{m_0 c} = 2.426\,\text{pm}$ である。

コンプトン散乱は光子と電子の散乱なので電子数に比例する。このため，コンプトン散乱の原子断面積 σ は原子番号 Z に比例し，$\sigma \propto Z$ である。

コンプトン効果による電子断面積 σ_e は，コンプトン反跳電子とコンプトン散乱光子とがそれぞれもつ平均エネルギーで按分された σ_e^a と σ_e^s の和で表される。σ_e^a と σ_e^s および σ_e に対して次に示すクライン-仁科（Klein-Nishina）の式がある。

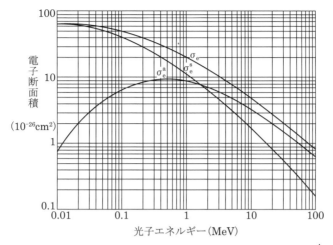

図 10.13　鉛に対するコンプトン効果による電子断面積 $\mu = \dfrac{\mu A}{ZN_A}$

$$\sigma_e^s = \frac{2\pi e^4}{m_0^2 c^4}\left[\frac{4\alpha^2}{3(1+2\alpha)^3} - \frac{1+\alpha}{\alpha^2(1+2\alpha)^2}(1+2\alpha-2\alpha^2) + \frac{1}{2\alpha^3}\ln(1+2\alpha)\right] \quad (10.4.5)$$

$$\sigma_e^a = \frac{2\pi e^4}{m_0^2 c^4}\left[\frac{2(1+\alpha)^2}{\alpha^2(1+2\alpha)} - \frac{1+3\alpha}{(1+2\alpha)^2} + \frac{(1+\alpha)(1+2\alpha-2\alpha^2)}{\alpha^2(1+2\alpha)^2}\right.$$
$$\left. - \frac{4\alpha^2}{3(1+2\alpha)^3} - \left(\frac{1+\alpha}{\alpha^3} - \frac{1}{2\alpha} + \frac{1}{2\alpha^3}\right)\ln(1+2\alpha)\right] \quad (10.4.6)$$

$$\sigma_e = \sigma_e^s + \sigma_e^a = \frac{2\pi e^4}{m_0^2 c^4}\left[\frac{1+\alpha}{\alpha^2}\left\{\frac{2(1+\alpha)}{1+2\alpha} - \frac{\ln(1+2\alpha)}{\alpha}\right\} + \frac{\ln(1+2\alpha)}{2\alpha} - \frac{1+3\alpha}{(1+2\alpha)^2}\right] \quad (10.4.7)$$

ここで，m_0 は電子の静止質量，α は入射光子のエネルギー E_γ と m_0c^2 の比 $\left(\alpha = \dfrac{E_\gamma}{m_0c^2}\right)$ である。鉛に対する σ_e^s，σ_e^a および σ_e を図 10.13 に示す。図 10.13 に示した傾向はすべての物質に共通である。

散乱光子の電子微分断面積（角度分布）$\dfrac{d\sigma_e}{d\Omega}$ は散乱角 ϕ に依存し，次式で与えられる。

$$\frac{d\sigma_e}{d\Omega} = \frac{e^4}{m_0^2 c^4}\frac{1+\cos^2\phi}{2}\left\{\frac{1}{1+\alpha(1-\cos\phi)}\right\}^2\left[1 + \frac{\alpha^2(1-\cos\phi)^2}{(1+\cos^2\phi)\{1+\alpha(1-\cos\phi)\}}\right] \quad (10.4.8)$$

この結果を図 10.14 に示す。

　入射光子のエネルギーが大きくなるほどコンプトン散乱光子は前方への散乱が多くなり，入射光子のエネルギーが低いときには各方向へ均等化していく。これに対して電子は決して後方へ散乱されない。

　入射光子のエネルギーが低くなると散乱光子の波長と入射光子の波長の比は 1 に近づく。ト

第10章 光子と物質の相互作用

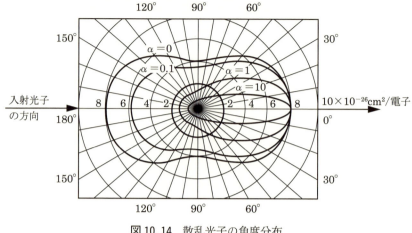

図10.14 散乱光子の角度分布

ムソン散乱（Thomson scattering）はこの極限の現象で，散乱線の波長と入射線の波長は等しく自由電子に運動エネルギーを与えることはない。一方，光子による軌道電子の反跳を原子全体として受け取る程度に電子と原子核が結合しているときには，光子は原子核と強く結合している電子を振動させ，その振動が同じ振動数の光子を作り出すので，原子に移行するエネルギーは無視でき，光子はエネルギーを損失せずに散乱される。これを**レーリー散乱**（Raileigh scattering）という。入射線と散乱線の波長が等しいときに**可干渉散乱**（coherent scattering）という。

10.5　電子対生成

光子が原子核の強い電場に吸収され，電子と陽電子を生み出す反応を**電子対生成**（pair electron production, pair electron creation）という。電子と陽電子の質量を生成するために，光子のエネルギーは電子質量の2倍の1.022 MeV以上でないと起こらない。この値を電子対生成に対する**しきい値**（threshold value）という。入射光子のエネルギーのうち $2m_0c^2$ を超える分は電子の運動エネルギー E_- と陽電子の運動エネルギー E_+ になる。入射光子のエネルギーを E_γ とすると電子の静止質量を m_0 として

$$E_- + E_+ = E_\gamma - 2m_0c^2 \tag{10.5.1}$$

このエネルギーは必ずしも電子と陽電子に均等に分配されるのではなく，図10.15に示すようになる。電子対生成におけるエネルギーと運動量の保存則から核は反跳を受ける。

生成された陽電子は，電子の反粒子で，電子と結合して2本の0.511 MeVの γ 線（消滅放射線）を反対方向に出して消滅する。電子対生成の原子断面積は，エネルギーが高くなると増加し，ほぼ Z^2 に比例する。

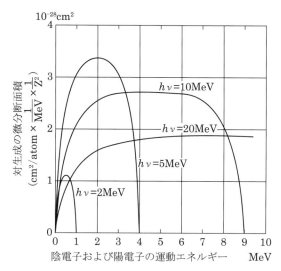

図 10.15　入射光子に対する電子と陽電子のエネルギー和の分布

10.6　物質へのエネルギー伝達

　光子が光電効果，コンプトン散乱，電子対生成などにより電子にエネルギーを与えると，電子は物質中で電離や励起を通して物質にエネルギーを与える。この電子が物質中を進むときに原子核の電場などで制動を受けると制動放射を発生する。制動放射は物質外へ放射されるので，物質に伝達されるエネルギーは，電子に与えられたエネルギーの総和から制動放射で逃げる部分を引いたエネルギーとなる。

　光電効果で電子に与えられるエネルギーは，電子の束縛エネルギーを差し引いた量であるので光子のエネルギーを E_γ として，電子の束縛エネルギーを δ とすると，光電子のエネルギー E_e は

$$E_e = E_\gamma \left(1 - \frac{\delta}{E_\gamma}\right)$$

である。コンプトン効果により反跳される電子のエネルギーは散乱角度により異なる。反跳電子のエネルギーは平均エネルギー $\bar{E}$ を用いて

$$E_e = E_\gamma \frac{\bar{E}}{E_\gamma}$$

となる。電子対生成では電子と陽電子のエネルギーの和が光子エネルギーから電子の静止エネルギーの2倍を引いたものであるから，電子の静止質量を m_0 として

第10章 光子と物質の相互作用

$$E_{e^-} + E_{e^+} = E_\gamma \left(1 - \frac{2m_0 c^2}{E_\gamma}\right)$$

で与えられる。光子束はエネルギー E_γ の光子がフルエンス ϕ で流れるエネルギーフルエンス φ と考えることができる。つまり，

$$\varphi = E_\gamma \phi$$

であり単位は $\mathrm{J\,m^{-2}}$ が用いられる。光子は，物質との相互作用でエネルギーを電子に転移するので，エネルギーフルエンス φ の減衰は

$$-\frac{d\varphi}{dx} = \mu_{\mathrm{TR}} \varphi \tag{10.6.1}$$

ここで μ_{TR} は**線エネルギー転移係数**（linear energy transfer coefficient）で

$$\mu_{\mathrm{TR}} = \left[\left(1 - \frac{\delta}{E_\gamma}\right)\tau + \frac{\bar{E}}{E_\gamma}\sigma + \left(1 - \frac{2m_0 c^2}{E_\gamma}\right)\kappa\right] N \tag{10.6.2}$$

である。ここで，N は単位体積中の原子数である。エネルギー転移係数を密度で割った値を**質量転移係数**という。

光子や中性子などの非荷電粒子が物質との相互作用で，単位質量（dm）当たり荷電粒子に与えたエネルギーの総和 E_{TR} を**カーマ**（kerma）K という。

$$K = \frac{dE_{\mathrm{TR}}}{dm} \tag{10.6.3}$$

光子の場合は光子束を ϕ，エネルギーフルエンスを φ とすると

$$K = \frac{\mu_{\mathrm{TR}}}{\rho} E_\gamma \phi = \frac{\mu_{\mathrm{TR}}}{\rho} \varphi \tag{10.6.4}$$

で与えられる。

物質中の電子が光子との相互作用でエネルギーを得て物質中を走るとき，物質中で制動放射を発生する。制動放射は物質から外部へ放射されるので，物質のエネルギー吸収から差し引く必要がある。つまり，エネルギー吸収係数 μ_{en} は制動放射で逃げる割合を G とすると

$$\mu_{\mathrm{en}} = \mu_{\mathrm{TR}}(1 - G) \tag{10.6.5}$$

と表すことができる。エネルギー吸収係数を密度で割った値を質量エネルギー吸収係数という。光子のエネルギーが低い場合は制動放射で逃げるエネルギーは小さいのでエネルギー転移係数とエネルギー吸収係数はほぼ等しい。空気に対して 1 MeV までの光子では両者は等しいと考えてよい。

演 習 問 題

問1　光子と物質の相互作用に関する係数を大きいものから順に並べたとき，正しいものは次のうちどれか。
1　質量エネルギー吸収係数＞質量減弱係数＞質量エネルギー転位係数
2　線エネルギー転位係数＞線減弱係数＞線エネルギー吸収係数
3　質量エネルギー転位係数＞質量エネルギー吸収係数＞質量減弱係数
4　線減弱係数＞線エネルギー吸収係数＞線エネルギー転位係数
5　線減弱係数＞線エネルギー転位係数＞線エネルギー吸収係数

問2　^{60}Co γ 線に対する減弱が最も大きいものは，次のうちどれか。ただし，ビルドアップ効果は無いものとし，鉛，鉄及びコンクリートの密度（g cm^{-3}）は，それぞれ11.4，7.86，2.35とする。
1　6 cm 厚さの鉛
2　10 cm 厚さの鉄
3　30 cm 厚さのコンクリート
4　2 cm 厚さの鉛と 15 cm 厚さのコンクリートを合わせたもの
5　5 cm 厚さの鉄と 20 cm 厚さのコンクリートを合わせたもの

問3　次の記述のうち，正しいものの組み合わせはどれか。
A　光子エネルギーが最内殻軌道電子をはじき出すのに十分なエネルギーがあればL軌道電子，K軌道電子の順に飛び出しやすい。
B　鉛のK吸収端は，約 80 keV である。
C　鉛に対して電子対生成が他の相互作用より大きいのは，光子エネルギーが 500 keV から 2 MeV の広範囲にわたっている。
D　1.2 MeV の γ 線の鉛に対する半価層は，ほぼ 10 mm である。
1　AとB　　2　AとC　　3　BとC　　4　BとD　　5　CとD

問4　電子対生成に関する次の記述のうち，正しいものの組み合わせはどれか。
A　生成された陰電子と陽電子の運動エネルギーの和は，1.022 MeV である。
B　断面積は原子番号と無関係である。
C　電子対生成の起きた位置で消滅放射線が発生する。
D　線減弱係数は光子エネルギーの増加とともに増大する。
1　ACDのみ　　2　ABのみ　　3　BCのみ　　4　Dのみ
5　ABCDのすべて

第10章 光子と物質の相互作用

問5　コンプトン効果が主としておこるエネルギー範囲の X，γ 線に対して，ほとんどすべての物質の質量減弱係数がおよそ等しい理由を述べよ。

問6　^{60}Co 用の遮へい容器を設計するため，その γ 線の鉛中における半価層を本で調べたところ，1.0 cm とあった。そこで γ 線実効線量率を約 1/32 に減衰させることを期待し，厚さ 5 cm の鉛遮へい容器を作り，線源を入れたところ，容器は完全であったにもかかわらず，予期に反して実効線量率は 1/10 にしかならなかった，この理由を説明せよ。

問7　エネルギー E の γ 線によるコンプトン効果で生じる反跳電子のエネルギーの最大値 E_m は次の式で与えられることを証明せよ。

$$E_m = \frac{E}{1+\dfrac{m_0 c^2}{2E}}$$

問8　光子が自由電子に衝突し，非干渉性散乱が起きたとする。散乱光子の散乱角が 60° のとき，波長の伸び [pm] はどれか。
1　1.0　　2　1.1　　3　1.2　　4　1.3　　5　1.4

問9　3 MeV の γ 線の 1/10 価層をアルミニウムと鉄について求めよ。ただし，$\mu_{Al}=0.033$ cm^2 g^{-1}，$\mu_{Fe}=0.038$ cm^2 g^{-1}，$\rho_{Al}=2.70$ g cm^{-3}，$\rho_{Fe}=7.86$ g cm^{-3} する。

問10　10 MeV 光子の鉛に対する電子対生成による原子断面積は 12.7×10^{-24} cm^2 である。この場合の線減弱係数及び質量減弱係数を求めよ。

問11　次の文章の（　）の部分に適当な語句，式，値を入れよ。

　プランク定数を h，真空中の光速度を c とすると，光子の波長 λ_0 は，振動数 ν_0 と（a式）の関係があり，エネルギー E_0 とは（b式）の関係がある。例えば，波長 1 pm の光子のエネルギーは（c値）MeV である。光電効果においては，入射光子の（d語句）エネルギーが原子に吸収され，（e語句）電子を放出する。放出電子の運動エネルギー T と入射光子のエネルギー E_0 を比べると，（f式）である。

　最内核の（g語句）電子を放出する光電効果の断面積は，ほぼ物質の原子番号の（h値）乗に比例し，光子エネルギーの（i値）乗に比例する。このとき（j語句）を同時に放出するが，その競合過程で電子が放出される現象を（k語句）という。

　電子の静止質量を m_0 とすると，電子のコンプトン波長 λ_c は（l式）であり，その値は 2.4 pm である。また，波長が λ_c の光子のエネルギーは（m式）となる。コンプトン散乱においては，入射光子が電子との衝突において（n語句）として振る舞う。入射光子の波長 λ_0 と散乱角 θ の散乱光子の波長 λ_s との差 $\Delta\lambda=(\lambda_s-\lambda_0)$ は，（o式）である。たとえば，入射光子のエネルギー E_0 が 1 MeV の場合，散乱角 60 度のコンプトン電子のエネルギーは（p値）MeV である。また，散乱光子は連続スペクトルを示し，その最小エネルギーは（q式），最大

エネルギーは（r式）である。
　コンプトン散乱の原子あたりの断面積は，物質の原子番号の（s値）乗に比例し，光子エネルギー E が（t式）を超えると電子対生成も起こすようになる。

問12　光電効果においては，光子と生成された電子の間のみでは，運動量とエネルギーの保存則が成立しないことを証明せよ。

問13　光子と物質との相互作用について正しいのはどれか。
1　レーリー散乱は干渉性散乱ではない。
2　トムソン散乱ではエネルギーをすべて失う。
3　光核反応にはしきいエネルギーは存在しない。
4　電子対生成は光子のエネルギーが 1.02 MeV 以上で起こる。
5　光電効果によって放出される電子の運動エネルギーは光子のエネルギーに等しい。

問14　コンプトン散乱で誤っているのはどれか。2つ選べ。
1　前方に散乱される光子ほどエネルギーが小さい。
2　エネルギー保存則と運動量保存則とによって説明できる。
3　散乱光子の中には入射光子の振動数より大きいものが含まれる。
4　入射光子と散乱光子とのエネルギー差は入射光子のエネルギーに依存する。
5　入射光子のエネルギーが大きいほど反跳電子のエネルギーも相対的に大きい。

問15　図は光子エネルギーに対する骨の質量減弱係数の変化である。コンプトン散乱の断面積を示す曲線はどれか。
1　①　　2　②　　3　③　　4　④　　5　⑤

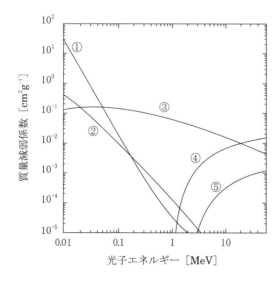

第10章　光子と物質の相互作用

問16　光子と水の相互作用で光電吸収とコンプトン散乱との断面積が等しいエネルギー〔MeV〕はどれか。
1　0.01　　2　0.04　　3　0.1　　4　0.4　　5　1.0

問17　10^5 個の光子が自由空間中に置かれた厚さ 1 mm のグラファイト板に垂直に入射した。このグラファイト板中で相互作用する光子数はどれか。ただし，グラファイトの質量減弱係数は 6.7×10^{-2} cm² g^{-1}，密度は 2.3 g cm^{-3} である。
1　6.7×10^2　　2　1.5×10^3　　3　3.0×10^3　　4　6.7×10^3　　5　7.0×10^4

問18　アルミニウムの厚さに対する 1 MeV 光子の透過率の変化を図に示す。
　線減弱係数〔cm^{-1}〕はどれか。ただし，ln2＝0.693 とする。
1　0.06　　2　0.17　　3　0.45　　4　4.1　　5　5.9

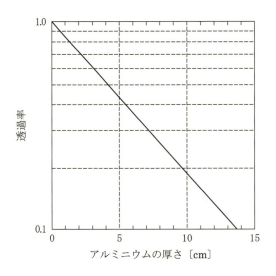

問19　モリブデンの 30〔keV〕の光子に対する質量減弱係数は 28.1〔cm²/g〕である。30〔keV〕の光子線束がモリブデン板を通過した際，透過率が 10% であるとき，モリブデン板の厚さ〔μm〕はどれか。ただし，モリブデンの密度を 10.3〔g/cm³〕，ln10＝2.30 とせよ。
1　67　　2　79　　3　83　　4　89　　5　97

第11章　中性子と物質の相互作用

11.1　中性子の種類

中性子は単独では不安定で，半減期は615秒で壊変する。壊変は
$$n \rightarrow p + e^- + \bar{\nu} \tag{11.1.1}$$
で表される。中性子はエネルギーにより熱中性子，熱外中性子，速中性子などに分類される。熱中性子は，周囲の媒質の温度が室温のとき熱平衡にある中性子で，エネルギー分布はマクスウェル・ボルツマン分布をし，運動エネルギーの分布の最大値に対応するエネルギーは 0.025 eV である。媒質の温度が室温より低いときには冷中性子，極冷中性子などという。熱外中性子は，熱中性子よりもややエネルギーの高い中性子で，およそ 0.5 eV～100 eV のエネルギーを持つ中性子である。0.5 eV～10 keV のエネルギーを持つ中性子は中速中性子といい，10 keV 以上のエネルギーを持つ中性子を高速中性子という。

11.2　熱中性子

熱中性子（thermal neutron）は核に捕獲される例が多い。原子核に中性子が捕獲されると質量数が1だけ増加した原子核が生成される。中性子の結合エネルギーはおよそ 8 MeV であるので，中性子捕獲反応は発熱反応であり，エネルギーの低い中性子の捕獲反応によりエネルギーの高い励起状態が形成される。多くの原子核では，この励起状態から γ 線が放出される捕獲反応 $^{A}X(n, \gamma)^{A+1}X$ が起こる。この高い励起状態から陽子が放出される原子核もある。

次に示す (11.2.1) 式は熱中性子と人体との相互作用の主なものを，式 (11.2.2) は大気中で ^{14}C の生成を示すものである。

$$^{1}H + n = {}^{2}H + \gamma (2.2 \text{ MeV}) \tag{11.2.1}$$
$$^{14}N + n = {}^{14}C + p (0.6 \text{ MeV}) \tag{11.2.2}$$

熱中性子の捕獲断面積が特に大きな核反応がある。カドミウムの熱中性子捕獲反応 Cd(n, γ) は 2450b と大きな断面積を持つが，そのほとんどは存在度 12.2 ％の ^{113}Cd の熱中性子捕獲反応（20000b）によるものである。Cd(n, γ) 反応の全断面積の励起関数を図 11.1 に示した。

このように，中性子のあるエネルギーで捕獲反応が特に強く起こるとき，これを共鳴吸収という。0.5eV 以下の中性子はカドミウム 1 mm 程度で大半が吸収されるが，遮へいする場合には捕獲 γ 線遮へいが必要となる。また，カドミウムフィルタを用いて捕獲 γ 線による作用を利用

第11章 中性子と物質の相互作用

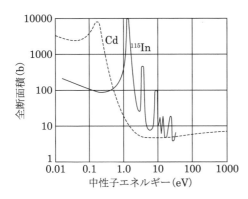

図11.1 中性子に対する全断面積の励起関数
^{115}In は存在度 95.7% で熱中性子捕獲断面積が大きく、短半減期の ^{116}In が生成され γ 線を放出するので、γ 線を測定し熱中性子の検出に用いる。

して熱中性子を検出することができる。^{235}U や ^{239}Pu では熱中性子を捕獲して核分裂反応が起こる。これが原子力発電に利用されている。

熱中性子の検出に利用される核反応には次に示すものがある。

$$^{3}\text{He}+\text{n}=^{3}\text{H}+\text{p}+0.77\text{MeV} \quad (11.2.3)$$
$$^{6}\text{Li}+\text{n}=^{3}\text{H}+^{4}\text{He}+4.80\text{MeV} \quad (11.2.4)$$
$$^{10}\text{B}+\text{n}=^{7}\text{Li}+^{4}\text{He}+2.78\text{MeV} \quad (11.2.5)$$
$$^{10}\text{B}+\text{n}=^{7}\text{Li}^{*}+^{4}\text{He}+2.30\text{MeV}, \quad ^{7}\text{Li}^{*}=^{7}\text{Li}+\gamma$$
$$(0.48\text{ MeV}) \quad (11.2.6)$$

これらの反応を利用して、^{3}He ガスを用いる比例計数管では ^{3}He(n, p)^{3}H 反応により、BF$_{3}$ ガスを用いる比例計数管では ^{10}B(n, α)^{7}Li 反応により、放出される荷電粒子を比例計数管で測定している。

11.3 中速中性子

0.5eV から 10keV くらいまでの中性子を中速中性子という。0.5eV から 100eV 程度までの中性子は**熱外中性子**(epithermal neutron)という。図11.1の ^{115}In の全断面積の励起関数の大部分は中性子捕獲反応の励起関数によるものである。この図から分かるように中速中性子のエネルギー領域では 1.46eV の他に多くの共鳴吸収が見られる。このような (n, γ) 反応の共鳴吸収は多くの核種に見いだされており、その若干例を表11.1に示す。

図11.1から分かるように、断面積は共鳴吸収よりエネルギーの低い領域ではエネルギーとと

表11.1 共鳴吸収の例

ターゲット	生成核	半減期	共鳴エネルギー (eV)
^{115}In	^{116m}In	54.1 min	1.46
^{197}Au	^{198}An	2.70 d	4.9
^{186}W	^{187}W	24.0 h	18.8
^{139}La	^{140}La	40.2 h	73.5
^{198}Pt	^{199}Pt	30 min	95
^{55}Mn	^{56}Mn	2.58 h	337
^{100}Mo	^{101}Mo	15 min	367
	^{101}Tc		
^{23}Na	^{24}Na	15.0 h	2850

もになだらかに減少する振る舞いを示す。これはエネルギーの低い領域では，核反応が標的核へ入射する中性子の流量だけで決まるためである。流量が入射粒子の速度の逆数で与えられるために

$$\sigma(n, \gamma) \propto \frac{1}{v} \tag{11.3.1}$$

で与えられる。これを $\frac{1}{v}$ **法則**という（付録第 11 章参照）。

11.4 高速中性子

10keV 以上のエネルギーを持つ中性子を**高速中性子**（または**速中性子**）という。このエネルギー領域の低い側では弾性散乱によるエネルギー損失が主である。

中性子が原子核と弾性散乱をする様子を図 11.2 に示す。中性子のエネルギーを E_n，静止質量を m_N，重心系での中性子の錯乱角を ϕ，原子核の静止質量を M_0 とすると原子核の受ける反跳エネルギー E は次式で与えられる（付録第 11 章参照）。

$$E = \frac{2m_N M_0}{(m_N + M_0)^2}(1 - \cos\phi) E_n \tag{11.4.1}$$

陽子による散乱を考えると，反跳エネルギーは 0 から中性子のエネルギー E まで一様に分布する（付録第 11 章参照）。このため 1 回の衝突で中性子が失う平均のエネルギーは $E/2$ となる。また，質量数 A の原子核に対しては平均して中性子のエネルギーのうち $2A/(A+1)^2$ の割合で核に反跳エネルギーが与えられる。

アルミニウム（^{27}Al）に対する全断面積の励起関数と吸収断面積の励起関数を図 11.3 に示す。この励起関数の差が弾性散乱の励起関数となるので，弾性散乱の断面積が全断面積のほとんどを

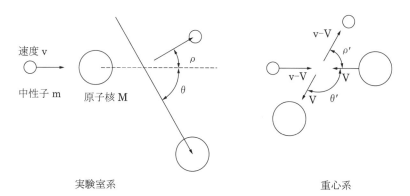

実験室系　　　　　　　　　重心系

図 11.2　中性子の弾性散乱
V は重心の速度

第 11 章　中性子と物質の相互作用

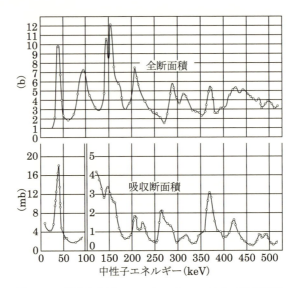

図 11.3　高速中性子のアルミニウムに対する励起関数

占めていることが分かる．多くの特定のエネルギーにおいて，際立って強く弾性散乱が起こっており，これを共鳴散乱（resonance scattering）とよぶ．

500 keV〜10 MeV では弾性散乱の他に非弾性散乱が可能となり，軽い質量の核に対しては (n, p)，(n, α) 等，重い核に対しては (n, p)，(n, γ) 等の反応が起こる．

10 MeV 以上の中性子では，6.5.1 節で述べた陽子入射反応のように，エネルギーが高くなるにつれて，複合核反応，前平衡核反応，カスケード核反応が起こる．

演 習 問 題

問1 10 MeV の中性子が ^{2}H に弾性衝突する場合，中性子のエネルギーが 0.1 MeV 以下となるための最小の衝突回数として正しいものは，次のうちどれか。
1　2回　　2　3回　　3　4回　　4　5回　　5　6回

問2 次の記述のうち，正しいものの組み合わせはどれか。
A　中性子捕獲反応の断面積は，低エネルギー領域では中性子エネルギーの 0.5 乗に逆比例する場合が多い。
B　^{1}H(n, γ)^{2}H 反応の際，結合エネルギーに相当する 2.2 MeV の γ 線が放出される。
C　20℃における熱中性子のエネルギーは，平均値が 0.025 eV のガウス分布をしている。
D　熱中性子による ^{235}U の核分裂において，核分裂片は質量数が 117 及び 118 のものが最も多い。
1　AとB　　2　AとC　　3　AとD　　4　BとC　　5　BとD

問3 エネルギー E_0 の中性子が質量数 A の原子核と空間的に種々の方向で衝突する場合，1回衝突後の中性子の持つ平均エネルギーは

$$\bar{E} = \frac{E_0(1+r)}{2}$$

ただし，

$$r = \left(\frac{A-1}{A+1}\right)^2$$

で与えられる。
中性子が $^1_1$H，$^2_1$H，$^{12}_6$C，$^{208}_{82}$Pb 核と1回衝突後の平均エネルギーを計算せよ。

問4 エネルギー E_0 の中性子をエネルギー E まで減速するために必要な平均衝突回数 n は

$$n = \frac{\ln \frac{E_0}{E}}{\xi}$$

ただし，

$$\xi = 1 - \frac{(A-1)^2}{2A} \ln \frac{A+1}{A-1}$$

で与えられる。
2 MeV の中性子が $^1_1$H，$^2_1$H，$^{12}_6$C，$^{208}_{82}$Pb 核との衝突によって 0.025 eV まで減速するのに必要な平均衝突回数を求めよ。

問5 運動エネルギー E_0 の中性子が静止している質量数 A の原子核と弾性散乱した。中性子の進行方向から角度 θ で散乱された原子核の反跳エネルギーはどれか。

第 11 章　中性子と物質の相互作用

1　$E_0\dfrac{4A}{(A+1)^2}\cos^2\theta$　　2　$E_0\dfrac{4A}{(A+1)}\sin\theta$　　3　$E_0\dfrac{4A}{(A-1)^2}\cos^2\theta$　　4　$E_0\dfrac{4A}{(A-1)}\cos\theta$

5　$E_0\dfrac{2A}{(A+1)^2}\sin\theta$

問 6　中性子で誤っているのはどれか。2 つ選べ。
1　直接電離放射線である。
2　スピン量子数は $\dfrac{1}{2}$ である。
3　熱中性子の速度分布は二項分布で表される。
4　0.1 keV 以下のエネルギーで共鳴吸収が起こる。
5　熱中性子のエネルギーの最確値は常温で約 0.025 eV である。

問 7　中性子で正しいのはどれか。2 つ選べ。
1　β^- 壊変する。
2　直接電離放射線である。
3　原子核のクーロン場で散乱する。
4　^{252}Cf の自発核分裂で放出される。
5　熱中性子のエネルギーは約 2.5 eV である。

問 8　1 [keV] の中性子に対する Li の捕獲反応断面積は 4.73 [b] である。このとき，2200 [m/s] の中性子に対する Li の捕獲反応断面積はどれか。
1　6.3×10^2　　2　7.2×10^2　　3　8.8×10^2　　4　9.4×10^2　　5　9.9×10^2

第 12 章　放射線診断物理学入門

12.1　コンピュータ断層撮影の概要と原理

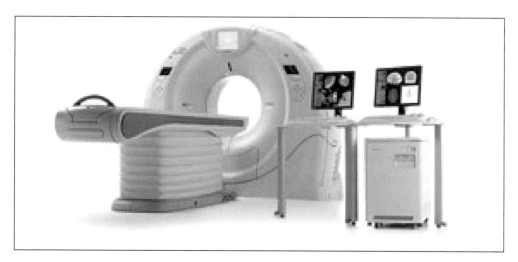

図 12.1　コンピュータ断層撮影装置の概観

12.1.1　概要

X線 CT（CT：Computed Tomography：コンピュータ断層撮影）装置（図 12.1）は，通常のX線写真が被写体（人体）に一方向からX線を照射して，透過してきたX線の強度分布を直接画像化しているのと異なり，被写体を輪切り状に 360 度方向からX線を照射し，透過してきたX線強度分布を検出器で測定し，得られたデータから計算によって被写体内部のX線の透しやすさの分布を 2 次元的に再構成する技術を用いた装置である。1972 年に開発された当時は，X線を細いビームにして機械的に走査しながら照射し，計算も**逐次近似法**という方法が用いられていた。しかし，現在は撮影時間を短くするため，扇状のビーム（ファンビーム）を用いている。計算法も膨大な計算を短時間に行うため，逐次近似法ではなく，**フィルタ補正逆投影法（FBP：filtered back projection）** を用いるのが一般的である。さらに，多数の断面を短時間に撮影するために，X線管を連続回転させて，寝台を連続的に移動させることにより，らせん状の検査を行う**ヘリカル CT**（スパイラル CT），X線束の幅の広い円錐状のビーム（コーンビーム）を用いる方法が行われている。「断層撮影」の名前のとおり，本来は物体の輪切りの断面画像を得る技術であるが，これらの検査技術は単に断面画像として用いられるだけでなく，画像処理技術向上によっ

第 12 章　放射線診断物理学入門

表 12.1　人体各組織の CT 値

組織	CT 値	組織	CT 値
空気	-1000	腎	30
脂肪	$-90\sim-100$	膵	40
水	0	筋肉	50
血液	$10\sim20$	肝	60
白質	25	甲状腺	70
灰白質	35	骨	$250\sim1000$

て 3 次元グラフィックスとして表示されることも多くなってきている。

12.1.2　原理

検査対象（人体）の周囲を X 線管と検出器が対向して同時に回転し，人体は X 線を全方位から受け，照射された X 線は人体を透過し，人体に一部吸収されて減衰した後，X 線管の反対側に位置する X 線検出器に到達し記録される。それぞれの方向で，どの程度吸収されたかを記録したのち，コンピュータを使って，画像をフィルタ補正逆投影法で再構成する。

1 断面を格子状に分割し，各部位の吸収率を未知数とし，その合計が実際の吸収量と等しくなるように連立方程式を立て，巨大な行列演算を解いて画像を構成している。一般に 1 断面を 512×512 マトリックスに分割する CT が多く，1024×1024 マトリックスに分割して処理できる分解能の高い CT も存在する。

生体組織の減弱係数の値として，「水」を 0，「空気」を -1000 と定義して，特に **CT 値（CT number）** と呼ぶ。CT 値は組織の線減弱係数 μ_t，水の線減弱係数 μ_w，定数 K とすると

$$\text{CT 値} = K \cdot \frac{\mu_t - \mu_w}{\mu_w} \tag{12.1.1}$$

で表される。代表的な人体各組織の CT 値を表 12.1 に示す。

12.1.3　撮影構造の分類

(1) ノンヘリカルスキャン

1 スライス毎に寝台の移動と停止を逐次繰り返し撮影を行う X 線 CT 装置を旧来よりの方法という意味でコンベンショナルスキャン（conventional scan）と呼ぶこともあるが，最近ではヘリカル CT に対する言葉として，ノンヘリカル CT と言うことが多い（図 12.2 参照）。撮影時間が長くなるが，アーチファクトが少なくなる利点を活かし，微妙な濃度差を検出する必要のある脳のルーチン撮影では，引き続き厚いスライスでの**ノンヘリカルスキャン**が一般的に行われている。

(2) ヘリカルスキャン

連続回転する X 線管の中を，寝台が一定速度で移動して撮影を行う X 線 CT 装置。患者から見

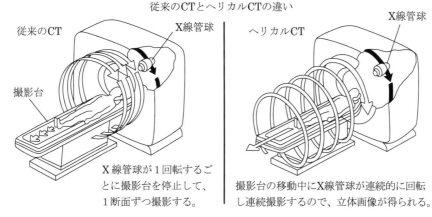

図12.2 ノンヘリカル CT（conventionalscan）とヘリカル CT（spiralscan）の違い

るとX線管がらせん状に動くことになる。「スパイラル（螺旋）スキャン（spiral scan）」とも言われる。ノンヘリカルスキャン（コンベンショナルスキャン）に比べて検査時間を短縮でき，一度の息止めで体幹部全体を撮影することも可能である。現在市販されているCTスキャンはすべてこの撮影方法に対応している。ただし骨周囲などX線の散乱が多い状況では画質的に不利になることがある。頚部から下の撮影では，特殊な検査以外ではほとんどこの**ヘリカルスキャン**が用いられている。

12.1.4 検出器の分類

(1) 単列検出器 CT（旧来の CT）

初期の頃のCTは検出器が1列しかなく，1回の回転で1枚の画像しか得られず，撮影時間が長いことが難点であった。

(2) 多列検出器 CT（MDCT：multi detector-row CT）

X線を円錐状ビーム（コーンビーム）に照射し，対向している検出器自体を細分割して多列化したCTであり，1回のX線管の回転でより多くの範囲の撮影が行える。1998年に4列以上の検出器を備えたCTが開発され，2002年には16列以上の検出器を備えたCTが開発され，広く普及していった。現在では最大320列の検出器を備えたMDCTがあり，1回転で心臓や脳のほぼ全体を撮影することが可能となっている。

12.1.5 CT画像の特徴

CTで得られる基本的な画像は，体の断面を表す白黒画像である。画像上の白い部分（CT値が高い部分）がX線吸収の多い部分であり，黒い部分（CT値が低い部分）がX線吸収の少ない部分に対応する。前者は「高吸収域」「高濃度域」，後者は「低吸収域」「低濃度」とも表現する。

第 12 章　放射線診断物理学入門

CT 画像上で最も CT 値が低いのは空気であり，CT 値 -1000 と定義されている。水も同様に CT 値 0 と定義されている。他の物質はこれらとの X 線吸収差を相対的に表している。体内や体外の金属（義歯など）は非常に高い CT 値を示す。骨はカルシウムを多く含んでいることから，CT 値は高い値を示す。それ以外の筋肉，脳，肝臓など体内のほとんどの臓器は，造影剤を使用しない場合，CT 値は 0〜100 程度の比較的狭い CT 値領域に密集して分布している。特徴的なのは脂肪であり，体内の主要な構成成分の中で唯一負の CT 値を示すことから，CT で容易に検出可能である。このように，CT の画素値の幅は広いが，同時に臓器の観察ではわずかな CT 値の差も問題となる。人間の目の濃度分解能には限りがあり，仮に -1000 HU から 5000 HU までを均等に白黒画像に割り付けてしまうと，主要な臓器のほとんどはコントラスト不良でほぼ観察できなくなる。そこで，観察したい部分を見やすくするために，画面上で調整を行っている。

ヘリカルスキャンや多列検出器 CT といった撮影技術の発達により，0.5 mm 厚といった非常に薄いスライスでの撮影が，日常的に多くの施設で可能となり，膨大な枚数の断面画像が出力されるようになった。また，スライス厚が充分に薄くなったため，「輪切り」で体内構造を観察しないといけない必然性がなくなり，CT 画像を 3 次元的に捉えることも可能になった。1 度の撮影で得られたすべての画素（ピクセル：pixel）を，CT 値の 3 次元行列として捉えるのである。この 3 次元上のピクセルのことを，特に 3 次元であることを強調して**ボクセル voxel** と呼ぶ（volume pixel に由来する）。

任意の方向に十分な解像度を持った 3 次元のボクセルデータが取得できるようになり，それを記憶・処理できるメモリや処理装置も安価となったため，以下に挙げるような，様々な CT の観察方法が利用されている。

12.1.6　任意断面再構成

対象物の任意の方向の断面を再構成して表示することを任意断面再構成（multiplanar reconstruction：MPR）と呼ぶ。細かい血管の走行や腫瘍の進展などについては 1 断面のみからでは把握しづらいため，MPR は診断に大きく寄与した。変法として曲面上にボクセルデータを投影する方法もあり，変形した脊椎の病変の診断などで応用されている。

12.1.7　3 次元レンダリング

十分に解像度の高いボクセルデータは，コンピュータで適切な陰影付け・遠近感を施すことで，人間が直感的に把握できる 3 次元グラフィックスとして表示できる。ある程度再構成時に人手を介するため，厳密な測定目的には向かないが，断面では認識しづらい複雑な脈管構造や，立体的な構造把握の難しい部位（頭蓋骨など）での全体像の把握には有用である。また術前の計画，患者への説明用にも利用できる。視点を気管内や大腸内に置き，これら臓器の内面を立体的に表示する，バーチャル内視鏡も実用化されている。

12.1.8 心臓 CT・4 次元 CT

常に高速に動き続ける心臓は，CT が最も苦手としてきた臓器の一つであるが，多列検出器 CT を用いて高速に広範囲の撮影が可能となり，心電図同期技術や X 線管の高速回転技術も発達したことで，心臓分野でも CT が威力を発揮するようになった．現在では心臓表面の直径 2mm の血管の狭窄までも描出し，一部の血管カテーテル検査を置き換えられるようになってきている．しかも動き続ける心臓の 3 次元映像をアニメーションで表示することすら作成可能になってきている．

12.1.9 X 線 CT の応用

人体の X 線透過性に関する分布が，デジタルデータとして 3 次元的に得られるところから，放射線治療の際の実際の線量分布の計算や，推定のためのデータ源としても利用されている．

12.2　核医学検査の概要と原理

12.2.1 核医学とは

診断，治療及び疾病研究のために非密封の放射性同位元素（radioisotope：RI）を応用する医学である．臨床的には診断を目的とした検査への応用頻度が高い．また，放射性医薬品，放射線測定機器及び医療従事者などの専門分野の連携が極めて重要な分野である．臨床核医学の分野は表 12.2 のように分類できる．

表 12.2　核医学の分野

目的	検査の領域	検査の分類
診断	in vivo 検査	画像検査
		機能検査
	in vitro 検査	検体検査
治療		RI 内用療法

in vivo（インビボ）検査は，被検者（患者）に放射性医薬品（検査目的のために RI を標識した化合物）を投与して行うことが特徴であり，放射性医薬品はその生理・生化学的機能により臓器・組織に集積する．集積した RI から放出される γ 線や消滅放射線の定量的計測を行い，臓器放射能の分布を表す画像検査や臓器放射能の経時的変化を観察する機能検査により RI 集積の状況が表され診断に用いられる．

in vitro（インビトロ）検査は，主に生体体液（検査試料，検体）中の微量成分（ホルモン，腫瘍マーカーなど）濃度の定量を目的とし，被検者に放射性医薬品を投与せず検体と放射性医薬品を試験管内で反応させることが特徴である．

核医学治療は，目的組織に選択的に摂取される放射性医薬品を投与して，その組織の病変部に多量の線量を与えて治療するものである．治療には β 線放出核種が用いられ，日本では ^{131}I β 線による甲状腺機能亢進症と甲状腺癌の治療が行われている．

ここでは主に in vivo（インビボ）検査を中心に述べる．

第 12 章　放射線診断物理学入門

12.2.2　核医学検査の基礎

核医学検査を理解するためには放射性同位元素（放射性核種）の製造，検査，廃棄に至る一連の流れを理解する必要がある

(1) 核医学検査に用いられる基礎的用語の例

①放射性同位元素

放射線を放出することでエネルギー的に安定化する性質のある核種（陽子・中性子数，エネルギー状態を含めた原子・原子核を分類する名称である）であり，放射性核種と同義語である．

②放射性医薬品

放射性核種を含む化合物であり，薬事法に規定される医薬品である．製造・取扱は複数の法律により規制される．臓器特異性を有し，副作用が極めて少ない．使用される放射性核種は検査感度に支障のない放射能と短い半減期を要し，放射線エネルギーは検出に適するエネルギーであることが望ましい．

③放射性壊変（崩壊）

エネルギー的に不安定な放射性核種が安定化する過程をいう．α 壊変，β 壊変，γ 線放射がある．

④放射能

放射線を放出する性質または単位時間に壊変する原子核数を放射能（1秒間に1個の原子核が壊変するとき 1 Bq（ベクレル）と定義する）という．

⑤半減期

壊変により放射性核種の原子数または放射能が最初の半分になるまでの時間をいう．

(2) 放射性核種の製造

核医学検査で用いられる核種は全て人工的に製造され，原子核反応を利用するために原子炉または加速器（サイクロトロン）を用いる方法と放射平衡を利用してミルキングを行うためにジェネレータを用いる方法がある．

①原子炉を用いる製造法

核分裂反応により高密度の中性子が得られるので，多量の放射性核種の製造に適するが，無担体で得ることが難しい場合がある．β^- 壊変する核種が多い．

②加速器（サイクロトロン）を用いる方法

荷電粒子を高周波にて加速して核反応を起こさせる方法で，γ 線放出核種やポジトロン（β^+，陽電子）放出核種の製造ができ，無担体で比放射能の高いのが特徴である．

③ジェネレータを用いる方法

放射平衡を利用して親核種から検査使用目的となる娘核種を溶出する操作をミルキング，装置

をジェネレータ（図12.3）と呼び核医学検査で汎用されている．検査で汎用される^{99}Mo（親核種）-^{99m}Tc（娘核種）ジェネレータシステムなどが市販されている．

(3) 核医学検査の特徴

in vivo 検査は，臓器の生理・生化学的機能の異常を診断するのに優れており，非侵襲的で副作用もほとんど無く放射線被ばくも僅かで安全な検査である．しかし，放射性医薬品は高価で，放射能が短時間に減衰すること，妊婦や授乳に対する制限などに配慮が必要である．また，放射性医薬品を使用することにより，医療法などの関係法規の規制を受けるため，管理区域を設定し適切な被ばく管理，防護教育訓練などの実施が必要である．

図12.3　ジェネレータ（教育・展示用）

12.2.3　核医学装置と撮像技術

核医学検査では演算・分析回路を備えた特殊な検出機器を必要とする．ここでは，代表的な装置と画像処理の概要を紹介する．

(1) シンチカメラ（ガンマカメラ）とSPECT装置

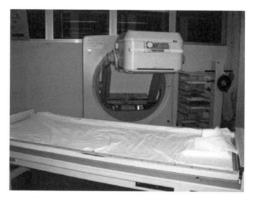

図12.4　シンチカメラ（ガンマカメラ）

シンチカメラは臓器に集積または排泄される放射性医薬品の放射能分布を画像化または定量化する装置である（図12.4）．図12.5のように臓器に集積した放射性核種から放出されるγ線は，NaI(Tl) シンチレータ(放射線を光に変換する結晶)で検出されて臓器の放射能分布として画像化されるが，画像として必要な位置情報を有するのは直接に入射するγ線のみであり散乱線は方向を変えて入射するので放射能分布の情報として不適切である．そこで，散乱線を除去し分解能を向上させるためにコリメータを通過させる．シンチレータ内でγ線の入射点は発光し，上部に設置された数十本の光電子増倍管で光電子に変換されて10^6倍程度に増幅され電気信号に変換される．次に波高分析回路で位置情報を持つ核種固有のエネルギーピークのみを計数して散乱線成分を除去し，複数の光電子増倍管の出力を基に位置演算回路によりシンチレータ内の発光位置の同定が行われ，画像濃度に反映される．

シンチカメラでは，補正としてエネルギー補正（エネルギー信号のばらつきの補正により画像

第12章　放射線診断物理学入門

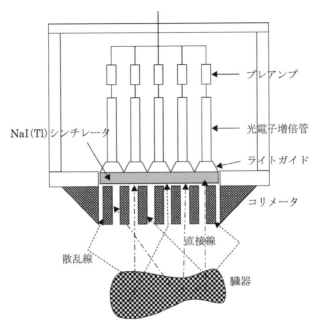

図12.5　シンチカメラ原理図

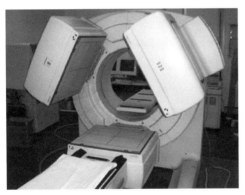

図12.6　3検出器型SPECT装置

コントラストなどが改善される），直線性補正（画像の歪みを補正する），均一性補正（画素ごとに濃度を補正する）などが行われる．

SPECT（single photon emission computed tomography）装置（図12.6）は臓器に集積された放射性医薬品の放射能分布を画像化するために，単光子放出の核種からのγ線を被験者周囲の多方向から検出し，コンピュータを用いて画像再構成を行い，放射性核種の断面画像による分布を求める．SPECT画像は放射性核種分布の3次元情報を有し，コントラストも向上するので体の深部に至る臓器や病変部の幾何学的位置関係や大きさなどが判別可能となる．

(2) PET装置

PET（positron emission tomography）装置は，放射性医薬品に陽電子（ポジトロン，β^+）放出核種を用いて撮像する装置（図12.7）で，臓器内で放出された陽電子はすぐに陰電子と結合して対消滅する．陰電子と陽電子はエネルギー保存と運動量保存の各法則に従って511keV光子（消

滅放射線）として 180°方向に 2 本放出される．これらを対向する検出器で同時計測し，臓器内ポジトロン放出核種の位置を同定する．検出器はリング状に多数配列され，体軸方向に複数の検出器リングを並べ，外側に多数の光電子増倍管を配置する．データ収集には 2D（2 次元）収集と 3D（3 次元）収集があり，2D 収集は収集スライス外からの散乱線低減を目的として鉛やタングステンのスライス隔壁としてセプタ（コリメータ）を設置する．3D 収集ではセプタを用いない．

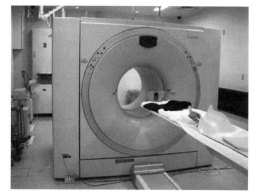

図 12.7　PET/CT 装置

前記のように対向検出器による同時計数では同時に応答した検出器間を結ぶ線（**同時計測線 line of response：LOR**）上に放射性核種が存在する。この原理を利用すると同時計数とならない散乱線の除去が電子的に行え，単一光子を計測するのを目的とする SPECT 装置のような機械的なコリメータを必要としないため，高感度・高分解能のデータ収集が可能となる。一方，偶発同時計数，散乱同時計数なども真の同時計数と共に収集されるが，誤った LOR を作

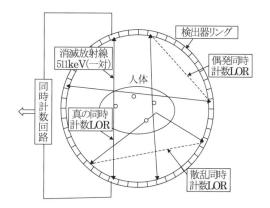

図 12.8　PET 装置検出原理図

成するので，定量性や画質低下の原因となり補正する必要がある（図 12.8）。

(3) 画像処理

　核医学画像は，γ 線計数を多数の画素（ピクセル）単位で濃度として表示し画像を構成している。多数のピクセルの配列をマトリックスと呼ぶ。計数は統計的変動などを伴い画像を劣化させるので，周波数成分などを利用して次のような画像処理が行われる。

・スムージング（平滑化）
・各種フィルタ処理（ノイズ除去，鮮鋭化）
・画像再構成（多方向から収集したデータによる複数の投影像を元に断層画像を構成する）
・散乱線補正（コントラストなどの低下をもたらす散乱線成分を除去する）
・吸収補正・減弱補正（放出される放射線が体内で吸収されることにより体深部ほど低計数となることの補正である）

第12章　放射線診断物理学入門

12.2.4　核医学検査各論

代表的な核医学検査の概要を紹介する。

(1) 脳血流シンチグラフィ

放射性医薬品には ^{123}I-IMP，^{99m}Tc-HMPAO などが用いられ，血液脳関門通過後に拡散などにより脳血流量分布イメージが得られる。適応疾患は脳梗塞，認知症，てんかん，脳炎，脳死などである。

(2) 肺血流シンチグラフィ

放射性医薬品には ^{99m}Tc-MAA が用いられ，肺動脈から肺胞壁毛細血管に達し肺血流量に比例する一過性の塞栓により血流量分布が得られる。適応疾患は急性肺塞栓症，慢性閉塞性肺疾患などである。

(3) 心筋血流シンチグラフィ

放射性医薬品には ^{201}TlCl，^{99m}Tc-MIBI，^{99m}Tc-TF が用いられ，前者は能動輸送（Na$^+$-K$^+$ pump）により，後二者は受動拡散により心筋細胞に集積することで心筋血流画像（SPECT 画像，Bull's eye など）及び洗い出し率，心筋血流増加率などの定量評価が得られる。適応疾患は心筋梗塞，狭心症，心筋症などである。

(4) 肝シンチグラフィ

放射性医薬品には ^{99m}Tc-phytate，^{99m}Tc-Sn（コロイドシンチ），^{99m}Tc-GSA（アシアロシンチ）が用いられ，前二者は肝臓網内系細胞の貪食作用，後者は肝細胞表面のアシアロ糖蛋白受容体の結合により肝機能画像を得る。適応疾患は肝硬変，肝腫瘍，肝炎などである。

(5) 腎シンチグラフィ・レノグラム

放射性医薬品には ^{99m}Tc-MAG 3，^{99m}Tc-DTPA，^{99m}Tc-DMSA が用いられ，尿路系排泄の経過観察のため，静態画像（シンチグラフィ）及び前二者は腎時間放射能曲線（レノグラム）が作成され，画像と定量（糸球体濾過率，有効腎血漿流量）により腎機能評価を行う。適応疾患は腎の形態・機能評価による腎不全，慢性腎炎，腎性高血圧症，腫瘍，腎瘢痕，尿路系閉塞などであり，分腎機能評価（左右の腎機能を別々に評価する）を特徴とする。

(6) 骨シンチグラフィ

放射性医薬品には ^{99m}Tc-HMDP，^{99m}Tc-MDP が用いられ，主に骨への化学吸着により集積し，特に代謝亢進部位へ高集積を示す。適応疾患は悪性腫瘍の骨転移，骨外傷，骨髄炎などである。

(7) 腫瘍シンチグラフィ

①ガリウムシンチグラフィ

放射性医薬品には ^{67}Ga-citrate が用いられ，腫瘍細胞のトランスフェリン受容体との結合で細胞に集積すると考えられているが詳細は解明されていない。適応疾患は悪性腫瘍（悪性リンパ

腫，悪性黒色腫，セミノーマ，甲状腺癌，肺癌，肝細胞癌など），炎症性疾患である。

② 腫瘍 FDG-PET 検査

　放射性医薬品には ^{18}F-FDG が用いられ，^{18}F は最大飛程 2.4mm の陽電子を放出し，前述のように PET 装置を用いるので感度，分解能の良好な集積分布画像が得られる。また，化学構造・体内挙動がブドウ糖に類似するため糖代謝の指標となり，糖代謝が亢進している多くの悪性腫瘍で高集積となる。集積程度の評価は画像による視覚的評価及び SUV 値（集積部位の関心領域での集積放射能を単位体重当たりの投与放射能で除したもので糖代謝の指標となる）で行われる。適応疾患は，脳腫瘍，悪性リンパ腫などのほとんどの悪性腫瘍であり，従来の腫瘍シンチグラフィより高い検出感度を有する。

(8) in vitro（インビトロ）検査

　体液試料（血液，尿，髄液など：検体）中の微量成分（ホルモン，腫瘍マーカー，ウィルス抗原・抗体など）濃度の定量を目的とした臨床検査法である。ほとんどの検査が試験管や検査トレイ内で行われるため，被検者は検査室に来る必要がない。主に ^{125}I を標識した放射性医薬品が用いられる。検査原理の違いにより検査法の名称が異なる。次に代表的な検査法と特徴を述べる。

① 競合反応法

　放射性核種を標識した抗原または測定対象物質と抗体，特異的結合蛋白またはレセプター（受容体）の反応に，濃度不明の非標識の抗原または測定対象物質を競合的に反応させることで形成される反応物の量的差違を利用する。放射性核種からのγ線計測を行い，濃度既知の試薬により作成される標準曲線を用いて測定対象物質の濃度定量を行う。以下の検査法がある。

　　RIA 法（radioimmunoassay），CPBA 法（competitive protein-binding assay）
　　RRA 法（radioreceptor assay）

② 非競合反応法

a. DSA 法（direct saturation analysis）

　測定対象物質に対応する特異的結合蛋白における不飽和部分量を，放射性核種を標識した測定対象物質の取り込み比を放射性核種からのγ線計測により求めて，間接的に濃度を推定する検査法である。以下の検査法がある。

　　T_3 摂取率（T_3-uptake），不飽和鉄結合能（unsaturated iron binding capacity：UIBC）
　　総鉄結合能（total iron binding capacity：TIBC）

b. IRMA 法（immunoradiometric assay）

　放射性核種を標識した抗体と非標識抗体を用いて，測定対象物質をサンドイッチにする。サンドイッチ形成数は測定対象物質濃度に比例するので，放射性核種からのγ線計測を行い，濃度既知の試薬により作成した標準曲線を用いて測定対象物質の濃度定量を行う。

第12章 放射線診断物理学入門

12.3 MRIの概要と原理

12.3.1 概要と原理

MRI (magnetic resonance imaging) は核磁気共鳴イメージングのことで，NMR (nuclear magnetic resonance) つまり核磁気共鳴の原理を応用した画像構築法およびその装置のことをいう。その歴史は1946年のBloch, PurcellらによるNMRの発見にはじまり，1973年のLauterburの提案を契機に発展をとげ，現在臨床医学においてはなくてはならないものとしてその地位を確立している。

原子核は，核スピンという自転（スピン）運動が存在しており，回転運動によるスピン角運動量（J）および磁気モーメント（μ）を有し小さな磁場を形成している。

$$\mu = \gamma J \tag{12.3.1}$$

γ：磁気回転比

通常スピン方向は様々な方向を向いているので全体としての磁場は相殺されることになる（図12.9参照）。

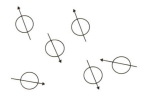

磁場でないところでは個々の核種のスピンは様々な方向を向いているので全体としては相殺される。

図12.9 スピンの方向

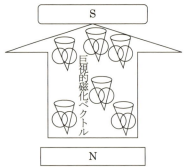

静磁場中では核スピンは一定の方向を向き歳差運動をする。ベクトルは巨視的に捉えることができる。

図12.10 巨視的磁化ベクトル

原子核は静磁場の中におくとスピンは同一方向を向き，電磁気の法則により回転力（N）が発生し，こまのように振動する回転運動をおこなう（図12.10参照）。

$$N = \mu B \tag{12.3.2}$$

B：磁場の強さ

この運動をラーモア（Larmor）の歳差運動（Larmor precession）という。全体としてこの状態は歳差運動に合わせた1つの磁場が存在するように捉えられ巨視的な磁化ベクトルとして考えることができる。このときの角速度（角周波数）ω_0 はラーモア周波数とよばれ次式で表される。

$$\omega_0 = \gamma B_0 \tag{12.3.3}$$

γ：磁気回転比（MHz/T）
B_0：静磁場の強さ（T：テスラー）

$\omega_0=2\pi f_0$ を式 12.3.3 に代入すると

$$f_0=\frac{\gamma B_0}{2\pi} \qquad (12.3.4)$$

f_0：共鳴周波数（Hz）

ここで γ：磁気回転比は ^{1}H で約 42.6 MHz/T，^{19}F で約 40.0 MHz/T など核種に固有の定数であることから，この式はラーモア周波数が磁場強度に比例することを示している。つまりラーモア周波数は核種および磁場強度に固有な値となり，このことは MRI の大変重要な原理となる（たとえば磁場の強さが 1 T のとき，^{1}H の ω は 42.6 MHz/T×1T≒42.6 MHz，3 T のときは 42.6 MHz/T×3 T≒127.8 MHz となる）。

静磁場内に置かれた核種は，ある特定の周波数の電磁波に共鳴し励起される。その特定の周波数は核種と磁場強度で決定するラーモア周波数と同じになる。この電磁波は MRI における RF（radio frequency）パルスに相当する。励起の結果，静磁場内において一定方向に向いている磁化ベクトルは螺旋状に倒れ，励起を止めると磁化ベクトルは電磁波を発生しながらもとの位置に戻る（この過程を緩和という）。このとき発生する電磁波信号が MR 信号であり時間とともに減衰する信号である（自由誘導減衰：FID）。このような NMR（核磁気共鳴）を応用し，注目する原子核の量を測定することができる。ただし，原子核の磁性は陽子（proton）と中性子（neutron）に備わった磁気モーメントによるものである。このため，反対方向の磁気モーメントを持つ陽子同士，中性子同士が 2 つずつ対（ペア）になって磁性を打ち消し合うので，陽子数と中性子数のどちらか一方，あるいは両方が奇数の核種でないと磁性をもつ原子核（磁性核）になれない。すなわち，陽子と中性子がともに偶数の核種は非磁性体核なので NMR を利用した画像診断法である MRI の対象にはならない。MRI は，静磁場において注目原子核が固有のラーモア周波数を有する電磁波のエネルギーを吸収し，その結果放出する信号を被写体情報として捉える手法である。通常，人体の組成原子として主に水素原子核に注目した画像再構成システムである（図 12.11 参照）。

12.3.2 磁気緩和

磁場 B_0 にさらされた ^{1}H 原子核磁気モーメント μ はボルツマン則に従って α 群と β 群に分かれ，安定した熱平衡状態にある。ここで，共鳴角周波数 $\omega_0=\gamma B_0$ の RF 波を照射すると励起される。β 群の μ が増え，μ の位相が揃う。巨視的磁化 M_0 でいえば x－y 平面へ倒れながら z 軸を中心に回転していく。RF を off にしてもこの回転は続き「しだいに」熱平衡状態に戻ってくる。

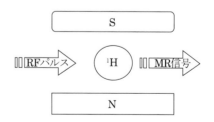

静磁場中に置かれた水素原子核に RF パルスを照射すると核磁気共鳴により MR 信号を発生する。

図 12.11　MRI 装置原理

第12章 放射線診断物理学入門

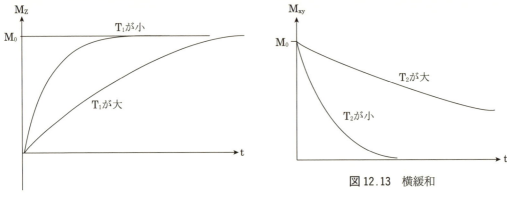

図12.12　縦緩和　　　　　　　　　図12.13　横緩和

この原子核磁気モーメントが励起状態から熱平衡状態に戻る過程が磁気緩和（magnetic relaxation）である。縦緩和と横緩和の2つがある。

(1) 縦緩和（longitudinal relaxation）

縦緩和は，T_1緩和，スピン－格子緩和とも呼ばれている。Z軸上の磁化成分M_zがM_0の値に戻る過程をいう。このときの時定数をT_1として表している。（図12.12参照）

図12.12は式12.3.5で表される。

$$M_z = M_0 \left[1 - \exp\left(\frac{-t}{T_1}\right) \right] \tag{12.3.5}$$

(2) 横緩和（transverse relaxation）

横緩和は，T_2緩和，スピン－スピン緩和とも呼ばれているが，XY軸上の磁化成分M_{xy}がゼロの値に戻る過程をいう。このときの時定数をT_2として表している。（図12.13参照）

図12.13は式12.3.6で表される。

$$M_{xy} = M_0 \exp\left(\frac{-t}{T_2}\right) \tag{12.3.6}$$

(3) T_1強調画像とT_2強調画像

生体組織の^{1}HにおけるT_1は100ms〜1s，T_2は10ms〜100ms程度である。このようにT_1はT_2より長い傾向がある。TR（repetition time）は繰り返し時間のことで，T_1緩和のために待つ時間を表す。TRはT_1と深い関係がある。TE（echo time）は，エコー時間のことで，T_2緩和のため待つ時間を表す。TEはT_2と深い関係にある。

＊Point：T_1強調画像は水のある部分は黒く写り，T_2強調画像は水のある部分は白く写る。

12.4 超音波検査法の概要と原理

12.4.1 概要

超音波診断装置の表示法としては，**画像を観察する**Bモード法と，**弁の動きと位置を表す**Mモード法と呼ばれる方法がある。この2つの表示法を持つ装置のほかに，**血流情報を表すカラードップラー**（color doppler imaging：CDI）法，パワードップラー法（power doppler imaging：PDI）などを装備したものがある。

12.4.2 原理

超音波は人が聞くことのできる可聴音（20Hz～20kHz）より高い周波数の2～30MHzの音波が使用されて，短波長のために音と光の特性を併せもっている。音の伝播速度は伝播物質と温度により異なり，固有音速として示される。固有音速をv_c，波長をλ，超音波周波数をfとすると，次の関係がある。

$$v_c = \lambda f \quad (12.4.1)$$

生体内の音速は$v_c = 1530$ m/s（温度37℃の条件）とJIS規格では規定されているが，各臓器によって固有音速は異なる。また，伝播速度は媒質の硬さ（硬度，体積弾性率）k（kg/m・s²），密度（質量/単位体積）：ρ（kg/m³）で求められる。

$$v_c = \sqrt{\frac{k}{\rho}} \quad (12.4.2)$$

表12.3 超音波の伝播速度

媒質	伝播速度 [m/s]	媒質	伝播速度 [m/s]
空気中	340	肝臓	1549
水	1497	脾臓	1566
細胞腫	1503	腎臓	1561
脂肪	1450	脳	1540
筋肉	1585	血液	1570
骨	3380	水晶体	1641

すなわち，伝播速度は体積弾性率，密度がともに物質特有の定数のため温度や圧力の一定条件のもとでは超音波の伝播速度は一定である。

12.4.3 超音波の波動現象

音波には反射，屈折，回折，散乱，干渉などの波動現象がみられる。したがって超音波は生体内では二つの媒質の境界面において，一部は反射，散乱し，残りは屈折，透過する。

(1) 反射

二つの媒質A，B間において反射（reflection）する際に次の関係がある。

$$\sin\theta_1 = \sin\theta_2 \quad (12.4.3)$$

すなわち，入射角＝反射角となり，これを**反射の法則**という。

また超音波が全体のうち何％が反射し，何％が透過するかは媒質固有の音響インピーダンス（acoustic impedance）の差によるものである。

第12章 放射線診断物理学入門

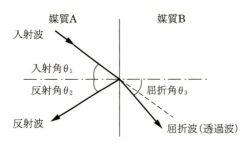

図12.14 境界面における音波の反射・屈折

＊音響インピーダンス

　音響インピーダンスとは，固有音速にかかわるもので，これは物質中での超音波の伝わりにくさを表す。音響インピーダンスを Z，音圧 p，粒子速度 v，物質の密度 ρ とすると，次の関係がある。

$$Z = \frac{p}{v} = \rho v_c \tag{12.4.4}$$

超音波検査はこの音響インピーダンスの差を利用したものである。

(2) 屈折（refraction）

　二つの媒質 A，B に音波が入射すると，その境界面において一部は反射し，残りは角度を変えて屈折する（図12.14参照）。その際に次の関係がある。

$$\frac{\sin\theta_1}{\sin\theta_3} = \frac{n_2}{n_1} = \frac{v_1}{v_2} \tag{12.4.5}$$

ここに，θ_1：入射角，θ_2：反射角，θ_3 屈折角，n_1，n_2：媒質 A，B の屈折率，v_1，v_2：媒質 A，B の伝播速度。したがって，屈折角は媒質間 A，B における屈折率および，伝播速度比に左右される，これを**スネルの法則**という。

(3) 回折

　回折（diffraction） とは，音波が障害物のすき間を通過した後，その背後に回り込み新たな波形を生じる現象をいう。

(4) 散乱

　散乱（scattering） とは，超音波の進行方向が曲げられる現象である。超音波の周波数が高い（波長が短い）ほど，後方散乱が多くなる。

(5) 干渉

　二つの波源から出た超音波が出合うと，二つの波は重ね合わさって強めたり弱めあったりする。この現象を**干渉（interference）**といい，それらの位相差が $\pi/2$ の奇数倍（逆位相）のときは互いに打ち消しあう。

(6) 減衰

　超音波のエネルギーが伝播するその進行方向において，拡散，吸収，散乱などにより伝播エネルギー（音の強さ）が減衰（attenuation）する現象である。

①**拡散減衰**：伝播するのに伴い音波が幾何学的に広がることにより減衰する。

②**吸収減衰**：媒質を通過する際に音波のエネルギーが吸収され熱に変換されることにより，減衰する。

③**散乱減衰**：生体組織中の不均質による散乱に伴い減衰する。

超音波の減衰は周波数が高くなるほど増加する。単位はデシベル（dB）で表す。

$$超音波の減衰（dB）= \mu \cdot f \cdot z \quad (12.4.6)$$

μ：減衰係数（dB cm^{-1}MHz^{-1}），f：周波数（MHz），z：距離（cm）

骨の減衰係数は 20dB/cm・MHz，腎臓の減衰係数は 1dB/cm・MHz である。腎臓に比べると，骨では音の強さは 20 倍減衰する

12.4.4　超音波の性質と生物学効果

(1) 指向性

超音波などの強さが方向によって異なる性質（ビームの広がり）を**指向性**（directivity）という。超音波は波長が短いために指向性がよく光波と同じように直進性を持つ。また振動子が大きいほど指向性がよくなる。

(2) 空洞作用

超音波の生体作用の主なものとして**空洞作用**（cavitation）がある。流体中に超音波が放射されると液中が局部的に低圧となって気泡（空洞）を生じる。この現象をキャビテーション（空洞現象）といい，この空洞の増加により大きな圧力となり，つぶれる際に生体に対して衝撃波で細胞を破壊する作用などを及ぼすことがある。

(3) 発熱作用

超音波の放射により生体内でそのエネルギーが吸収されると熱エネルギーにかわり，発熱することがある。また，空洞作用により局部的に高温となる場合がある。

(4) 化学作用

超音波は溶液中の酸化，還元や高分子化合物に対する分解，重合，乳化作用などがある。

今日用いられている超音波診断装置で上記のような明らかな障害が発生するとは考えられていない。

12.4.5　ドップラー効果

列車の汽笛や救急車の音が近づくときには高く聞こえ，遠ざかるときは低く聞こえる。これは音源と観測者とが近づくときは周波数がもとのものより圧縮されて高くなり，遠ざかるときは周波数が伸びて低くなるためである。このような現象を**ドップラー効果**（Doppler effect）とよぶ。ドップラー効果による振動数の変化は次の式で表される。

$$f = f_0 \times \frac{v - v_0}{v - v_s} \quad (12.4.7)$$

第12章　放射線診断物理学入門

v：空気中を伝わる超音波の速度，v_0：観測者の速さ，v_s：音源の速さ，

f_0：もともとの振動数，f：ドップラー効果により変化した振動数，ただし，音源Sから観測者へ向かう向きを v_0，v_s の正の向きとする。

この原理を利用した超音波検査の1つとしてドップラー血流計測がある。この方法は，血流に超音波を放射するとドップラー効果により周波数が変わる（周波数変調）ことを分析して，血流の方向や速度をリアルタイムに表現する方法である。

参考文献

1) 篠原広行，橋本雄幸，MRI画像構成の基礎，医療科学社。2007
2) 荒木力，MRIの基本パワーテキスト，メディカル・サイエンス・インターナショナル。2004
3) 森一生，山形仁，町田好男，CTとMRI―その原理と装置技術―，コロナ社。2010
4) 巨瀬勝美，NMRイメージング，共立出版。2000

演 習 問 題

問1　CT値と直接関係するのはどれか。
1　線減弱係数
2　全質量阻止能
3　線衝突阻止能
4　線エネルギー付与
5　平均飛程

問2　X線CT値について正しいのはどれか。
a　水に対して脂肪は高い。
b　X線ビームの反射値から求める。
c　対象物質の原子番号に依存して変化する。
d　水をゼロとして相対的に表す。
e　対象物質の線減弱係数に反比例した値である。
1　a, b　　2　a, e　　3　b, c　　4　c, d　　5　d, e

問3　核磁気共鳴で正しいのはどれか。
a　^1H の縦緩和時間は純水の方が生体内より短い。
b　核スピン間の相互作用による緩和時間は T_1 で表す。
c　静磁場中の磁気モーメント（I）は（$2I+1$）個のエネルギー準位に分かれる。
d　共鳴周波数は静磁場の大きさに比例する。
e　質量数2の重水は核磁気共鳴装置で測定できない。
1　a, b　　2　a, e　　3　b, c　　4　c, d　　5　d, e

問4　核磁気共鳴で縦緩和と関係があるのはどれか。
1　α 分散
2　β 分散
3　クーロン相互作用
4　スピン－格子相互作用
5　スピン－スピン相互作用

問5　MRIの共鳴周波数を表す式はどれか。ただし，γ は磁気回転比，H_0 は磁場の大きさとする。

1　$\dfrac{\gamma H_0}{2\pi}$　　2　$\dfrac{2\pi H_0}{\gamma}$　　3　$\dfrac{H_0}{2\pi\gamma}$　　4　$\dfrac{\gamma}{2\pi H_0}$　　5　$\dfrac{2\pi\gamma}{H_0}$

第 12 章　放射線診断物理学入門

問 6　音波の伝播速度が速い順に並んでいるのはどれか。

速い ←――――――――――――――――――→ 遅い
1　空気―――皮下脂肪―――正常肝臓―――鉄
2　空気―――正常肝臓―――皮下脂肪―――鉄
3　鉄―――正常肝臓―――皮下脂肪―――空気
4　鉄―――皮下脂肪―――正常肝臓―――空気
5　鉄―――空気―――皮下脂肪―――正常肝臓

問 7　超音波の伝播速度に影響を与えるのはどれか。2 つ選べ。
1　音圧
2　波長
3　周波数
4　媒質の密度
5　媒質の体積弾性率

問 8　超音波の性質で誤っているのはどれか。
1　干渉　　2　緩和　　3　屈折　　4　散乱　　5　反射

問 9　周波数 f〔MHz〕の超音波が減衰係数 μ〔dB cm^{-1} MHz^{-1}〕の物質を距離 z〔cm〕通過した場合の減衰〔dB〕はどれか。

1　$\mu z f$　　2　$\dfrac{\mu z}{f}$　　3　$\dfrac{z f}{\mu}$　　4　$\dfrac{\mu f}{z}$　　5　$\dfrac{\mu}{z f}$

第13章 放射線治療物理学入門

13.1 放射線治療の概要と原理

13.1.1 放射線治療の概要

近年，医療の進歩に伴い放射線治療も躍進を続けている。その背景には放射線治療の技術が発達しその有効性が示されたことが大きい。治療部位によっては手術と同等の効果を示すものも多い。放射線治療は悪性腫瘍と一部の良性腫瘍に適用される。特に悪性腫瘍への適用は生物学的に正常組織の亜致死損傷からの早い回復原理を利用している。つまり悪性腫瘍のみ死滅させ，腫瘍周辺の正常組織にはあまり損傷を与えないことが期待される。一方，放射線の物理学的特性である線エネルギー付与（LET）は大きさによって悪性腫瘍の死滅程度が変わる。このように放射線治療を理解する上で放射線物理学と放射線生物学は関連の深い分野である。

13.1.2 放射線物理学の基礎と原理

図 13.1 は**線エネルギー付与（LET）**の違いによる放射線の分類を示したものである。高 LET 放射線は低 LET 放射線より**生物学的効果比（RBE）**が大きいため悪性腫瘍に対する殺傷能力は大きい。現在，わが国で使用されている高 LET 放射線は炭素線であるが，炭素線治療は設置のコストが高く加速器も巨大となるため普及はしていない。一方，最も広く用いられている放射線は低 LET 放射線の X 線であり，リニアック治療装置から取得する。

図 13.2 は放射線を水ファントムに照射したときの深さと相対電離量の関係を示した線量曲線（深部量百分率曲線）であり，X 線は水表面近くで電離量が最大（100 %）となる。それに対し

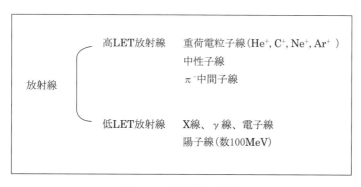

図 13.1 放射線の分類

第13章　放射線治療物理学入門

て陽子線と重粒子線は**ブラッグピーク**を呈するため深部で最大となる。また π^- 中間子線はスター現象を伴ったブラッグピークを呈する。このブラッグピークは人体に照射を行った場合，深部にある悪性腫瘍にダメージを与え，通過する正常組織のダメージを少なくする利点を有している。ほとんどの高 LET 放射線はブラッグピークを呈するが，速中性子線はこれを呈しないため放射線治療には不向きとなる。一方，高エネルギーの陽子線は低 LET 放射線に含まれるがブラッグピークを呈する。

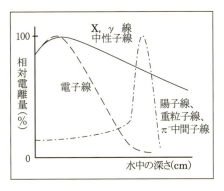

図 13.2　各種放射線の深部量百分率曲線の比較

13.1.3　放射線生物学の基礎と原理

線エネルギー付与（LET）と生物学的効果比（RBE）には相関関係があり，LET が大きいほど RBE も大きくなる。従って，炭素線をはじめとした高 LET 放射線は細胞に対する殺傷能力が大きい。ただし，LET が約 $100\mathrm{keV}/\mu\mathrm{m}$ を超えるとオーバーキルを生じるが，殺傷能力は大きいため放射線治療の単独使用が可能となる。それに対して低 LET 放射線は殺傷能力が小さいため相補的効果を期待して抗癌剤や温熱療法を併用する。現在はリニアック治療装置による X 線治療が主流であるため抗癌剤や温熱療法を併用して治療効果を高めている。

13.2　放射線治療の基礎

13.2.1　放射線照射方式

放射線治療の照射方式を図 13.3 に示す。照射方式には人体の外部から照射を行う**外部放射線治療**，人体の内部から密封 RI で照射を行う**腔内放射線治療と組織内放射線治療**，さらに臓器親和性を利用して人体の内部から非密封 RI で照射を行う**非密封 RI 治療（RI 内用療法）**の 3 つがある。

13.2.2　外部放射線治療

外部放射線治療装置には以下のものがある

① リニアック治療装置とマイクロトロン治療装置

高エネルギーに加速した電子をターゲット物質に衝突させ，制動放射を利用して 4〜20 MeV の X 線を取得する。また，4〜20 MeV の電子線も取得する。リニアックは直線加速，マイクロトロンは円軌道加速を行う。

② サイクロトロン加速装置

陽子を円軌道で加速し陽子線を取得する。

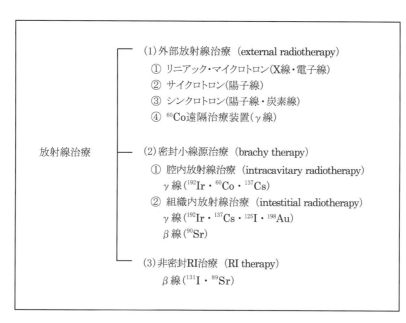

図 13.3 放射線治療の照射方式

③ シンクロトロン加速装置

陽子と陽子以上の質量をもった重荷電粒子を円軌道で加速する。重荷電粒子にはヘリウム（He^+），炭素（C^+），ネオン（Ne^+），アルゴン（Ar^+）があるが，日本では陽子線と炭素線を取得する。

④ コバルト遠隔治療装置

^{60}Co から放出する平均エネルギーが 1.25 MeV の γ 線を利用する。現在は放射線治療にはほとんど用いられていない。

13.2.3 密封小線源治療

密封線源治療には以下のものがある。

① 腔内放射線治療

適用疾患には子宮癌・上咽頭癌・食道癌・胆道癌・肺癌があり，照射方法には高線量率照射と低線量率照射の 2 つがある。高線量率照射用線源には ^{60}Co（半減期 5.27 年）と ^{192}Ir（半減期 73.83 日），低線量率照射用線源には ^{137}Cs（半減期 30.04 年）がある。主に γ 線を利用する。

② 組織内放射線治療

適用疾患には口腔癌（舌・口腔底・頬粘膜）・中咽頭癌・頚部リンパ節転移・乳癌・前立腺・会陰部癌があり，照射方法には一時刺入と永久刺入の 2 つがある。一時刺入用線源には ^{192}Ir（半減期 73.83 日）と ^{137}Cs（半減期 30.04 年），永久刺入用線源には ^{198}Au（半減期 2.69 日）と

第13章　放射線治療物理学入門

^{125}I（半減期 59.40 日）がある。主に γ 線を利用するが，眼の良性疾患である翼状片は ^{90}Sr（半減期 28.74 年）による β 線を利用する。

13.2.4　非密封 RI 治療

体内に非密封型 RI を投与し，臓器親和性を利用して腫瘍に RI を集積させ主に β 線で治療を行う。甲状腺癌には ^{131}I（半減期 8.02 日），骨腫瘍には ^{89}Sr（半減期 50.53 日）が用いられる。

13.3　リニアック治療装置と関連機器

放射線治療装置の中で最も広く用いられている装置はリニアック治療装置である。リニアック治療装置の構造は**放射線発生部**と**照射ヘッド部**の2つから成り立つ。放射線の発生原理と構造を以下の図 13.4 の模式図で示す。

13.3.1　放射線発生部

電子銃から放出された電子は加速管へ供給され，電子を加速するためのマイクロ波もクライストロンまたはマグネトロンから導波管を経由して加速管へ供給される。クライストロンはマイクロ波を増幅する働きを持ち，マグネトロンは自励発振管として働く。マイクロ波を送り出す導波管には放電を防ぐため絶縁ガスの SF_6 が充填されている。加速管内部では進行波または定在波のどちらかの方法で電子をマイクロ波により加速する。

また加速管内部は電子の放電や空気分子との衝突をなくすために，イオンポンプで常時真空状

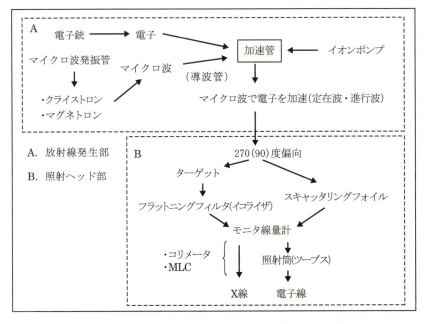

図 13.4　リニアック治療装置による放射線の発生原理

態に保たれており，これによって滑らかな加速が得られる．加速管は高温となるため材質には熱伝導率の良好な銅が用いられ，さらに熱膨張を防ぐため常時冷却される．

13.3.2 照射ヘッド部

加速管で加速された電子は偏向磁石で下向きに偏向される．この偏向には270度偏向方式と90度偏向方式の2つがある．X線を取得する場合は，偏向された電子をターゲットに衝突させて制動放射によりX線を取り出す．ターゲットの材質は10 MV未満ではX線変換効率の良好な高原子番号の物質タングステン（W）等を使用し，10 MV以上では光核反応の（γ, n）反応を抑制するため銅（Cu）を使用する．Cuは速中性子線発生のしきい値が9.9MeVと大きいため（γ, n）反応が起きにくい．ターゲットで発生したX線はフラットニングフィルタ（イコライザ）を通過して平坦度が良好になる．次に，モニタ線量計を通過して，MU（モニタ単位）の制御が行われる．最後に上段（upper jaw），下段コリメータ（lower jaw）と最下段のマルチリーフ・コリメータ（MLC）を通過して照射野の形状が作成される．

一方，電子線を取得する場合はターゲットとフラットニングフィルタの代わりにスキャタリングフォイルが配置され電子ビームの拡散と平坦化を行う．材質は制動放射によるX線発生を抑制するため低原子番号物質の薄い金属箔を使用する．しかし，スキャタリングフォイルから制動放射によるX線がわずかに発生する．

13.4 高精度放射線治療と原理（定位放射線照射と強度変調放射線治療の原理）

近年，高精度放射線治療として**定位放射線照射（STI）**と**強度変調放射線治療（IMRT）**が普及している．STIは3次元（ノンコプラナ）の極小照射を用いる．その詳細を図13.5に示す．一方，IMRTは線量強度を変えて5～7方向の照射を行うことでリスク臓器を避けた治療が可能となる．どちらもリニアック治療装置を用いた照射が主流をしめているが，専用装置も普及している．STIではガンマナイフとサイバーナイフ，IMRTではトモセラピイが専用装置である．また，SRTとIMRTは毎回正確な位置合わせを必要とするため近年はIGRT（**画像誘導放射線治**

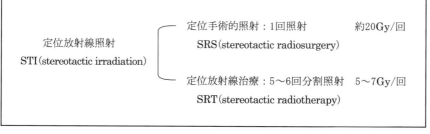

図13.5　定位放射線照射

第13章　放射線治療物理学入門

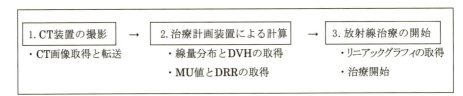

図13.6　放射線治療の開始までの流れ

療）が普及している。

13.5　放射線治療計画

放射線治療の開始までの流れを図13.6に示す。

放射線治療を開始するにあたって，腫瘍周辺部位のCT画像を取得して治療計画装置に転送する。治療計画装置ではその画像を基にして線量分布と線量体積ヒストグラム（DVH）を作成する。線量分布は体内のCT値を電子密度に変換して不均質部（肺，軟組織，骨）の補正を行い描出する。治療計画装置ではこの作業以外にMU値（モニタ単位数）とDRR（デジタル再構成画像）の取得も重要となる。線量分布とMU値の計算法には第1世代から第4世代のアルゴリズムが存在し，現在は第4世代のアルゴリズムが普及している。最後に治療計画装置で作成したDRRはリニアック治療装置で取得したリニアックグラフィ（LG）と比較を行い，誤差がなければ治療開始となる。

13.6　線量校正

リニアック治療装置から取得するX線と電子線はパルス電源で制御されているため出力線量が不安定となる。そこで，1週間に1回線量管理を行い線量に誤差がないかの確認を行う。リニアック治療装置の出力線量は照射ヘッド部にあるモニタ線量計で制御されているためその校正を行うものである。校正方法は照射野を10×10 cmとして電離箱線量計と水ファントムを使用して校正深で測定を行う。X線の場合はファーマー形電離箱を用いて校正深を10（g/cm²），電子線の場合は平行平板形電離箱を用いて校正深を$0.6R_{50} - 0.1$（g/cm²）とする。R_{50}は深部量半価深と呼び，深部量百分率曲線が半分になる深さである。

校正深における吸収線量は以下の式で示される。

$$D_\mathrm{C} = M \cdot N_\mathrm{c} \cdot k_{\mathrm{D,X}} \cdot k_\mathrm{Q} = M \cdot N_{\mathrm{D,W}} \cdot k_\mathrm{Q} \tag{13.6.1}$$
$$(M = M_\mathrm{raw} \cdot k_\mathrm{TP} \cdot k_\mathrm{pol} \cdot k_\mathrm{S} \cdot k_\mathrm{elec})$$

D_C：校正点の吸収線量（Gy）　　　M：指示値（読み値）（nC）

N_c　：コバルト校正定数（Ckg^{-1}/nC）　　$k_{D,X}$　：校正定数比（Gy/Ckg^{-1}）
k_Q　：線質変換係数　　　　　　　　　　　$N_{D,W}$　：水吸収線量校正定数（GynC^{-1}）
M_{raw}：測定器の指示値　　　　　　　　　　　k_{TP}　：温度気圧補正係数
k_{pol}　：極性効果補正係数　　　　　　　　　k_S　：イオン再結合補正係数
k_{elec}：電位計校正定数

　校正深の吸収線量から最大深における線量モニタ値 DMU（cGy/MU）を求め，基準点吸収線量 Dr（cGy/MU）と比較を行う。DMU と Dr との許容誤差は X 線で±2％，電子線で±3％以内で制限される。以上の方法でリニアック治療装置の線量管理を行う。

参考文献

　日本医学物理学編，外部放射線治療における吸収線量の標準測定法，通商産業研究社。2006
　日本アイソトープ協会，アイソトープ手帳，日本アイソトープ協会。2001

付　　録

付録第1章 序　論

A1.2　特殊相対性理論

A1.2.1　座標変換

固定された座標系と一定の速度 V で x 方向へ動く座標系の間の変換はガリレイ変換

$$\begin{cases} x'=x+Vt \\ y'=y \\ z'=z \\ t'=t \end{cases} \tag{A1.2.1}$$

で表される。この変換を用いると，ニュートンの運動方程式は異なる系で同じ形をしているが電磁気のマクスウェルの式に当てはめると同じ型にならない。ローレンツ（H. A. Lorentz）はマクスウェルの式を不変に保つローレンツ変換を見出した。この変換は特殊相対性理論から引き出される変換と同じ形である。アインシュタイン（A. Einstein）は異なる系で光の速度が同じであるとして，特殊相対性理論（special theory of relativity）を作った。

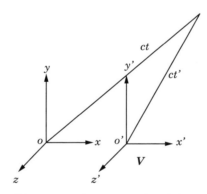

図A1.1　固定されたo系と速度 V で動く o′ 系

光速度 c が一定のとき，時刻 $t=0$ でoとo′が重なっていて，そこから光が発生したとき（図A1.1参照）

$$x^2+y^2+z^2=c^2t^2 \tag{A1.2.2}$$
$$x'^2+y'^2+z'^2=c^2t'^2 \tag{A1.2.3}$$

である。ここで変換を，未知数 a, b, d, e を用いて

付録第1章 序　論

$$\begin{cases} x' = ax + bct \\ y' = y \\ z' = z \\ t' = \dfrac{d}{c}x + et \end{cases} \quad (A1.2.4)$$

とおく，o 系で見た o' の運動は o' が $x'=0$ であるので，その位置は

$$0 = ax + bct$$

で与えられる。o' は V で動くので

$$\frac{dx}{dt} = -\frac{bc}{a} = V \quad (A1.2.5)$$

一方，o' 系で見た o の運動は o が $x=0$ であるので

$$x' = bct$$
$$t' = et$$

より o の位置は

$$x' = \frac{bc}{e}t'$$

で与えられ，これが $-V$ で動くことから

$$\frac{dx'}{dt'} = \frac{bc}{e} = -V \quad (A1.2.6)$$

(A1.2.4) 式を (A1.2.3) 式へ代入し，(A1.2.2) 式と同じになる条件と (A1.2.5)，(A1.2.6) 式を用いて

$$a = \frac{1}{\sqrt{1-\dfrac{V^2}{c^2}}}, \quad b = -\frac{V}{c\sqrt{1-\dfrac{V^2}{c^2}}}, \quad e=a, \quad d=b$$

を得る。これから変換は

$$\begin{cases} x' = \dfrac{1}{\sqrt{1-\dfrac{V^2}{c^2}}}(x - Vt) \\ y' = y \\ z' = z \\ t' = \dfrac{1}{\sqrt{1-\dfrac{V^2}{c^2}}}\left(\dfrac{V}{c^2}x + t\right) \end{cases} \quad (A1.2.7)$$

で与えられる。
また，逆に解いて，

$$\begin{cases} x = \dfrac{1}{\sqrt{1-\dfrac{V^2}{c^2}}}(x' + Vt') \\ y = y' \\ z = z' \\ t = \dfrac{1}{\sqrt{1-\dfrac{V^2}{c^2}}}\left(\dfrac{V}{c^2}x' + t'\right) \end{cases} \quad (A1.2.8)$$

を得る。

A 1.2.2　速度の変換

(A1.2.7) 式より

$$dx' = \dfrac{1}{\sqrt{1-\dfrac{V^2}{c^2}}}(dx - Vdt)$$

$$dy' = dy$$

$$dz' = dz$$

$$dt = \dfrac{1}{\sqrt{1-\dfrac{V^2}{c^2}}}\left(-\dfrac{V}{c^2}dx + dt\right)$$

より

$$\begin{cases} v'_x = \dfrac{dx'}{dt'} = \dfrac{dx - Vdt}{-\dfrac{V}{c^2}dx + dt} = \dfrac{v_x - V}{1 - \dfrac{v_x V}{c^2}} \\ v'_y = \dfrac{dy'}{dt'} = \dfrac{dy}{\dfrac{1}{\sqrt{1-\dfrac{V^2}{c^2}}}\left(-\dfrac{V}{c^2}dx + dt\right)} = \sqrt{1-\dfrac{V^2}{c^2}}\,\dfrac{v_y}{\left(1-\dfrac{v_x V}{c^2}\right)} \\ v'_z = \dfrac{dz'}{dt'} = \dfrac{dz}{\dfrac{1}{\sqrt{1-\dfrac{V^2}{c^2}}}\left(-\dfrac{V}{c^2}dx + dt\right)} = \sqrt{1-\dfrac{V^2}{c^2}}\,\dfrac{v_z}{\left(1-\dfrac{v_x V}{c^2}\right)} \end{cases} \quad (A1.2.9)$$

と変換され，同様に

$$\begin{cases} v_x = \dfrac{dx}{dt} = \dfrac{dx' + Vdt'}{\dfrac{V}{c^2}dx' + dt'} = \dfrac{v'_x + V}{1 + \dfrac{v'_x V}{c^2}} \\ v_y = \dfrac{dy}{dt} = \dfrac{dy'}{\dfrac{1}{\sqrt{1-\dfrac{V^2}{c^2}}}\left(\dfrac{V}{c^2}dx' + dt'\right)} = \sqrt{1-\dfrac{V^2}{c^2}}\,\dfrac{v'_y}{\left(1+\dfrac{v'_x V}{c^2}\right)} \\ v_z = \dfrac{dz}{dt} = \dfrac{dz'}{\dfrac{1}{\sqrt{1-\dfrac{V^2}{c^2}}}\left(\dfrac{V}{c^2}dx' + dt'\right)} = \sqrt{1-\dfrac{V^2}{c^2}}\,\dfrac{v'_z}{\left(1+\dfrac{v'_x V}{c^2}\right)} \end{cases} \quad (A1.2.10)$$

と変換される。

付録第1章 序　論

A1.2.3　動いている物の長さ

o' 系で長さ ℓ の物体は $x'_2 - x'_1 = \ell$ で表されるので (A1.2.7) 式より

$$x'_2 = \frac{1}{\sqrt{1 - \dfrac{V^2}{c^2}}}(x_2 - Vt)$$

$$x'_1 = \frac{1}{\sqrt{1 - \dfrac{V^2}{c^2}}}(x_1 - Vt)$$

であり，o 系では同時刻で長さを測るので，

$$x_2 - x_1 = \sqrt{1 - \frac{V^2}{c^2}}(x'_2 - x'_1) = \sqrt{1 - \frac{V^2}{c^2}} \cdot \ell \tag{A1.2.11}$$

となり $\sqrt{1 - \dfrac{V^2}{c^2}}$ だけ短くなる。

A1.2.4　動いている時計

o' 系での時間差を T とすると $T = t'_2 - t'_1$ であり，o' 系で同じ場所についての時間差なので (A1.2.8) 式より

$$t_2 = \frac{1}{\sqrt{1 - \dfrac{V^2}{c^2}}}\left(\frac{V}{c^2}x' + t'_2\right)$$

$$t_1 = \frac{1}{\sqrt{1 - \dfrac{V^2}{c^2}}}\left(\frac{V}{c^2}x' + t'_1\right)$$

を用いて，

$$(t_2 - t_1) = \frac{1}{\sqrt{1 - \dfrac{V^2}{c^2}}}(t'_2 - t'_1) = \frac{T}{\sqrt{1 - \dfrac{V^2}{c^2}}} \tag{A1.2.12}$$

となり時間は長くなる。このために寿命のごく短い粒子でも光速に近い速度で走ると寿命が延びて観測できるようになる。

A1.2.5　速度の和

o' 系で速度 v'_x で動いている物の速度を系で見る。つまり速度 V で動いている物から速度 v'_x で打ち出した場合，古典力学では速度 v'_x の運動 $V + v'_x$ はで表されるが，光の速度が一定の場合には，o' 系で速度 v'_x を o 系に変換すればよい。したがって，(A1.2.10) 式より

$$v_x = \frac{V + v'_x}{1 + \dfrac{v'_x V}{c^2}}$$

つまり速度 V と v'_x の和 v_x は

$$v_x = \frac{V + v'_x}{1 + \dfrac{v'_x V}{c^2}} \tag{A1.2.13}$$

で与えられる。

また，o' 系での速度 v'_y は o 系で見ると (A1.2.10) 式より

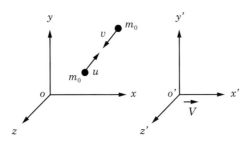

図 A1.2　二つの質点の動き

$$v_y = \sqrt{1 - \frac{V^2}{c^2}} \frac{v'_y}{1 + \frac{v'_x V}{c^2}} \tag{A1.2.14}$$

となり，y 方向の速度 v_y が x 方向の速度 v'_x に依存することになる。

A1.2.6　運動量とエネルギー

古典力学では運動量は $m_0 \boldsymbol{v}$ で与えられる。図 A1.2 のように 2 個の質点が x−y 面内で運動していて，o 系で重心が止まっている場合，運動量を $m_0 \boldsymbol{v}$, $m_0 \boldsymbol{u}$ で表されるとすると o 系では

$$m_0 v_x + m_0 u_x = 0$$
$$m_0 v_y + m_0 u_y = 0$$

速度 V で動く o′ 系では y′ 方向の運動量は $m_0 v'_y + m_0 u'_y$ であるので（A1.2.9）式を用いて

$$m_0 v'_y + m_0 u'_y = \sqrt{1 - \frac{V^2}{c^2}} \left(\frac{m_0 v_y}{1 - \frac{v_x V}{c^2}} + \frac{m_0 u_y}{1 - \frac{u_x V}{c^2}} \right)$$

となり，これは 0 にならない。つまり運動量が $m_0 \boldsymbol{v}$ では観測する系により物理現象を正しく表すことができない。この原因は dt が座標系により異なるためである。そこで粒子に付けた時計で時間を測ればどの座標系でも同じになる。粒子に付けた時計の刻む時間を $d\tau$ とすると粒子の速度が $\boldsymbol{v}$ のときに時間は延びて

$$dt = \frac{d\tau}{\sqrt{1 - \frac{v^2}{c^2}} dt}$$

となる。ここで，$\boldsymbol{v}$ は dt を測った座標系に対する速度である。これより

$$\frac{dy}{d\tau} = \frac{dy}{dt} \cdot \frac{dt}{d\tau} = v_y \frac{1}{\sqrt{1 - \frac{v^2}{c^2}}}$$

つまり，

$$\frac{\boldsymbol{v}}{\sqrt{1 - \frac{v^2}{c^2}}}$$

の y 成分は速度の x 成分の異なるすべての座標系で等しい。したがって運動量を $\boldsymbol{p}$

$$\boldsymbol{p} = \frac{m_0 \boldsymbol{v}}{\sqrt{1 - \frac{v^2}{c^2}}} \tag{A1.2.15}$$

付録第 1 章 序　論

と定義すればよい．この式は質量が見かけ上 $\dfrac{m_0}{\sqrt{1-\dfrac{v^2}{c^2}}}$ に増加したと見ることもできる．実際に上記の二つの質点の運動で調べてみる．o 系での運動量の y 成分は重心の止まっていることから，$\boldsymbol{p}$ の定義（A1.2.15）式より

$$\frac{m_0 v_y}{\sqrt{1-\dfrac{v_x^2+v_y^2}{c^2}}}+\frac{m_0 u_y}{\sqrt{1-\dfrac{u_x^2+u_y^2}{c^2}}}=0$$

となり，o' 系での運動量の y' 成分は

$$\frac{m_0 v'_y}{\sqrt{1-\dfrac{v'^2_x+v'^2_y}{c^2}}}+\frac{m_0 u'_y}{\sqrt{1-\dfrac{u'^2_x+u'^2_y}{c^2}}}$$

であり，o 系での速度で表すと

$$\frac{1}{\sqrt{1-\dfrac{v'^2_x+v'^2_y}{c^2}}}=\frac{1-\dfrac{v_x V}{c^2}}{\sqrt{\left(1-\dfrac{V^2}{c^2}\right)\left(1-\dfrac{v_x^2+v_y^2}{c^2}\right)}} \tag{A1.2.16}$$

なる関係を用いて

$$\frac{m_0 v'_y}{\sqrt{1-\dfrac{v'^2_x+v'^2_y}{c^2}}}+\frac{m_0 u'_y}{\sqrt{1-\dfrac{u'^2_x+u'^2_y}{c^2}}}$$

$$=\frac{1-\dfrac{v_x V}{c^2}}{\sqrt{\left(1-\dfrac{V^2}{c^2}\right)\left(1-\dfrac{v_x^2+v_y^2}{c^2}\right)}}\sqrt{1-\dfrac{V^2}{c^2}}\,\frac{v_y}{1-\dfrac{v_x V}{c^2}}+\frac{1-\dfrac{u_x V}{c^2}}{\sqrt{\left(1-\dfrac{V^2}{c^2}\right)\left(1-\dfrac{u_x^2+u_y^2}{c^2}\right)}}\sqrt{1-\dfrac{V^2}{c^2}}\,\frac{u_y}{1-\dfrac{u_x V}{c^2}}$$

$$=\frac{m_0 v_y}{\sqrt{1-\dfrac{v_x^2+v_y^2}{c^2}}}+\frac{m_0 u_y}{\sqrt{1-\dfrac{u_x^2+u_y^2}{c^2}}}=0$$

となり，o' 系で y' 方向の重心が止まっていることになる．

同様に，o' 系で x' 方向の運動量は o 系では

$$\frac{m_0 v'_x}{\sqrt{1-\dfrac{v'^2_x+v'^2_y}{c^2}}}+\frac{m_0 u'_x}{\sqrt{1-\dfrac{u'^2_x+u'^2_y}{c^2}}}$$

$$=\frac{1}{\sqrt{1-\dfrac{V^2}{c^2}}}\left\{\frac{m_0}{\sqrt{1-\dfrac{v_x^2+v_y^2}{c^2}}}+\frac{m_0}{\sqrt{1-\dfrac{u_x^2+u_y^2}{c^2}}}\right\}V$$

となり，2 個の質点の相対運動の運動量は 0 で，o 系での速度による質量の増加と速度 V による質量の増加した重心が V で動いていることに対応している．

運動量 $\boldsymbol{p}$ に対して力 $\boldsymbol{F}$ は

$$\boldsymbol{F}=\frac{d\boldsymbol{p}}{dt} \tag{A1.2.17}$$

単位時間あたりの仕事つまり仕事率 A を $A=\boldsymbol{F}\cdot\boldsymbol{v}$ として，運動エネルギーを K とすれば

$$\frac{dK}{dt} = A = \boldsymbol{F} \cdot \boldsymbol{v}$$

これを（A1.2.17）式を用いて書き変えると

$$\frac{dK}{dt} = \frac{d\boldsymbol{p}}{dt} \cdot \boldsymbol{v} = \frac{d}{dt}\left(\frac{m_0\boldsymbol{v}}{\sqrt{1-\frac{v^2}{c^2}}}\right) \cdot \boldsymbol{v}$$

$$= \frac{m_0}{\left(1-\frac{v^2}{c^2}\right)^{\frac{3}{2}}}\left[\left(1-\frac{v^2}{c^2}\right)\frac{d\boldsymbol{v}}{dt} \cdot \boldsymbol{v} + \frac{v^2}{c^2}\boldsymbol{v} \cdot \frac{d\boldsymbol{v}}{dt}\right]$$

$$= \frac{m_0\boldsymbol{v} \cdot \frac{d\boldsymbol{v}}{dt}}{\left(1-\frac{v^2}{c^2}\right)^{\frac{3}{2}}} = \frac{d}{dt}\left(\frac{m_0 c^2}{\sqrt{1-\frac{v^2}{c^2}}}\right)$$

となる．したがって，運動エネルギー K は

$$\left[\frac{m_0 c^2}{\sqrt{1-\frac{v^2}{c^2}}}\right]_0^t = \frac{m_0 c^2}{\sqrt{1-\frac{v^2}{c^2}}} - const$$

となり，$v=0$ で $K=0$ となるようにするためには

$$K = \frac{m_0 c^2}{\sqrt{1-\frac{v^2}{c^2}}} - m_0 c^2 \tag{A.1.2.18}$$

を得る．

ここで，$E = K + m_0 c^2 = \dfrac{m_0 c^2}{\sqrt{1-\dfrac{v^2}{c^2}}}$ \hfill (A1.2.19)

とおく．

o 系での p_x, p_y, p_z, E と o' 系での p'_x, p'_y, p'_z, E' の関係を求めると，（A1.2.10）式と（A1.2.16）式を用いて

$$\begin{cases} p_x = \dfrac{1}{\sqrt{1-\dfrac{V^2}{c^2}}}\left(p'_x + \dfrac{V}{c^2}E\right) \\ p_y = p'_y \\ p_z = p'_z \\ \dfrac{E}{c^2} = \dfrac{1}{\sqrt{1-\dfrac{V^2}{c^2}}}\left(\dfrac{V}{c^2}P'_x + \dfrac{E'}{c^2}\right) \end{cases} \tag{A1.2.20}$$

となる．$p_x \to x$, $p_y \to y$, $p_z \to z$, $\dfrac{E}{c^2} \to t$ と置き換えると（A1.2.8）式と同じ形をしている．運動量は $\boldsymbol{p}$（A1.2.15）式で与えられるので

$$\boldsymbol{p} = \frac{m_0 \boldsymbol{v}}{\sqrt{1-\frac{v^2}{c^2}}}$$

また，E は（A1.2.19）式より

付録第1章 序　論

$$E = K + m_0 c^2 = \frac{m_0 c^2}{\sqrt{1 - \frac{v^2}{c^2}}}$$

であるので，

$$p^2 - \frac{E^2}{c^2} = \frac{m_0^2 v^2}{1 - \frac{v^2}{c^2}} - \frac{m_0 c^2}{1 - \frac{v^2}{c^2}} = -m_0^2 c^2$$

となり，

$$E^2 = p^2 c^2 + m_0^2 c^4 \tag{A1.2.21}$$

を得る。ここで，$m_0 c^2$ は静止エネルギーで，(A1.2.19) 式より，E は運動エネルギーと静止エネルギーの和で全エネルギーを表す。

付録第2章　原子の構造

A 2.4　ボーアの原子模型

ボーアは以下の仮定をして原子模型を作った。
1) 原子は一定の状態－定常状態－に限って，長い間とどまることができる。このとき荷電粒子の加速度運動でもエネルギーを吸収したり放出したりしない。
2) 状態 E_m から E_n へ転移するとき定まった振動数 ν_p の光を放出する。振動数の条件はプランク定数を用いて $E_m - E_n = h\nu_p$ で定まる。

　この仮定 2) はプランクが光のエネルギーの最小単位を $h\nu$ としたことを受けて考えたと思われる。

　原子モデルを正電荷 Ze の周りを電子が円運動をすると考えて，上記の仮定の下に原子模型を考えてみる。電磁気学では，荷電粒子が円運動をすると放出される光の振動数は円運動の振動数と同じである。一方，原子スペクトルの波長 λ_p は

$$\frac{1}{\lambda_p} = R\left(\frac{1}{n^2} - \frac{1}{m^2}\right) \tag{A2.4.1}$$

で表されて，振動数は状態 m と n の物理量の差として表されているので，円運動の振動数とは異なる。ボーアは（A2.4.1）式で n や m が大きな状態では荷電粒子の円運動に近づくと考え，n の大きな場合の $n+1 \to n$ の転移で放出される光の振動数 ν_p は円運動の振動数になるという条件を付けた。(A2.4.1) 式より

$$\frac{1}{\lambda_p} = \frac{\nu_p}{c} = R\left(\frac{1}{n^2} - \frac{1}{(n+1)^2}\right) \tag{A2.4.2}$$

n の大きな場合の近似として，電子の振動数 ν_e をとると

$$\nu_e = cR\left(\frac{1}{n^2} - \frac{1}{(n+1)^2}\right) = cR\frac{(n+1)^2 - n^2}{n^2(n+1)^2} \approx cR\frac{2}{n^3} \tag{A2.4.3}$$

を得る。正電荷をもつ原子核の周りを電子が周回するモデルでは，遠心力とクーロン力が釣り合う条件から，電子の角速度を ω_e とし，静止質量を m_0 とすると

$$m_0 r \omega_e^2 = m_0 \frac{v_e^2}{r} = \frac{1}{4\pi\varepsilon_0} \frac{Ze^2}{r^2} \tag{A2.4.4}$$

より

$$\left. \begin{array}{l} r^3 = \dfrac{1}{4\pi\varepsilon_0} \dfrac{Ze^2}{m_0 \omega_e^2} \\[6pt] m_0 v^2 = \dfrac{1}{4\pi\varepsilon_0} \dfrac{Ze^2}{r} \end{array} \right\} \tag{A2.4.5}$$

電子のエネルギー E は

$$E = \frac{1}{2}m_0 v^2 - \frac{1}{4\pi\varepsilon_0}\frac{Ze^2}{r} = -\frac{1}{8\pi\varepsilon_0}\frac{Ze^2}{r} \tag{A2.4.6}$$

(A2.4.5) 式の r を用いて

付録第2章　原子の構造

$$E = -\frac{1}{8\pi\varepsilon_0}\frac{Ze^2}{\left(\frac{1}{4\pi\varepsilon_0}\frac{Ze^2}{m_0\omega_e^2}\right)^{1/3}} \tag{A2.4.7}$$

（A2.4.3）式より

$$\omega_e = 2\pi\nu_e = \frac{4\pi cR}{n^3} \tag{A2.4.8}$$

（A2.4.7）式と（A2.4.8）式より

$$E = -\left(2m_0\left(\frac{Ze^2}{4\pi\varepsilon_0}\right)^2\left(\frac{4\pi cR}{n^3}\right)^2\right)^{1/3} \tag{A2.4.9}$$

一方，ボーアの条件（2）である $E_m - E_n = h\nu_p$ より

$$\nu_p = \frac{E_m}{h} - \frac{E_n}{h} = \frac{1}{h}(E_m - E_n) \tag{A2.4.10}$$

また，原子スペクトルを表す（A2.4.1）式は

$$\nu_p = \frac{c}{\lambda_p} = cR\left(\frac{1}{n^2} - \frac{1}{m^2}\right) \tag{A2.4.11}$$

であり，（A2.4.10）式と（A2.4.11）式を見比べると E_n が束縛状態であることに注意して，

$$E_n = -\frac{chR}{n^2} \tag{A2.4.12}$$

という関係にあると想像できる。したがって，（A2.4.9）式と（A2.4.12）が等しいことから R を求めると

$$R = \frac{2m_0\pi^2}{ch^3}\left(\frac{Ze^2}{4\pi\varepsilon_0}\right)^2 \tag{A2.4.13}$$

を得る。これよりエネルギーを求めると整数 n がエネルギーに入ってくるので E_n と表すことにして，（A2.4.12）式と（A2.4.13）式より

$$E_n = -\frac{2\pi^2 m_0}{n^2 h^2}\left(\frac{Ze^2}{4\pi\varepsilon_0}\right)^2 \tag{A2.4.14}$$

を得る。このようにエネルギーに n が入り，飛び飛びの値をもつ。（A2.4.6）式と（A2.4.14）式より半径は

$$r_n = -\frac{n^2 h^2}{4\pi^2 m_0}\left(\frac{4\pi\varepsilon_0}{Ze^2}\right) \tag{A2.4.15}$$

また，電子の角速度は（A2.4.8）式と（A2.4.13）式より

$$\omega_{e,n} = -\frac{8m_0\pi^3}{n^3 h^3}\left(\frac{Ze^2}{4\pi\varepsilon_0}\right)^2 \tag{A2.4.16}$$

核運動量 $\ell_n = m_0 r_n^2 \omega_{e,n}$ は（A2.4.15）式と（A2.4.16）式より

$$\ell_n = \frac{nh}{2\pi} = n\hbar \tag{A2.4.17}$$

ここで，$\hbar = \frac{h}{2\pi}$ を表す。

物質波の波長 λ_e と運動量 p の関係 $\lambda_e = \frac{h}{p} = \frac{h}{m_0 v}$ を用いると

$$\lambda_{e,n} = \frac{h}{m_0 r_n \omega_{e,n}} = \frac{nh^2}{2\pi m_0}\left(\frac{4\pi\varepsilon_0}{Ze^2}\right) \tag{A2.4.18}$$

円周 $2\pi r_n$ と波長 λ_n の比は

$$\frac{2\pi r_n}{\lambda_{e,n}} = n \tag{A2.4.19}$$

となり，円周が波長の整数倍であることを示す。
つまり，ボーアの仮定 2) は核運動量 ℓ_n が $n\hbar$ と量子化されている，あるいは電子軌道の円周が電子の波長の整数倍の定在波である，という条件と同じである。

A2.5 ボーア模型の改良

クーロン力で電子が原子核の周りを周回するのは，重力による物体の運動と同じであるのでケプラー問題であり，系のエネルギーが負の場合は楕円運動になる。ここでは，二次元の楕円軌道について考える。楕円の方程式は

$$r = \frac{a^2 - k^2}{a + k\cos\phi} = \frac{a(1-\varepsilon^2)}{1+\varepsilon\cos\phi} \tag{A2.5.1}$$

ここで，ε は離心率で $\varepsilon = b/a$ で与えられる。クーロン力は中心力であるので，角運動量は保存する。
角運動量 L は

$$L = m_0 r^2 \dot{\phi} \tag{A2.5.2}$$

であり，$x = r\cos\phi$, $y = r\sin\phi$ と置くと，

$$\dot{x}^2 + \dot{y}^2 = \dot{r}^2 + r^2\dot{\phi}^2 \tag{A2.5.3}$$

エネルギー E は

$$E = \frac{1}{2}m_0(\dot{r}^2 + r^2\dot{\phi}^2) - \frac{Ze^2}{4\pi\varepsilon_0}\frac{1}{r} \quad (E<0) \tag{A2.5.4}$$

楕円の長軸と短軸のところ（$\phi = 0, \pi$）では $\dot{r} = 0$ であるので，

$$E = \frac{1}{2}m_0 r^2\dot{\phi}^2 - \frac{Ze^2}{4\pi\varepsilon_0}\frac{1}{r} = \frac{L^2}{2m_0 r^2} - \frac{Ze^2}{4\pi\varepsilon_0}\frac{1}{r}$$

より，

$$r^2 + \frac{Ze^2}{4\pi\varepsilon_0 E}r - \frac{L^2}{2m_0 E} = 0 \tag{A2.5.5}$$

この解は $r = a-k, a+k$ であるので，

$$a = -\frac{Ze^2}{8\pi\varepsilon_0 E}, \quad b = \frac{L}{\sqrt{-2m_0 E}} \tag{A2.5.6}$$

ゾンマーフェルト (**Sommerfeld**) はボーアの量子化の条件を拡張し，

$$\oint p_\phi d\phi = n_\phi h \tag{A2.5.7}$$

$$\oint p_r dr = n_r h \tag{A2.5.8}$$

とした。(A2.5.7) 式

$$\oint p_\phi d\phi = \int_0^{2\pi} L d\phi = n_\phi h$$

付録第2章　原子の構造

より
$$L = n_\phi \hbar \tag{A2.5.9}$$

(A2.5.4) 式より
$$2m_0 E = p_r^2 + m_0^2 r^2 \dot{\phi}^2 - \frac{m_0 Z e^2}{2\pi\varepsilon_0} \frac{1}{r}$$

を用いて
$$p_r = \pm \sqrt{2m_0 E + \frac{m_0 Z e^2}{2\pi\varepsilon_0} \frac{1}{r} - \frac{L^2}{r^2}} \tag{A2.5.10}$$

(A2.5.8) 式より
$$\oint p_r dr = \oint \sqrt{2m_0 E + \frac{m_0 Z e^2}{2\pi\varepsilon_0} \frac{1}{r} - \frac{L^2}{r^2}} dr = 2\int_{r_1}^{r_2} \sqrt{2m_0 E + \frac{m_0 Z e^2}{2\pi\varepsilon_0} \frac{1}{r} - \frac{L^2}{r^2}} dr \tag{A2.5.11}$$

ここで r_1, r_2 は
$$2m_0 E r^2 + \frac{m_0 Z e^2}{2\pi\varepsilon_0} r - L^2 = 0$$

の解である。(A2.5.11) 式を積分して
$$\oint p_r dr = -2\pi \left(L - \frac{m_0 Z e^2}{4\pi\varepsilon_0 \sqrt{-2m_0 E}} \right) \tag{A2.5.12}$$

(A2.5.8) 式より
$$n_r \hbar = -n_\phi \hbar + \frac{m_0 Z e^2}{4\pi\varepsilon_0 \sqrt{-2m_0 E}}$$

となるので,
$$E_n = -\frac{m_0 Z^2 e^4}{32\pi^2 \varepsilon_0^2 (n_r + n_\phi)^2 \hbar^2} \tag{A2.5.13}$$

ここで, $n = n_r + n_\phi$ と置くと
$$E_n = -\frac{m_0 Z^2 e^4}{32\pi^2 \varepsilon_0^2 n^2 \hbar^2} \tag{A2.5.14}$$

となり, 円運動の場合と同じ式を得る。この n を主量子数, n_ϕ を方位量子数という。また, (A2.5.6) 式より

$$\left. \begin{array}{l} a = -\dfrac{Ze^2}{8\pi\varepsilon_0 E} = \dfrac{4\pi\varepsilon_0 n^2 \hbar^2}{m_0 Z e^2} = a_0 \dfrac{n^2}{Z} \\[2mm] b = \dfrac{L}{\sqrt{-2m_0 E}} = \dfrac{4\pi\varepsilon_0 n_\phi n \hbar^2}{m_0 Z e^2} = a_0 \dfrac{n_\phi n}{Z} \end{array} \right\} \tag{A2.5.15}$$

となる。ここで
$$a_0 = \frac{4\pi\varepsilon_0 \hbar^2}{m_0 e^2} = \frac{\hbar c}{m_0 c^2} \frac{4\pi\varepsilon_0 \hbar c}{e^2} = 5.29 \times 10^{-11} (\text{m}) \tag{A2.5.16}$$

であり, ボーア半径という。主量子数により表A2.1に示した軌道が表れる。$n_\phi = 0$ は電子が原子核にぶつかるので, 存在しない。これらの軌道を図A2.2に示した。
これまで, 二次元の楕円軌道を考えてきたが, 三次元に拡張すると極座標を用いて量子化の条件は

表 A 2.1　主量子数に対する方位量子数と軌道

主量子数	方位量子数	a	b
$n=1$	$n_\phi=1$	$a=a_0$	$b=a_0$
$n=2$	$n_\phi=2$	$a=4a_0$	$b=4a_0$
	$n_\phi=1$	$a=4a_0$	$b=2a_0$
$n=3$	$n_\phi=3$	$a=9a_0$	$b=9a_0$
	$n_\phi=2$	$a=9a_0$	$b=6a_0$
	$n_\phi=1$	$a=9a_0$	$b=3a_0$

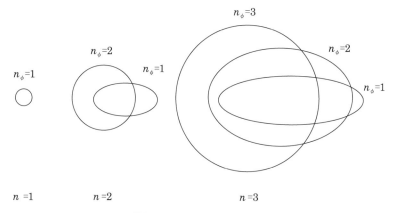

図 A 2.2　改良ボーア模型

$$\left. \begin{array}{l} \oint p_r dr = n_r h \\ \oint p_\theta d\theta = n_\theta h \\ \oint p_\phi d\phi = n_\phi h \end{array} \right\} \quad (A2.5.17)$$

および

$$\oint p_\chi d\chi = \oint p_\theta d\theta + \oint p_\phi d\phi = (n_\theta + n_\phi)h = n_\chi h$$

$$n = n_r + n_\chi = n_r + n_\theta + n_\phi$$

となり，これを Sommerfeld の量子化条件という．

付録第3章　原子核の構造

A 3.1　原子核の大きさ

半径 a に広がった球状の一様な電荷 Q_1 と点電荷 Q_2 によるクーロン力について求める。A 点にある広がった電荷内の微小体積（$r^2 dr\sin\theta d\theta d\varphi$）内の電荷 q と B 点にある点電荷 Q_2 の間のクーロン力 ΔF は以下で与えられる。

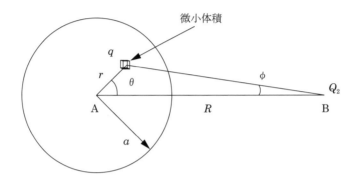

図A 3.1　広がった電荷と点電荷の位置関係

$$\Delta F = \frac{1}{4\pi\varepsilon_0} \frac{Q_2 q r^2 dr \sin\theta d\theta d\varphi}{R^2 + r^2 - 2Rr\cos\theta} \cos\phi \tag{A3.1.1}$$

ここで，一様に球状に広がった全電荷 Q_1 は

$$Q_1 = \frac{4}{3}\pi a^3 q \tag{A3.1.2}$$

で与えられる。$\cos\phi$ は図A3.1より

$$\cos\phi = \frac{R - r\cos\theta}{(R^2 + r^2 - 2Rr\cos\theta)^{1/2}}$$

で与えられるので，クーロン力 F は

$$F = \frac{1}{4\pi\varepsilon_0} \int_0^a r^2 dr \int_0^\pi d\theta \int_0^{2\pi} d\varphi \frac{Q_2 q \sin\theta (R - r\cos\theta)}{(R^2 + r^2 - 2Rr\cos\theta)^{3/2}} \tag{A3.1.3}$$

で与えられる。ここで $\cos\theta = t$ とおくと

$$\begin{aligned}
\int_0^\pi \frac{(R - r\cos\theta)\sin\theta d\theta}{(R^2 + r^2 - 2Rr\cos\theta)^{3/2}} &= \int_{-1}^1 \frac{(R - rt) dt}{(R^2 + r^2 - 2Rrt)^{3/2}} \\
&= \int_{-1}^1 \frac{R dt}{(R^2 + r^2 - 2Rrt)^{3/2}} - \int_{-1}^1 \frac{rt dt}{(R^2 + r^2 - 2Rrt)^{3/2}}
\end{aligned} \tag{A3.1.4}$$

となる。
(A3.1.4)式の第1項はそのまま積分できて，第2項は部分積分で積分できる。

$$\int_0^\pi \frac{(R - r\cos\theta)\sin\theta d\theta}{(R^2 + r^2 - 2Rr\cos\theta)^{3/2}} = \left[\frac{1}{r}(R^2 + r^2 - 2Rrt)^{-1/2}\right]_{-1}^1 - \left[\frac{rt}{Rr(R^2 + r^2 - 2Rrt)^{1/2}}\right]_{-1}^1$$

$$-\frac{1}{R}\left[(R^2+r^2-2Rrt)^{1/2}\frac{1}{Rr}\right]_{-1}^{1}$$

となる。ここで R と r の大きさの関係により結果が変わる。

$R>r$ の場合

$$\int_0^\pi \frac{(R-r\cos\theta)\sin\theta d\theta}{(R^2+r^2-2Rr\cos\theta)^{3/2}}=\frac{2}{R^2-r^2}-\frac{2}{R^2-r^2}+\frac{2}{R^2}=\frac{2}{R^2}$$

$R<r$ の場合

$$\int_0^\pi \frac{(R-r\cos\theta)\sin\theta d\theta}{(R^2+r^2-2Rr\cos\theta)^{3/2}}=\frac{2R}{r(r^2-R^2)}-\frac{2r}{R(r^2-R^2)}+\frac{2}{Rr}=0$$

を得る。したがって

$R>r$ の場合は

$$F=\frac{Q_2 q}{4\pi\varepsilon_0}\int_0^{2\pi}d\varphi\int_0^a r^2 dr\frac{2}{R^2}=\frac{Q_2}{4\pi\varepsilon_0}\frac{4\pi}{3}\frac{a^3}{R^2}q=\frac{Q_1 Q_2}{4\pi\varepsilon_0}\frac{1}{R^2} \tag{A3.1.5}$$

となり，A 点に電荷 Q_1 がある時と同じ力となる。

$R<r$ の場合積分範囲を 0 から R と R から a に分けて行うと

$$F=\frac{Q_2 q}{4\pi\varepsilon_0}\left[\int_0^{2\pi}d\varphi\int_0^R r^2 dr\frac{2}{R^2}+\int_0^{2\pi}d\varphi\int_R^a r^2 dr\times 0\right]=\frac{Q_2 q}{4\pi\varepsilon_0}2\pi\left[\frac{r^3}{3}\right]_0^R\frac{2}{R^2}=\frac{Q_1 Q_2}{4\pi\varepsilon_0}\left(\frac{R}{a}\right)^3\frac{1}{R^2} \tag{A3.1.6}$$

となる。この場合の力は A 点に $Q_1\left(\dfrac{R}{a}\right)^3$ の点電荷がある場合の力と同じになり，この電荷は半径 R 内の全電荷を表す。

付録第4章　放射性壊変

A 4.4.3　β線のスペクトル

A 4.4.3.1　β線のスペクトルの概略

β線のスペクトルを求めるには，量子力学を用いる必要があるが，ここでは詳細は省き，その概略を示す．なお，β線のスペクトルの概略は壊変の終状態の状態密度で決まるので，以下を飛ばしてA4.4.3.5状態密度の節を見ればよい．

A.4.4.3.2　相互作用が時間に依存する場合の近似法

量子力学では状態を特徴づけるハミルトニアンとその解である波動関数を用いる．定常状態の波動関数にハミルトニアンを作用させるとその状態のエネルギーが求まる仕組みになっている．

原子核の壊変を扱うには壊変前の状態から壊変後の状態へ移る確率を求めればよい．β壊変を考えると，壊変前の状態 m と壊変後の状態 k では1個の陽子（中性子）が中性子（陽子）に代わり，β線とニュートリノが放出されるが，壊変前と壊変後のエネルギーの変化は原子核全体が持つエネルギーに比較して非常に小さい．定常状態を表すハミルトニアンを H_0 とし，壊変を起こす相互作用のハミルトニアンを H' として，状態 k に H_0+H' を作用させると状態 m に変わる．H' が H_0 に比べると十分小さいときには摂動として扱うことができる．β壊変の場合，状態が変化し，波動関数が変わる変化となり，壊変を起こすハミルトニアンは時間依存となる．時間依存のあるシュレーディンガーの方程式は

$$i\hbar \frac{\partial \psi}{\partial t} = H\psi \tag{A4.4.3.1}$$

で表される．

ここで，$H=H_0+H'$ で H_0 は定常状態を表すハミルトニアンで定常状態の解である波動関数を u_n とすると，そのエネルギーは E_n で，

$$H_0 u_n = E_n u_n \tag{A4.4.3.2}$$

となっている．摂動のない場合（$H'=0$）に関数 $\varphi = u_n e^{-\frac{iE_n t}{\hbar}}$ を（A4.4.3.1）式に入れると

$$i\hbar \frac{\partial \varphi}{\partial t} = i\hbar \frac{\partial}{\partial t}(u_n e^{-\frac{iE_n t}{\hbar}}) = E_n u_n e^{-\frac{iE_n t}{\hbar}} = E_n \varphi = H_0 \varphi = H_0 u_n e^{-\frac{iE_n t}{\hbar}} \tag{A4.4.3.3}$$

より $H_0 u_n = E_n u_n$ となっている．

摂動のある場合は，ψ を $u_n e^{-\frac{iE_n t}{\hbar}}$ で展開する．展開係数は時間に依存するので

$$\psi = \sum a_n(t) u_n e^{-\frac{iE_n t}{\hbar}} \tag{A4.4.3.4}$$

と表される．ここで，和は飛び飛びの関数と連続関数の両方についてとる．(A4.4.3.4)式を(A4.4.3.1)式へ代入すると

$$\sum i\hbar \dot{a}_n(t) u_n e^{-\frac{iE_n t}{\hbar}} + \sum a_n(t) E_n u_n e^{-\frac{iE_n t}{\hbar}} = \sum a_n(t)(H_0+H') u_n e^{-\frac{iE_n t}{\hbar}}$$

ここで，右辺の $H_0 u_n$ を $E_n u_n$ で置き換えて，左から $\bar{u}_m$ をかけて空間について積分すると，u_n の正規直交性（$\int \bar{u}_l u_m \tau = \delta_{lm}$）を用いて

$$i\hbar \dot{a}_m(t) e^{-\frac{iE_m t}{\hbar}} = \sum a_n(t) e^{-\frac{iE_n t}{\hbar}} \int \bar{u}_m H' u_n d\tau$$

となり，右辺の積分は摂動の行列要素 H'_{mn} である。角周波数

$$\omega_{mn} \equiv \frac{E_m - E_n}{\hbar} \tag{A4.4.3.5}$$

を用いて

$$\dot{a}_m(t) = \frac{1}{\hbar} \sum H'_{mn} a_n(t) e^{i\omega_{mn} t} \tag{A4.4.3.6}$$

を得る。摂動近似では H' を $\lambda H'$ で置き換えて a_n を λ のべき乗の級数で表す。

$$a_n = a_n^{(0)} + \lambda a_n^{(1)} + \lambda^2 a_n^{(2)} + \cdots \tag{A4.4.3.7}$$

ここで，この級数は λ が 0 と 1 の間で解析的だとする。(A4.4.3.7) 式を (A4.4.3.6) 式へ代入して λ の各べき毎の項を等しいとおくと

$$\dot{a}_m^{(0)} = 0, \quad \dot{a}_m^{(s+1)} = \frac{1}{i\hbar} \sum H'_{mn} a_n^{(s)} e^{i\omega_{mn} t} \; ; s = 0, 1, 2, 3 \cdots \tag{A4.4.3.8}$$

となり，順々にすべてのべきに対応する項を決めることができる。

A 4.4.3.3　一次近似

(A4.4.3.8) 式より 0 次の項は時間的に定数であることを示している。これは摂動が加わる前の状態の初期条件を表す。ここで，$a_k^{(0)}$ 以外は全て 0 であると仮定する。つまり摂動の加わるときに系は定常状態のあるエネルギー状態にあるとする。つまり，$a_k^{(0)} = \delta_{km}$ であるとしている。一次の式は

$$a_m^{(1)}(t) = \frac{1}{i\hbar} \int_{-\infty}^{0} H'_{mk}(t') e^{i\omega_{mk} t'} dt' \tag{A4.4.3.9}$$

となる。$t = -\infty$ では摂動の働く前であるから $a_k^{(0)}$ 以外は 0 なので，積分定数は 0 とする。(A4.4.3.9) 式は，H' が限られた時間内だけ働くとすると，摂動がなくなったときの状態 u_m の振幅が H'_{km} の ω_{mk} に対応するフーリエ成分に比例することを示している。(A4.4.3.9) 式は，摂動が時刻 0 で作用し，時刻 t でなくなる以外で時間に依存しないとすると，簡単に積分ができる。一次の振幅は

$$a_m^{(1)}(t) = -\frac{H'_{km}}{\hbar} \frac{e^{i\omega_{km}} - 1}{\omega_{mk}} \tag{A4.4.3.10}$$

となり，時間 t で系が状態 m に見いだされる確率は

$$|a_m^{(1)}(t)|^2 = \frac{4|H'_{km}|^2 \sin^2 \frac{1}{2} \omega_{mk} t}{\hbar^2 \omega_{mk}^2} \tag{A4.4.3.11}$$

(A4.4.3.11) 式の中の $\dfrac{\sin^2 \frac{1}{2} \omega_{mk} t}{\omega_{mk}^2}$ を ω_{mk} の関数として図 A4.1 に示した。

この図から $\omega_{mk} = 0$ つまり $E_k - E_m = 0$ の実現される確率が高いことが分かる。

なお，β 壊変のときには終状態が娘核種と β 線及びニュートリノになる。娘核種のエネルギー E_m は親核種のエネルギー E_k に比べて β 線及びニュートリノが持ち出すエネルギー分 W_0 だけ低いので，終状態の実現される確率が高いのは $E_k - E_m - W_0 = 0$ のところになる。

図 A4.1 のピークについては x の小さいところで $\sin x = x - \frac{1}{3!} x^3 + \cdots$ と表せるので，$\omega_{mk} \to 0$

付録第4章　放射性壊変

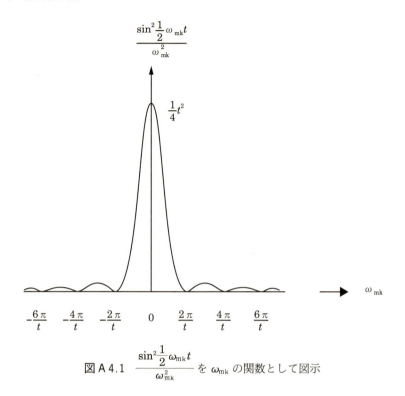

図A4.1　$\dfrac{\sin^2 \frac{1}{2}\omega_{mk}t}{\omega_{mk}^2}$ を ω_{mk} の関数として図示

の極限では $\frac{1}{4}t^2$ が得られることから，ピークの高さは t^2 に比例し，ピークの幅は $\frac{4\pi}{t}$ で $\frac{1}{t}$ に比例する。したがって，ピークの面積は t に比例する。図A4.1の幅は ω_{mk} に対する幅であるが，(A4.4.3.5) 式より，$E_m - E_n = \omega_{mn}\hbar$ であるので終状態 m のエネルギー幅が $\omega_{mn}\hbar \sim \frac{\hbar}{t}$ となっていて，摂動の加わる時間が t であるのでエネルギーの幅と時間の幅の積が $\sim \hbar$ となり，不確定性原理の範囲内であることが分かる。

ピークの面積が t に比例するということは，H'_{mk} がほとんど m に依存しなければ，終状態をエネルギー E_m 付近に見出す確率が t に比例することを表している。このことから，終状態が連続的ないしはほとんど連続的なエネルギー準位を持つときには，このピークの中のいずれかの準位へ転移するとき，単位時間当たりの確率 w を定義することができる。

β 壊変の終状態では電子とニュートリノが放出され，それぞれ連続状態になっているので，このような近似で扱うことができる。

A4.4.3.4　転移確率

転移確率を求めるにあたり，系が大きな長さ L の立方体の中にあって，壁のところで周期条件を満たすとする。この場合には波動関数 u_n はとびとびの値を持ち，体積 L^3 で規格化される。初期状態 k とほぼ同じエネルギーを持つ終状態のグループ m を考え，摂動の行列要素 H'_{mk} が m に対してゆっくりした変化であるとする。終状態の状態密度 $\rho(m)$ をエネルギー領域 dE_m の中の状態数とし，$\rho(m)$ が m に対してゆっくり変化するとする。

m のグループの中の一つが実現される単位時間当たりの確率 w は

$$w = \frac{1}{t}\sum_m |a_m^{(1)}(t)|^2 = \frac{1}{t}\int |a_m^{(1)}(t)|^2 \rho(m)\, dE_m \tag{A4.4.3.12}$$

で，立方体が大きいので m についての和は E_m についての積分で置き換えられるとする。H'_{mk} と $\rho(m)$ がゆっくりした変化だとして，積分に効くのが $E_m = E_k$ の付近の狭い範囲であるとすると，それらは積分の外へ出せるので，

$$w = \frac{1}{t}\frac{4|H'_{mk}|^2}{\hbar}\rho(m)\int_{-\infty}^{\infty}\frac{\sin^2\frac{1}{2}\omega_{mk}t}{\omega_{mk}^2}d\omega_{mk} \tag{A4.4.3.13}$$

となり，積分 $\frac{1}{2}t\int_{-\infty}^{\infty} x^{-2}\sin^2 x\, dx = \frac{1}{2}\pi t$ より（A4.4.3.13）式は

$$w = \frac{2\pi}{\hbar}|H'_{mk}|^2 \rho(m) \tag{A4.4.3.14}$$

となる。

A4.4.3.5 状態密度

β 壊変の転移確率は式（A4.4.3.14）式で与えられる。この式の中の状態密度 $\rho(m)$ について，量子力学では以下のように考える。一辺が L の立方体の中では壁のところで節を持つ定在波が定常状態となる。波動関数を $u_k = e^{\frac{ipx}{\hbar}}$ とすると周期条件は $\frac{p_x L}{\hbar} = 2\pi n_x$ で

$$p_x = \frac{2\pi \hbar n_x}{L},\quad p_y = \frac{2\pi \hbar n_y}{L},\quad p_z = \frac{2\pi \hbar n_z}{L}$$

の値に限られる。ここで，n_x, n_y, n_z は正負の整数か 0 である。したがって，運動量空間で一つの状態が占める体積は $\left(\frac{2\pi\hbar}{L}\right)^3$ となる。エネルギーが E と ΔE の間に対応する運動量空間の体積は，$E = \frac{p^2}{2m_0}$ より p が一定の球の表面積に狭い厚さ dp との積で表されるので $4\pi p^2 dp$ となる。この中の状態の数は $\frac{4\pi p^2 dp}{\left(\frac{2\pi\hbar}{L}\right)^3}$ となる。β 壊変で放出される電子の運動量を $\boldsymbol{p}$ とし，ニュートリノの運動量を $\boldsymbol{q}$ とする。$(p, p+dp)$ と $(q, q+dq)$ の状態数 dn は

$$dn = \frac{4\pi p^2 dp}{\left(\frac{2\pi\hbar}{L}\right)^3}\cdot\frac{4\pi q^2 dq}{\left(\frac{2\pi\hbar}{L}\right)^3} = V^2\frac{4\pi p^2 dp \cdot 4\pi q^2 dq}{(2\pi\hbar)^6} \tag{A4.4.3.15}$$

ここで，$V = L^3$ で，電子とニュートリノの質量が原子核の質量より非常に小さいので，反跳は無視でき，放出エネルギー $E_0 (= Q_\beta + m_0 c^2)$ は電子とニュートリノ（質量は 0 とする）にそれぞれ E_e, E_ν ずつ分配される。E_e は静止質量を含む全エネルギーである。

$$\left.\begin{array}{l} E_0 \equiv E_e^{\max} = E_e + E_\nu,\ \ E_\nu = cq \\ E_e = \sqrt{p^2 c^2 + m_0 c^2} \end{array}\right\} \tag{A4.4.3.16}$$

E_e を一定にしたときに全系のエネルギーの増加 dE は

$$dE = dE_\nu = c\, dq \tag{A4.4.3.17}$$

となるので，（A4.4.3.15）式より

付録第 4 章　放射性壊変

$$\frac{dn}{dE} = V^2 \frac{p^2 q^2 dp}{4\pi 4\hbar^6 c} = V^2 \frac{1}{4\pi^4 \hbar^6 c^3}(E_0 - E_e)^2 p^2 dp \tag{A4.4.3.18}$$

E_e についての分布に書き直すと $E_e dE_e = c^2 p dp$ を用いて

$$\frac{dn}{dE} = V^2 \frac{1}{4\pi^4 \hbar^6 c^6}(E_0 - E_e)^2 (E_e^2 - m_0 c^2)^{1/2} E_e dE_e \tag{A4.4.3.19}$$

となる。したがって，β の転移確率は（A4.4.3.14）で表されるので $|H'_{mk}|^2$ があまり E_e に依存しなければ，β 線のエネルギー分布は（A4.4.3.19）で表される。この式は E_e が 0 と E_0 の範囲で増加するとき，減少する項 $(E_0 - E_e)^2$ と増加する項 $(E_e^2 - m_0^2 c^4)^{1/2}$ の積で表されるので，途中でピークとなる山なりの分布を示す。

付録第5章　加速器

A5.6　AVFサイクロトロン

　サイクロトロンの磁場は詳細に見ると，図A.5.1に示すように外側へ行くほど凸に湾曲している。このために中心軌道面より離れたところを通る粒子に対しては図A5.2に示すように中心軌道面に向かうローレンツ力が働く。これによりイオンビームは発散することなしに最後まで加速される。

　相対論的効果で見かけの質量が増した場合，荷電粒子の周期が高周波の周期に比べて遅れてくる。これを補正するには外側へ行くにしたがって磁場が強くなる磁石を使えば，エネルギーの高くなる軌道半径の大きなところで回転半径が小さくなるために，遅れを補正できる。しかし，この場合の収束力は図A5.3に示すように中心軌道面より離れたところの荷電粒子には発散する方向にローレンツ力が働く。このためにイオンビームは途中で失われてしまう。したがって，最後まで加速するには，収束する力を加える必要がある。サイクロトロンの磁場は方位角方向には一様であるが方位角方向に磁

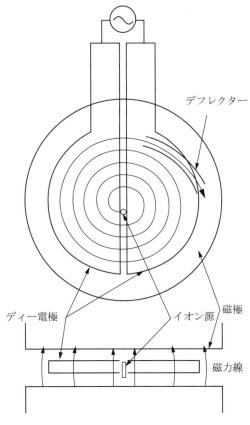

図A5.1　サイクロトロン

付録第5章　加 速 器

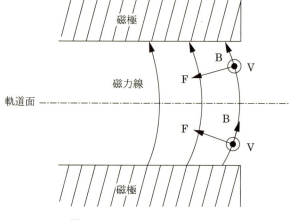

図 A 5.2　荷電粒子の受ける力

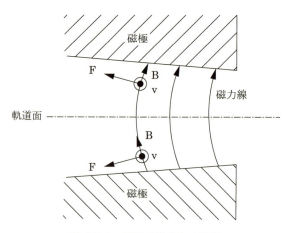

図 A 5.3　外側で強くなる磁場

場の強度を変えて（azimuthal varying field），磁場強度の境界線が荷電粒子の進行方向と斜めに交わるような形状の磁場を作ると収束力を得ることができる。このような型の加速器を AVF サイクロトロンという。

　図 A5.4 に AVF サイクロトロンの磁場と磁場強弱の境界で働く力を示した。磁場の境界では磁場強から磁場弱の境界で磁場弱側へ膨らむ磁力線が生まれる。この境界線の方向を荷電粒子の運動と垂直の方向に対して傾けるようにしておくと，境界で膨らむ磁力線は，荷電粒子の進行方向に平行な成分（$B_{\parallel}$）と垂直方向の成分（$B_{\perp}$）を持つ。垂直成分と荷電粒子の速度によるローレンツ力が生じ，この傾きの方向により収束あるいは発散力が働く。収束力を生じるように磁場境界を傾けることにより中心軌道面へ向かう力が生じ，イオンビームは収束する。

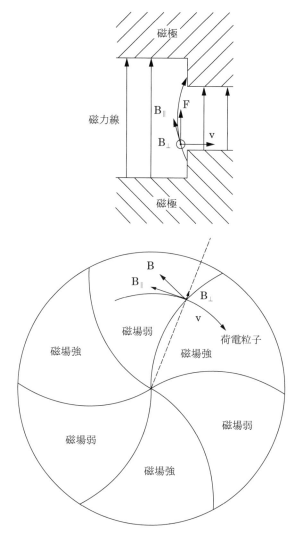

図A5.4　AVFサイクロトロンの磁場と垂直断面の磁場

付録第8章 放射線

A 8.2 中性子線

マクスウェル・ボルツマン分布

　大気中の分子について気体の柱を考えてみる（図 A8.1 参照）。この柱の中で熱平衡が成り立っているとする。分子は重力で引かれているので，上部へ行くと気圧 P は低くなる。圧力 P で体積 V の気体中の分子の数を N とするとボイル－シャルルの法則より

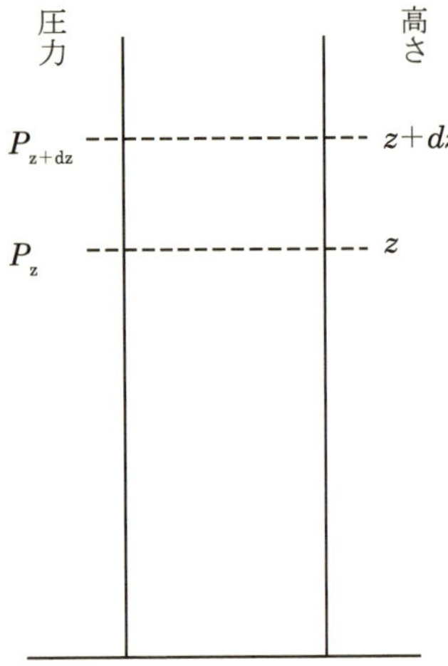

$$P_z V = NkT \tag{A8.2.1}$$

で単位体積当たりの分子数を n とすると

$$n = \frac{N}{V} \tag{A8.2.2}$$

なので

$$P_z = nkT \tag{A8.2.3}$$

高さ z での圧力 P_z と $z+dz$ での圧力 P_{z+dz} の差は $1\,\text{cm}^3$ の中の分子の重量 m に等しい。分子数は ndz なので，中性子の静止質量を m_N とすると

$$dP = P_{z+dz} - P_z = -m_N g n dz$$

これより

$$\frac{dP}{dz} = -m_N g n \tag{A8.2.4}$$

図 A8.1　大気の柱

$P_z = nkT$ より $dP = kTdn$ を用いて

$$\frac{kTdn}{dz} = -m_N g n, \quad \frac{dn}{dz} = -\frac{m_N g n}{kT} \tag{A8.2.5}$$

書き直すと

$$\frac{dn}{n} = -\frac{m_N g}{kT} dz$$

これより

$$n(z) = n_0 e^{-\frac{m_N g}{kT} z} \tag{A8.2.6}$$

ここで，n_0 は $z=0$ での分子密度である。$m_N g z$ は位置エネルギーなのでこれを E とすれば

$$n(z) = n_0 e^{-\frac{E}{kT}} \tag{A8.2.7}$$

と表せる。

　ある高さ z のある速度 v_z の気体が，別の高さ z' まで昇ったとして，高さ z で速度 v_z の気体が高さ z' では速度 v'_z を持つとすると

$$n(z) f(v_z) dz dv_z = n(z') f(v'_z) dz' dv'_z \tag{A8.2.8}$$

座標と運動量を軸とする位相空間の領域は，リューヴィルの定理によれば，時間発展とともに形が変

わっても体積は不変に保たれるので，
$$dz dv_z = dz' dv'_z$$
となり，これを用いて
$$n(z)f(v_z) = n(z')f(v'_z) \tag{A8.2.9}$$
と表される。これより
$$f(v'_z) = \frac{n(z)}{n(z')} f(v_z) = f(v_z) e^{-\frac{m_N g}{kT}(z-z')} \tag{A8.2.10}$$
エネルギー保存則より
$$\frac{1}{2} m_N v'^2_z + m_N g z' = \frac{1}{2} m_N v_z^2 + m_N g z$$
であるので，
$$m_N g(z-z') = \frac{1}{2} m_N (v'^2_z - v_z^2)$$
となり，
$$f(v_z') e^{\frac{m_N}{2kT} v_z'^2} = f(v_z) e^{\frac{m_N}{2kT} v_z^2} = const$$
より
$$f(v_z) \propto e^{-\frac{m_N}{2kT} v_z^2} \tag{A8.2.11}$$
したがって，速度分布が等方であれば
$$f(v_x, v_y, v_z) \propto e^{-\frac{m_N}{2kT} v_x^2} e^{-\frac{m_N}{2kT} v_y^2} e^{-\frac{m_N}{2kT} v_z^2} \tag{A8.2.12}$$
規格化すると
$$\int_0^\infty e^{-\frac{m_N}{2kT} v_x^2} dv_x = \sqrt{\frac{\pi kT}{m_N}} \text{ より } \int_{-\infty}^\infty e^{-\frac{m_N}{2kT} v_x^2} dv_x = \sqrt{\frac{2\pi kT}{m_N}}$$
を用いて
$$f(\boldsymbol{v}) = \left(\frac{m_N}{2\pi kT}\right)^{\frac{3}{2}} e^{-\frac{m_N}{2kT} v^2} \tag{A8.2.13}$$
を得る。

付録第9章　荷電粒子と物質の相互作用

A 9.3.1　物質中でのエネルギー損失

質量を M_0(kg)，電荷 ze(C)，の重荷電粒子が図 A9.1 に示すように速度 V(m^{-1}) で運動する場合，重荷電粒子から距離 r(m) の電子（静止質量 m_0，電荷 e）は重電荷粒子の方向にクーロン力 F の力

$$F = \frac{1}{4\pi\varepsilon_0}\frac{ze^2}{r^2} \tag{A9.3.1}$$

を受ける。この力は荷電粒子が通り過ぎるごく短い時間だけ電子に作用するので電子が撃力（$=\int F dt$）を受けることになる。撃力は運動量の変化に等しいので，電子は運動量（Δp）の変化を生じる。

速度 V の方向を X 軸，電子から X 軸に垂直な方向を Y 軸にとり，F を成分 E_x と E_y に分けて考える。重荷電粒子が原点 O を通過すると x 成分 F_x は反対向きになるので，電子としては，X 方向の往復運動にとどまり，正味の運動はないと考えてよい。したがって，電子は Y 方向にだけ正味の運動量を得たことになる。重荷電粒子の場合は $M_0 \gg m_0$ であるから，重荷電粒子の受ける反跳は無視できて，電子は荷電粒子の持つ運動エネルギー E から ΔE を受けることになる。電子に与えられる運動量 Δp は

$$\Delta p = \int_{-x}^{+x} F_y dt = \int_{-x}^{+x} \frac{1}{4\pi\varepsilon_0}\frac{Ze^2}{r^2}\cos\theta dt \tag{A9.3.2}$$

となり，図 A9.1 で使用した記号により

$$\cos\theta = \frac{b}{r}, \quad \tan\theta = \frac{x}{b} \tag{A9.3.3}$$

さらに，

$$\frac{dx}{dt} = V, \quad \sec^2\theta d\theta = \frac{dx}{b} = \frac{V}{b}dt \tag{A9.3.4}$$

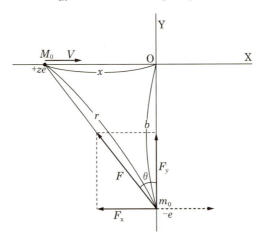

図 A 9.1　運動する荷電粒子と物質中の電子の位置関係

を用いて，

$$\Delta p = \frac{1}{4\pi\varepsilon_0}\frac{ze^2}{bV}\int_{-\frac{\pi}{2}}^{\frac{\pi}{2}}\cos\theta d\theta = \frac{1}{4\pi\varepsilon_0}\frac{2ze^2}{Vb} \quad (A9.3.5)$$

となる。$r_0 = \frac{1}{4\pi\varepsilon_0}\frac{e^2}{m_0 c^2}$ であるから

$$\Delta p = \frac{2zr_0 m_0 c^2}{Vb} \quad (A9.3.6)$$

となり，電子が荷電粒子から受けとるエネルギーは

$$\Delta E(b) = \frac{(\Delta p)^2}{2m_0} = \frac{2z^2 r_0^2 m_0 c^4}{V^2 b^2} = \frac{z^2 r_0^2 m_0 c^4}{b^2}\frac{M_0}{E} \quad (A9.3.7)$$

である。

電子が X 軸を中心にランダムに分布しているとすれば，長さ Δ_x，半径 b と $b+\Delta b$ の円柱殻内の電子数 Δn は

$$\Delta n = N_e \rho 2\pi b \, db \, dx \quad (A9.3.8)$$

である。ここで，N_e は 1kg 中の電子数，ρ は密度 (kgm^{-3})。したがって，線衝突阻止能 S_{col} は

$$S_{col} = -\frac{dE}{dx} = \int_{b_{min}}^{b_{max}}\Delta E(b) \times \frac{\Delta n}{\Delta x} = 4\pi N_e \rho \frac{z^2 r_0^2 m_0 c^4}{V^2}\int_{b_{min}}^{b_{max}}\frac{db}{b}$$

$$= 4\pi N_e \rho \frac{z^2 r_0^2 m_0 c^4}{\beta^2}\ln\frac{b_{max}}{b_{min}} \quad (A9.3.9)$$

となる。$N_e \rho$ の値は，物質 1kg 中の電子数に密度 ρ(kgm^{-3}) を乗じた値，すなわち $N_A\frac{Z}{A}\times \rho$ に等しくなるので，物質 1m^3 中の電子数に等しく，物質の密度を N(m^{-3})，原子番号を Z とすると $N_e\rho = NZ$ で与えられる。

静止質量 M_0，速度 V の入射粒子と静止質量 m_0 の電子の弾性散乱を考えると電子の反跳エネルギーは正面衝突の時に最大となる。このときの散乱後の電子の速度は $v_e^{max} = \frac{2M_0}{M_0 + m_0}V$ で，$M_0 \gg m_0$ のときは $v_e^{max} = 2V$ となり，電子のエネルギーは $2m_0 V^2$ となる。一方，ある距離で電子の受け取るエネルギーは (A9.3.7) 式で与えられるので，r_0 を書き下して

$$\Delta E(b) = \frac{2z^2 r_0^2 m_0 c^4}{V^2 b^2} = \frac{z^2 e^2}{8\pi^2 \varepsilon_0^2 b^2 m_0 V^2}$$

となり，$\Delta E(b_{min})$ が $2m_0 V^2$ の時の b が b_{min} となることから

$$b_{min} = \frac{ze^2}{4\pi\varepsilon_0 m_0 V^2} \quad (A9.3.10)$$

で与えられる。

電子の受ける最小エネルギーを 0 とすると $b_{max} = \infty$ となり，S_{col} は発散してしまう。ボーアは電子の受け取る最小エネルギーを平均励起エネルギー I とした。つまり $\Delta E(b_{max}) = I$ より

$$b_{max} = \frac{ze^2}{2\pi\varepsilon_0 \sqrt{2m_0 V^2 I}} \quad (A9.3.11)$$

(A9.3.10) 及び (A9.3.11) 式を (A9.3.9) 式へ入れると阻止能は

$$S_{col} = 2\pi\frac{z^2 r_0^2 m_0 c^2}{\beta^2}N_e\rho \ln\frac{2m_0 V^2}{I} = \frac{z^2 e^4}{8\pi\varepsilon_0^2 m_0 V^2}N_e\rho \ln\frac{2m_0 V^2}{I} \quad (A9.3.12)$$

で与えられ，これをボーアの式という。

付録第11章　中性子と物質の相互作用

付録第11章　中性子と物質の相互作用

A 11.3　中速中性子

エネルギーの低い中性子の反応断面積が $\frac{1}{v}$ に比例することは次のように示される。

核反応 A(a, b)B において反応の起こる確率は反応を起こす相互作用を摂動として，一次の摂動論より

$$W = \frac{2\pi}{\hbar} |H_{\text{if}}|^2 \frac{dN}{dE} \tag{A11.3.1}$$

と表すことができる。終状態では粒子が放出されて連続状態にあるとし，状態密度 $\rho(E_\text{f})$ は一辺が L の立方体で規格化すると

$$\rho = \frac{dN}{dE} = \frac{4\pi p^2 dp}{\left(\frac{2\pi\hbar}{L}\right)^3} \frac{1}{dE} = 4\pi L^3 (2\pi\hbar)^{-3} p^2 dp \frac{1}{dE} \tag{A11.3.2}$$

ここで p は粒子 b の運動量である。

入射粒子 a を L の立方体で規格化すると，入射粒子の速度を v_a として入射粒子のフルエンス率は $\frac{v_\text{a}}{L^3}$ で与えられるので，A(a, b)B 反応の断面積を σ_{AB} とすると反応の起こる確率 W は

$$W = \frac{v_\text{a}}{L^3} \sigma_{\text{AB}} N_\text{T} \tag{A11.3.3}$$

で与えられる。N_T はターゲット核の数で今は $N_\text{T}=1$ である。これが（A11.3.1）に等しいことから

$$\frac{v_\text{a}}{L^3} \sigma_{\text{AB}} = \frac{2\pi}{\hbar} |H_{\text{if}}|^2 \rho = \frac{L^3}{\hbar^4 \pi} |H_{\text{if}}|^2 p_\text{b}^2 dp_\text{b} \frac{1}{dE} \tag{A11.3.4}$$

ここで $dE = v_\text{b} dp_\text{b}$ を用いて

$$\sigma_{\text{AB}} = \frac{1}{\hbar^4 \pi} |L^3 H_{\text{if}}|^2 \frac{p_\text{b}^2}{v_\text{a} v_\text{b}} \tag{A11.3.5}$$

を得る。

ここで，H_{if} は始状態の全波動関数を φ_i，終状態の全波動関数を φ_f とすると反応を起こす相互作用を V として

$$H_{\text{if}} = \int \varphi_\text{i}^* V \varphi_\text{f} d\tau \tag{A11.3.6}$$

と書くことができる。

φ_i，φ_f は入射粒子，標的核，出射粒子，残留核の波動関数から成る。しかし，核力が短距離の相互作用であることから，電磁力を無視すれば（A11.3.6）式の積分範囲は関与する核の大きさ程度に限られる。そのとき始状態は a と A が核力の範囲外に離れているとすると，相対距離を r として

$$\varphi_\text{i} \approx L^{-\frac{3}{2}} e^{ikr} \phi_\text{A} \phi_\text{a} \tag{A11.3.7}$$

で表される。φ_f についても同様である。ϕ_A，ϕ_a は粒子 A と粒子 a のそれぞれの内部座標に関する波動関数である。H_{if} の積分は核の大きさ程度の範囲で値を持ち，その他では 0 となる。したがって H_{if} は

$$H_{\mathrm{if}} \cong L^{-3} <V> \times 核の体積 \tag{A11.3.8}$$

となる。$<V>$ は相互作用の核内での平均値を表す。

入射粒子が荷電粒子の場合はクーロン障壁の透過率 e^{-G_a} がかかる。a，b が荷電粒子の場合は，

$$H_{\mathrm{if}} \cong L^{-3} <V> \times 核の体積 \times e^{-(G_a+G_b)} \tag{A11.3.9}$$

となる。これらを用いて反応断面積 σ_{AB} は

$$\sigma_{AB} \cong \frac{1}{\pi \hbar^4} <V>^2 (核の体積)^2 e^{-2(G_a+G_b)} \frac{p_b^2}{v_a v_b} \tag{A11.3.10}$$

となる。遅い中性子の発熱反応の場合は核に捕獲された中性子の結合エネルギーが ~ 8 MeV 程度なので，捕獲した核の励起状態は約 8 MeV の高い励起状態にある。したがって，中性子のエネルギーが少し変化しても v_b の値はほぼ反応の Q 値で決まるので $v_b \cong$ 一定となる。したがって $\frac{p_b^2}{v_a v_b} \approx \frac{1}{v_a}$ となる。これより

$$\sigma(n, b) \cong 定数 \times e^{-2G_b} \frac{1}{v_a} \tag{A11.3.11}$$

を得る。出射粒子についてもそのエネルギーは反応の Q 値と同程度で G_b もほぼ一定となり

$$\sigma(n, b) \propto \frac{1}{v_a} \tag{A11.3.12}$$

と表され，$\frac{1}{v}$ 法則となる。

A 11.4　高速中性子

中性子と原子核の弾性散乱における反跳原子核のエネルギー及びエネルギースペクトルについて示す。

中性子の静止質量を m_N，速度を v，原子核の静止質量を M_0 とし，散乱後の中性子の散乱角度を ρ，原子核の散乱角度を θ とする。重心系での重心の速度を V，中性子と原子核の散乱角度をそれぞれ ρ'，θ' とする（図 A11.4.1 参照）。

重心系では系の運動量の和は 0 であることから

$$m_N(v-V) - M_0 V = 0 \tag{A11.4.1}$$

これより中心の速度 V は

$$V = \frac{m_N}{m_N + M_0} v \tag{A11.4.2}$$

を得る。衝突後の実験室系での原子核の速度と重心の速度の関係は図 A11.4.2 に示すようになる。$\theta' = 2\theta$ より原子核の重心系における速度の 2 乗は

$$u'^2 = V^2 + V^2 - 2V^2 \cos(\pi - \theta') = 2V^2(1+\cos\theta') \tag{A11.4.3}$$

で与えられる。中性子のエネルギーを E_n とすると反跳原子核のエネルギー E_A は

$$\left.\begin{aligned}
E_A &= \frac{1}{2} M_0 u'^2 = \frac{1}{2} M_0 \cdot 2V^2(1+\cos\theta') = M_0 V^2 (1+\cos\theta') \\
&= M_0 \left(\frac{m_N}{m_N+M_0} v\right)^2 (1+\cos\theta') = \frac{1}{2} m_N v^2 \frac{2 m_N M_0}{(m_N+M_0)^2}(1+\cos\theta') \\
&= E_n \frac{2 m_N M_0}{(m_N+M_0)^2}(1+\cos\theta') = E_n \frac{2 m_N M_0}{(m_N+M_0)^2}(1+\cos 2\theta) = E_n \frac{4 m_N M_0}{(m_N+M_0)^2}\cos^2\theta
\end{aligned}\right\} \tag{A11.4.4}$$

付録第11章　中性子と物質の相互作用

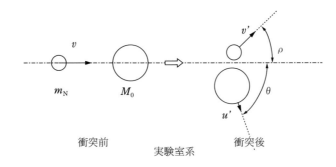

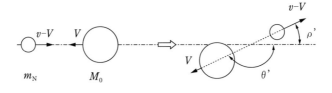

図 A 11.4.1　中性子と原子核の弾性散乱

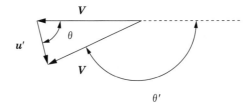

図 A 11.4.2　実験室系での原子核の速度と重心の速度の関係

で与えられる。

　原子核のエネルギースペクトルは重心系での角分布を等方的だと仮定する。実験室系での角度分布 $\frac{d\sigma}{d\Omega}$ を，重心系での角度分布を $\frac{d\sigma}{d\Omega'}$ とする。反跳原子核のエネルギーは反跳角度に依存するが中性子の進行方向の軸の周りについては一様なので，角度 ϕ' について積分して

$$\frac{d\sigma}{dE} = \int_0^{2\pi} \frac{d\sigma}{d\Omega'} \frac{d\Omega'}{dE} d\phi' \tag{A11.4.5}$$

重心系での角度分布が等方的だとして全散乱断面積を σ_0 とすると

$$\frac{d\sigma}{d\Omega'} = \frac{\sigma_0}{4\pi} \tag{A11.4.6}$$

より

$$\frac{d\sigma}{dE} = \frac{\sigma_0}{4\pi} \int_0^{2\pi} \frac{d\Omega'}{dE} d\varphi' = \frac{\sigma_0}{4\pi} 2\pi \frac{\sin\theta' d\theta'}{dE} \tag{A11.4.7}$$

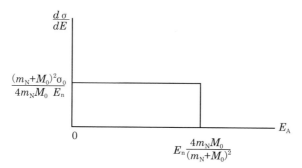

図 A 11.4.3 反跳原子核のスペクトル

(A11.4.4) 式より

$$\frac{dE}{d\theta'}=\frac{d}{d\theta'}\left(E_n\frac{2m_NM_0}{(m_N+M_0)^2}(1+\cos\theta')\right)=-E_n\frac{2m_NM_0}{(m_N+M_0)^2}\sin\theta' \tag{A11.4.8}$$

となる。ここで負号は角度が増すとエネルギーが下がることを意味する。これらより

$$\begin{aligned}\frac{d\sigma}{dE}&=\frac{\sigma_0}{2}\frac{\sin\theta'\,d\theta'}{dE}=\frac{\sigma_0}{2}\sin\theta'\frac{d\theta'}{dE}=\frac{\sigma_0}{2}\frac{\sin\theta'}{E_n\frac{2m_NM_0}{(m_N+M_0)^2}\sin\theta'}\\ &=\frac{(m_N+M_0)^2}{4m_NM_0\cdot E_n}\sigma_0\end{aligned} \tag{A11.4.9}$$

を得る。E_A の最大値は（A11.4.4）式より $E_n\dfrac{4m_NM_0}{(m_N+M_0)^2}$ であるので反跳原子核のエネルギースペクトルは図 11.4.3 に示すようにエネルギーが 0 から $E_n\dfrac{4m_NM_0}{(m_N+M_0)^2}$ までの一様なスペクトルとなる。中性子と陽子との弾性散乱では $m_N=1$, $M_0=1$ であるので，反跳水素の最大エネルギーは E_n となり，強さは $\dfrac{\sigma_0}{E_0}$ となるので，反跳水素のスペクトルは図 A11.4.4 に示すスペクトルとなる。水素との弾性散乱における中性子のエネルギーは，反跳水素と中性子のエネルギーの和が E_n であることから，散乱中性子のエネルギースペクトルも図 A11.4.4 と同じになる。したがって，散乱中性子の平均エネルギーは $E_n/2$ となり，1 回の散乱で平均エネルギーは半分となる。

　反跳原子核の実験室系での微分断面積 $\dfrac{d\sigma}{d\Omega}$ は

$$\frac{d\sigma}{d\Omega}=\frac{d\sigma}{d\Omega'}\frac{d\Omega'}{d\Omega}=\frac{\sigma_0}{4\pi}\frac{d\Omega'}{d\Omega} \tag{A11.4.10}$$

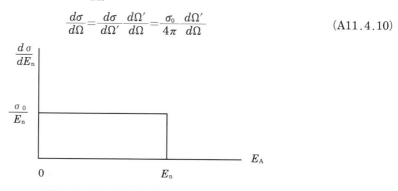

図 A 11.4.4 反跳水素のスペクトル

付録第11章　中性子と物質の相互作用

$\theta'=2\theta$ より $d\theta'=2d\theta$，$\phi'=\phi$ を用いて

$$d\Omega' = \sin\theta' d\theta' d\phi' = \sin 2\theta 2d\theta d\phi = 2\cos\theta\sin\theta d\theta 3d\theta d\phi \quad (A11.4.11)$$
$$= 4\cos\theta\sin\theta d\theta d\phi = 4\cos\theta d\Omega$$

であり，$\dfrac{d\Omega'}{d\Omega}=4\cos\theta$ となるので

$$\frac{d\sigma}{d\Omega} = \frac{\sigma_0}{4\pi}4\cos\theta = \frac{\sigma_0}{\pi}\cos\theta \quad (A11.4.12)$$

となる。なお，角度について $\theta'_{max}=\pi$ なので $\theta_{max}=\dfrac{\pi}{2}$ である。

演習問題解答

第1章　序論

問題を解くのに便利な式及び値として，$\dfrac{1}{4\pi\varepsilon_0}\dfrac{e^2}{\hbar c}=\dfrac{1}{137}$，$\hbar c=197.3\,\text{MeV}\cdot\text{fm}$ を用いるとよい。

問 1
解答　1

光子はエネルギーによらず速度は一定である。

問 2
解答　3100 t

1 g の物質が完全にエネルギーに変化すると $m_0 c^2$ のエネルギーになる。$m_0=10^{-3}$ kg, $c=3\times 10^8$ m s^{-1}，1 cal=4.2 J を用いて
$m_0 c^2 = 10^{-3}\times(3\times 10^8)^2=9.0\times 10^{13}$ J 及び 7000 cal$=2.9\times 10^4$ J を用いて
$$\dfrac{9.0\times 10^{13}}{2.9\times 10^4}=3.1\times 10^9\,(\text{g})=3.1\times 10^3\,(\text{t})$$

問 3
解答　波長：$1.24\,\mu$m，振動数：2.4×10^{14} Hz

$h\nu=E$ より，$h\nu=hc\dfrac{\nu}{c}=2\pi\hbar c\dfrac{\nu}{c}=E=1$ eV となり，

$\lambda=\dfrac{c}{\nu}=\dfrac{2\pi\hbar c}{E}=2\times 3.14\times 197\times 10^6\,\text{fm}=1.24\times 10^9\,\text{fm}=1.24\times 10^{-6}\,\text{m}=1.24\,\mu\text{m}$

$\nu=\dfrac{c}{\lambda}=\dfrac{3\times 10^8}{1.24\times 10^{-6}}\,\text{Hz}=2.42\times 10^{14}\,\text{Hz}$

問 4
解答　3.21 倍

相対論的な場合に質量は $m=\dfrac{m_0}{\sqrt{1-\left(\dfrac{v}{c}\right)^2}}$ で与えられるので，

$m=\dfrac{m_0}{\sqrt{1-\left(\dfrac{v}{c}\right)^2}}=\dfrac{m_0}{\sqrt{1-0.95^2}}=3.21 m_0$

問 5
解答　33.9 MeV

$V(R)=\dfrac{1}{4\pi\varepsilon_0}\dfrac{q_1\cdot q_2}{r}=\dfrac{1}{4\pi\varepsilon_0}\dfrac{e^2}{r}\dfrac{z_1\cdot z_2}{r}=\dfrac{1}{4\pi\varepsilon_0}\dfrac{e^2}{\hbar c}\hbar c\dfrac{z_1\cdot z_2}{r}=\dfrac{1}{137}\times 197\times\dfrac{2\times 86}{7.3}=33.9\,\text{MeV}$

問 6

解答　98 eV

　原子核の静止質量を m_0，速度を v とし，光子のエネルギーを E とすると，止まっている原子核から光子が放出されたとすると，運動量の保存則から $m_0 v = \dfrac{E}{c}$ となり，速度 v は $v = \dfrac{E}{m_0 c}$ となる。原子核の運動エネルギー T は $T = \dfrac{1}{2} m_0 v^2 = \dfrac{1}{2} m_0 \left(\dfrac{E}{m_0 c}\right)^2 = \dfrac{1}{2}\dfrac{E^2}{m_0 c^2}$ となる。原子核の質量が電子の質量の 10^4 倍であることから $m_0 c^2 = m_e c^2 \times 10^4 = 0.511 \times 10^4 = 5110 \text{(MeV)}$ となるので，原子核の運動エネルギーは $T = \dfrac{1}{2}\dfrac{E^2}{m_0 c^2} = \dfrac{1 \times 1^2}{2 \times 5110} = 9.8 \times 10^{-5} \text{(MeV)} = 98 \text{(eV)}$ となる。

問 7

解答　電子の受ける力：1.28×10^{-14} N，時間：1.46×10^{-9} s，終速度：2.06×10^7 m s^{-1}

　図に示す平行電極間にある電子に働く力 F は電極間の電場 E は電極間の距離を d とすると

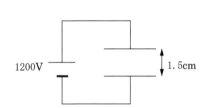

$E = \dfrac{V}{d}$ であるので，力 F は $F = eE = 1.6 \times 10^{-19} \times \dfrac{1200}{1.5 \times 10^{-2}} = 1.28 \times 10^{-14} \text{(N)}$ となる。加速度 a は $a = \dfrac{F}{m_0} = \dfrac{1.28 \times 10^{-14}}{9.11 \times 10^{-31}} = 1.41 \times 10^{16} \text{(m s}^{-2}\text{)}$ であり，電極間を動く時間を t とすると $d = \dfrac{1}{2} a t^2$ であるので，$t = \sqrt{\dfrac{2d}{a}} = \sqrt{\dfrac{2 \times 1.5 \times 10^{-2}}{1.41 \times 10^{16}}} = 1.46 \times 10^{-9} \text{(s)}$ となる。終速度 v_t は $v_t = at = 1.41 \times 10^{16} \times 1.46 \times 10^{-9} = 2.06 \times 10^7 \text{(m s}^{-1}\text{)}$ となる。

問 8

解答　500 V

　偏向電極の長さを d，間隔を h，与える電圧を E(V)，偏向電極と蛍光版の距離を L，蛍光板上での電子の偏向距離を y とする。
問題より $d = 1$ cm，$h = 0.5$ cm，$L = 30$ cm，$y = 10$ cm である。
水平方向の速度 $v_\parallel$ を，垂直方向の速度を $v_\perp$ とし，偏向電極から蛍光板まで飛ぶ時間を T とすると $L = v_\parallel T$，$y = v_\perp T$ より

$$\dfrac{L}{y} = \dfrac{v_\parallel T}{v_\perp T} = \dfrac{v_\parallel}{v_\perp} = \dfrac{30}{10}$$

電子が偏向電極を通る間に得る垂直方向の速度 $v_\perp$ は偏向電極を通る時間と垂直方向の加速度で決まる。電子のエネルギーは 1500(V) で加速されているので，電子の持つ運動エネルギーは $1500e$(J) である。ここで e(C) はクーロンで表した電子の電荷で m_0 は電子の静止質量である。水平方向の速度 $v_\parallel$ は電子の運動エネルギーより

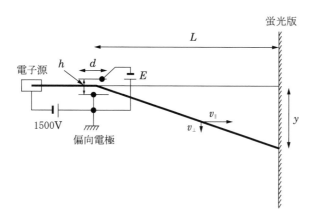

$\frac{1}{2}m_0 v_\parallel^2 = 1500\,(\text{eV}) = 1500e\,(\text{J})$ より $v_\parallel$ は光速度を c とすると

$$v_\parallel = \sqrt{\frac{3000e}{m_0 c^2}}\,c$$

となる。垂直方向の加速度は $a_\perp$，電場 E は $\frac{E}{h}$ で電子にかかる垂直方向の力 $F_\perp$ は $F_\perp = e\frac{E}{h}$ となる。また，$F_\perp = m_0 a_\perp$，したがって，$a_\perp = \frac{F_\perp}{m_0} = \frac{Ee}{m_0 h}$ を得る。偏向電極を通り抜ける時間 t は $t = \frac{d}{v_\parallel}$ で，垂直方向の速度 $v_\perp$ は $v_\perp = a_\perp t = \frac{eE}{m_0 h}\frac{d}{v_\parallel}$ となる。したがって，$\frac{L}{y} = \frac{v_\parallel}{v_\perp} = \frac{v_\parallel}{\frac{eE}{m_0 h}\frac{d}{v_\parallel}} = \frac{v_\parallel^2}{\frac{eE}{m_0 h}d} = \frac{\frac{3000e}{m_0 c^2}c^2}{\frac{eE}{m_0 h}d}$

$= \frac{\frac{3000}{m_0 c^2}c^2}{\frac{E}{m_0 h}d} = \frac{30}{10}$ より $E = \frac{h}{d}\times 1000 = \frac{0.5}{1}\times 1000 = 500\,(\text{V})$ を得る。

問 9

解答　0.08°C

水に与えられるエネルギー E は，5 MeV のエネルギーが毎秒 7×10^{11} なので，$E = 5\times 10^6 \times 7\times 10^{11}\,(\text{eV s}^{-1}) = 5\times 10^6\times 7\times 10^{11}\times 1.6\times 10^{-19}\,(\text{J s}^{-1})$ となる。1 分間なので $E = 33.6\,(\text{J})$ で 1cal $=$ 4.2J より $E = 8\,(\text{cal m}^{-1})$ となる。1cal は水 1g を 1°C 上昇させるので，100 g の水を 0.08°C 上昇させる。

問 10

解答　1

光が波動性と粒子性の 2 重の性質を持つように粒子（電子）も波動性と粒子性を持つ，これを物質波（ドブロイ波）という（参照　第 1 章式 1.3.3）

問 11
解答　2
　すべての波長の放射を完全に吸収し，反射と透過を生じない黒体が行う熱放射を黒体放射という。相対論とは関係ない。

問 12
解答　5
　光速で運動する物体の質量は重くなる。相対論的質量：m，静止質量：m_0とすると
$m = \dfrac{m_0}{\sqrt{1-\left(\dfrac{v}{c}\right)^2}}$ となる。$v/c = 0.98$ を代入すると

$$\dfrac{m}{m_0} = \dfrac{1}{\sqrt{1-\left(\dfrac{v}{c}\right)^2}} = \dfrac{1}{\sqrt{1-(0.98)^2}} = \dfrac{1}{\sqrt{\dfrac{100^2-98^2}{100^2}}}$$

$$\dfrac{m}{m_0} = \dfrac{1}{\sqrt{\dfrac{20^2}{100^2}}} = \dfrac{1}{\dfrac{20}{100}} = \dfrac{100}{20} = 5 \text{ 倍}$$

問 13
解答　3
$m = \dfrac{m_0}{\sqrt{1-\left(\dfrac{v}{c}\right)^2}}$ を用いる。

$mc^2 = \dfrac{m_0 c^2}{\sqrt{1-\left(\dfrac{v}{c}\right)^2}} = K + m_0 c^2$ より，

$$v = c \times \sqrt{1-\left(\dfrac{m_0 c^2}{K+m_0 c^2}\right)^2} = c \times \sqrt{1-\left(\dfrac{0.511}{1+0.511}\right)^2} = 0.94107c$$

となる。よって，

$$m = \dfrac{9.1 \times 10^{-27}}{\sqrt{1-\left(\dfrac{0.94107c}{c}\right)^2}} = 26.907 \times 10^{-27} = 2.69 \times 10^{-27} \cong 2.7 \times 10^{-27} \text{ [kg]}$$

となる。

問 14
解答　1
問 13 と同様に，

$$v = c \times \sqrt{1-\left(\dfrac{m_0 c^2}{K+m_0 c^2}\right)^2} = 3.0 \times 10^8 \times \sqrt{1-\left(\dfrac{511}{50+511}\right)^2} = 1.238 \times 10^8 \text{ [m/s]}$$

なので，物質波の波長 λ は，

$$\lambda = \dfrac{h}{mv} = \dfrac{6.626 \times 10^{-34}}{9.1 \times 10^{-27} \times 1.238 \times 10^8} = 0.588 \times 10^{-15} \cong 5.9 \times 10^{-16} \text{ [m]}$$

となる。

第 2 章　原子の構造

問 1

解答　1

A　内部転換電子のエネルギー E_1 は光子のエネルギーを E_p，転換電子が出た電子軌道の結合エネルギーを E_b とすると $E_1 = E_p - E_b$ なので正しい。

B　吸収端のエネルギーは，入射光子のエネルギーが電子軌道のエネルギーより小さくなるとその軌道の電離が起こらなくなり確率のジャンプが起こることにより表れるので正しい。

C　特性 X 線のエネルギー E_x は，点転位する軌道の結合エネルギーを E_i および E_f とすると $E_x = E_i - E_f$ で与えられるので正しい。

D　消滅放射線は陽電子が陰電子と結合して消滅放射線となるので，電子軌道の結合エネルギーとは無関係であり誤り。

E　弾性散乱中性子のエネルギーは原子核との散乱の幾何学的関係で決まるので，電子軌道の結合エネルギーとは無関係であり誤り。

問 2

解答　5

A　原子番号は原子核内の陽子の数と同じであり，誤り。

B　γ 線は原子核の励起に伴い発生し，X 線は電子軌道間の電子の転位あるいは物質中での制動放射によって発生するので，誤り。

C　特性 X 線は原子内の電子軌道間の電子の転移によって発生するので，正しい。

D　K-X 線のエネルギーは，(2.4.5) 式で与えられるので，正しい。

問 3

解答　1.24×10^{-10} m

10 kV の尖頭電圧で加速したときの電子のエネルギーは 10 keV である。$E = h\nu$，$\lambda = \dfrac{c}{\nu}$ より $\lambda = \dfrac{c}{\nu} = \dfrac{hc}{E} = 2\pi \dfrac{\hbar c}{E} = 2\pi \times \dfrac{197}{0.01} = 1.24 \times 10^5 \text{(fm)} = 1.24 \times 10^{-10} \text{(m)}$

問 4

解答　360 m

倍率は $\dfrac{1.9 \times 10^{-2}}{2.8 \times 10^{-15}} = 6.79 \times 10^{12}$ となり，K 軌道の半径 r は (2.4.3) 式より

$r = \dfrac{\varepsilon_0 h^2}{\pi m_0 e^2} = \dfrac{4\pi\varepsilon_0 \hbar c}{e^2} \dfrac{\hbar c (2\pi)^2}{4\pi^2 m_0 c^2} = \dfrac{4\pi\varepsilon_0 \hbar c}{e^2} \dfrac{\hbar c}{m_0 c^2} = \dfrac{137}{1} \dfrac{197}{0.511} = 5.28 \times 10^4 \text{(fm)} = 5.28 \times 10^{-11} \text{(m)}$ となり，$5.28 \times 10^{-11} \times 6.79 \times 10^{12} = 360 \text{(m)}$

問 5

解答　$n=1$：$r_1=5.28\times10^{-11}$ m, $v_1=2.19\times10^6$ m s^{-1}, $n=2$：$r_2=2.11\times10^{-10}$ m, $v_2=1.09\times10^6$ m s^{-1}, $r_3=4.75\times10^{-10}$ m, $v_3=7.30\times10^5$ m s^{-1}, $r_4=8.44\times10^{-11}$m, $v_4=5.48\times10^5$ m s^{-1},

半径は（2.4.3）式で与えられるので $r_n=\dfrac{n^2\hbar^2}{m_0}\dfrac{4\pi\varepsilon_0}{Ze^2}$ で，角速度 ω_n は（2.4.1）式と（2.4.3）式から $\omega_n=\dfrac{\pi m_0 e^4}{2n^3\varepsilon_0^2 h^3}$ で，速度 v_n は $v_n=r_n\omega_n$ で与えられる。$n=1$ について示すと

$$r_1=\dfrac{\hbar^2}{m_0}\dfrac{4\pi\varepsilon_0}{e^2}=\dfrac{4\pi\varepsilon_0\hbar c}{e^2}\dfrac{\hbar c}{m_0 c^2}=137\times\dfrac{197}{0.511}(\text{fm})=5.28\times10^{-11}(\text{m})$$

$$\omega_1=\dfrac{\pi m_0 e^4}{2\varepsilon_0^2 h^3}=\left(\dfrac{e^2}{4\pi\varepsilon_0\hbar c}\right)^2\dfrac{m_0 c^2}{\hbar c}c=\left(\dfrac{1}{137}\right)^2\times\dfrac{0.511}{197\times10^{-15}}\times3\times10^8=4.15\times10^{16}(\text{s}^{-1})$$

したがって，$v_1=r_1\omega_1=5.28\times4.15\times10^5=2.19\times10^6(\text{m s}^{-1})$

問 6

解答　電流は 1.06×10^{-3} A, 磁気モーメントは 9.28×10^{-24} A m^2

電子の回転の周波数 f は問 5 の角速度の答えを用いて

$$f=\dfrac{\omega}{2\pi}=\dfrac{4.15\times10^{16}}{2\times3.14}=6.61\times10^{15}(\text{Hz})$$

電流 I は $I=ef=1.6\times10^{-19}\times6.61\times10^{15}(\text{A})=1.06\times10^{-3}(\text{A})$

磁気モーメント μ は前問の半径 $r=5.28\times10^{-11}(\text{m})$ を用いて

$\mu=I\cdot S=I\cdot\pi r^2=1.06\times10^{-3}\times3.14\times(5.28\times10^{-11})^2=9.28\times10^{-24}(\text{A m}^2)$

問 7

解答　光路差が波長の整数倍で干渉の結果強くなる。図より光路差は L_1-L_2 である。

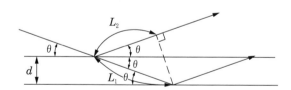

$L_1\sin\theta=d$, $L_2=L_1\cos2\theta$ であるから，$L_1-L_2=\dfrac{d}{\sin\theta}-\dfrac{d}{\sin\theta}\cos\theta=\dfrac{d}{\sin\theta}2\sin^2\theta=2d\sin\theta$ より波長を λ とすると $n\lambda=2d\sin\theta$ となる。

問 8

解答　68.3 keV

（2.4.4）式より $E_n=-\dfrac{m_0}{2}\left(\dfrac{Ze^2}{4\pi\varepsilon_0}\right)^2\dfrac{1}{n^2\hbar^2}$ で与えられるので，

$$E_1 = -\frac{m_0 c^2}{2}\left(\frac{Ze^2}{4\pi\varepsilon_0}\right)^2 \frac{1}{n^2\hbar^2 c^2} = -\frac{m_0 c^2}{2}\left(\frac{e^2}{4\pi\varepsilon_0 \hbar c}\right)^2 \frac{Z^2}{n^2} = -\frac{0.511}{2}\times\left(\frac{1}{137}\right)^2 \times 82^2 = -9.11\times 10^{-2}(\text{MeV})$$
$$= -91.1(\text{keV})$$

$E_2 = \dfrac{E_1}{4}$ より $E(\text{KX}_\text{a}) = E_2 - E_1 = -\dfrac{3}{4}E_1 = 68.3(\text{keV})$

問9

解答　3, 4

3　制動放射は連続スペクトルである。
4　制動放射の最大エネルギー（最短波長）は管電圧によって決まる。デュエヌ・フントの法則（式2.7.5）（参照 第2章2.7.3, 33p）

問10

解答　2, 5

主量子数，方位量子数，磁気量子数をそれぞれ n, ℓ, m とすると，それらがとり得る値は次のようになる。

　主量子数　　$n = 1, 2, 3 \cdots\cdots\cdots n$　　　（自然数）
　方位量子数　$\ell = 0, 1, 2 \cdots\cdots\cdots n-1$　（0から $n-1$ まで）
　磁気量子数　$m = (2\ell+1)$ で表される。

$n = 2$ のとき
$\ell = n-1$ より　$\ell = (2-1) = 1$ となり，ℓ は 0, 1 をとる
$\ell = 0$ のとき $m = (2\ell+1)$ より　$m = (2\cdot 1+1) = 1$ となり，m は 0 をとる
$\ell = 1$ のとき $m = (2\ell+1)$ より　$m = (2\cdot 1+1) = 3$ となり，m は $-1, 0, +1$ をとる
$n = 3$ のとき $\ell = n-1$ より　$\ell = (3-1) = 2$ となり，ℓ は 0, 1, 2 をとる
$\ell = 0$ のとき $m = (2\ell+1)$ より　$m = (2\cdot 0+1) = 1$ となり，m は 0 をとる
$\ell = 1$ のとき $m = (2\ell+1)$ より　$m = (2\cdot 1+1) = 3$ となり，m は $-1, 0, +1$ をとる
$\ell = 2$ のとき $m = (2\ell+1)$ より　$m = (2\cdot 2+1) = 5$ となり，m は $-2, -1, 0, +1, +2$ をとる

以下に量子数の取り得る組合せを表にまとめる。

主量子数 n	方位量子数 ℓ	磁気量子数 m
1	0	0
2	0	0
2	1	$-1, 0, +1$
3	0	0
3	1	$-1, 0, +1$
3	2	$-2, -1, 0, +1, +2$

表より，1, 3, 4 は取り得ない組合せである。

問 11

解答　4

　主量子数 n の殻に存在できる軌道電子の数は $2n^2$ である。主量子数 n と殻名には次の関係がある。$n=1$ は K 殻となり，$n=2$ は L 殻となるので $2n^2=2\times2^2=8$ 個存在できる。

問 12

解答　5

　エックス線の発生強度：I，管電圧：V，管電流：i，ターゲットの原子番号：Z，比例定数：k，発生効率 η のとき，$I=kV^2iZ$　$\eta=kVZ$ で表せるので，

1　発生強度は管電圧の 2 乗に比例する。
2　最短波長 λ_{min} は管電圧 $V(kV)$ と $\lambda=\dfrac{1.24}{V}$ の関係がある。
3　エネルギー分布は連続スペクトルである。（0 から λ_{min} まで）
4　診断用 X 線装置の発生効率は 1 ％以下である。
5　電子のエネルギーが大きいほど前方の強度が増大する。

問 13

解答　1，3

1　特性 X 線のエネルギーはターゲット物質の原子番号によって決まるため，エネルギーは元素固有である。
2　放出確率は $K_\alpha>K_\beta>K_\gamma$ となる。
3　エネルギーは $K_\alpha<K_\beta<K_\gamma$ となる。
4　エネルギースペクトルは線スペクトルでターゲット核種に固有である。
5　蛍光収量すなわち，特性 X 線の放出割合は原子番号が大きいほど大きくなる。

第3章 原子核の構造

問1
解答　D
　Aは正しい。Bは正しい。Cは正しい。Dは，重陽子の質量＝陽子の質量＋中性子の質量－結合エネルギーとなるので誤り。Eは正しい。

問2
解答　BとD
　Aは，核子あたりの結合エネルギーが最大となるのは質量数が約60の付近であるので誤り。Bは正しい。Cは，陽子の質量は中性子の質量より小さいので誤り。Dは，質量数が大きな原子核は陽子数も大きくなり，クーロン力による反発が大きくなるので，中性子数が大きいので正しい。

問3
解答　A，B，C
　A，B，Cは正しい。Dは，平均結合エネルギーは7.4〜8.8 MeVであるので誤り。Eは，核力はごく短距離しか及ばないので誤り。

問4
解答　4.8×10^{-31} eV
　万有引力による位置エネルギーWは$W=G\dfrac{M_1\cdot M_2}{r}$で与えられる。原子核の半径$R$は$R=r_0\times A^{1/3}$で与えられる。ここで，$r_0=1.2\times10^{-15}$ mである。核子の場合$A=1$として半径Rは$R=1.2\times10^{-15}$ mとなり，核子同士がくっついていると$r=2R=2.4\times10^{-15}$ mとなる。核子の質量を原子質量単位1 uとすると1 u$=1.66\times10^{-27}$ kgであるので$W=6.67\times10^{-11}\dfrac{(1.66\times10^{-27})^2}{2.4\times10^{-15}}=7.7\times10^{-50}$ (J)$=4.8\times10^{-31}$ (eV)。

問5
解答　2.3×10^{17} kg m^{-3}
　^{12}Cについて考える。質量数は$A=12$で，半径Rは$R=1.2\times10^{-15}\times12^{1/3}$ m$=2.8\times10^{-15}$ mとなる。体積Vは$V=\dfrac{4}{3}\pi R^3=8.8\times10^{-44}$ mで，質量Mは12 uだから$M=12\times1.66\times10^{-27}$ kgより，密度ρは$\rho=\dfrac{2.0\times10^{-26}}{8.8\times10^{-44}}=2.3\times10^{17}$ (kg m^{-3})。

問6
解答　$A=100$，$Z=50$として，平均結合エネルギーは約8.5 MeVで，K殻の結合エネルギーE_1は

$$|E_1| = \frac{m_0}{2}\left(\frac{Ze^2}{4\pi\varepsilon_0}\right)^2 \frac{1}{\hbar^2} = \left(\frac{1}{4\pi\varepsilon_0}\frac{e^2}{\hbar c}\right)^2 \frac{m_0 c^2 Z^2}{2} = \left(\frac{1}{137}\right)^2 \times \frac{0.511 \times 50^2}{2} = 0.034\,(\text{MeV}) = 34\,(\text{keV})$$ となり 0.4％の影響となる。

問7

解答 6.08×10^{23}

NaCl の分子量は $23.0+35.5=58.5$ で密度は $2.17\,\text{g}\,\text{cm}^{-3}$ より，1分子量の体積 V は $V = \frac{58.5}{2.17} = 2.70 \times 10^1\,\text{cm}^3$ で1格子の体積は $(662.8 \times 10^{-12})^3 = 1.78 \times 10^{-28}\,\text{cm}^3$ より格子の数は $\frac{2.70 \times 10^1}{1.78 \times 10^{-28}} = 1.52 \times 10^{23}$ で，1格子内に NaCl が4個あるので，アボガドロ数は 6.08×10^{23} を得る。

問8

解答 $5.89 \times 10^{-6}\,\text{eV}$

波長 λ の光子のエネルギー E は，
$$E = h\nu = \frac{hc}{\lambda} = \frac{2\pi\hbar c}{\lambda} = \frac{2 \times 3.14 \times 197}{0.21} \times 10^{-15}\,(\text{MeV}) = 5.89 \times 10^{-12}\,(\text{MeV}) = 5.89 \times 10^{-6}\,(\text{eV})$$

問9

解答 1

1原子質量単位（1 u）は ^{12}C の原子の質量を 12 u とした単位である

$1\,\text{u} = 1.66054 \times 10^{-27}\,\text{kg}$，$c = 2.99792 \times 10^8\,\text{ms}^{-1}$，$E = m_0 c^2$ の式によりエネルギーに換算（$1\,\text{MeV} = 1.60218 \times 10^{-13}\,\text{J}$）すると $931.5\,\text{MeV}$ となる。この値は，覚えること。（参照 第3章3.3, 40p）

問10

解答 4

核力は陽子-陽子，陽子-中性子，中性子-中性子の短距離に働く力であり，クーロン力に比べて極めて大きい力である。核力は交換力とも呼ばれ π 中間子の交換により陽子と中性子が互いに変化し合っているという描写で考えられる。

問11

解答 3, 4

正しく書き直すと以下の通りである。

	粒子	電荷	静止エネルギー（MeV）
1	光子	0	0
2	電子	e^-	0.511
3	陽子	e^+	938
4	中性子	0	940
5	α 粒子	$2e^+$	3730

問 12

解答　4

静止質量は, m_0c^2 で表される。
$$m_0c^2 = 1.66054 \times 10^{-27} \times (2.99794 \times 10^8)^2 = 1.49241 \times 10^{-10} \text{ [J]}$$
であるから, 1 [eV] $= 1.6027 \times 10^{-19}$ [J] を用いて,
$$1.49241 \times 10^{-10} \text{ [J]} = \frac{1.49241 \times 10^{-10}}{1.6027 \times 10^{-19}} \text{[eV]} = 0.93149 \times 10^9 \cong 931.5 \text{ [MeV]}$$
となる。

問 13

解答　4

核子がまとまってエネルギー的に安定な $^4_2$He となることから,
$$2 \times 1.007825 + 2 \times 1.008665 - 4.002603 = 28.2961755 \text{ [u]}$$
が結合エネルギーである。平均結合エネルギーは, 核子1個当たりの結合エネルギーなので,
$$\frac{28.2961755}{4} = 7.0740 \text{ [u]}$$
となる。1 [u] = 931.5 [MeV] なので,
$$7.0740 \times 931.5 = 6589.431 \text{ [MeV]} \cong 6.6 \text{ [GeV]}$$

第4章　放射線壊変

問1

解答　2

図より 662 keV の状態は1壊変当たり 0.946 個である。全内部転換係数 α は $\alpha = \dfrac{N_e}{N_r} = 0.11$ である。$\dfrac{N_r}{N_r + N_e} = \dfrac{1}{1 + \dfrac{N_e}{N_r}} = \dfrac{1}{1.11}$ したがって，$0.946 \times \dfrac{1}{1.11} = 0.85$

問2

解答　3

A は図より正しい。B は壊変の Q 値が 1.022 MeV より小さいので β^+ 壊変は起こらないから誤り。C は軌道電子捕獲で陽子が中性子に変わるので $Z-1$ となり誤り。D は 0.40 MeV の状態から 0.25 MeV への転位が 0.15 MeV になるので正しい。E は正しい。

問3

解答　^{63}Ni は ^{63}Cu の質量より重いので，^{63}Ni → ^{63}Cu の壊変で β^- 壊変，質量差は 0.00007 u で Q 値は 0.065 MeV となり最大エネルギーは 0.065 MeV。^{39}K は質量より ^{39}Ar → ^{39}K および ^{39}Ca → ^{39}K と壊変するので ^{39}K は壊変しない。^{11}C は質量より ^{11}C → ^{11}B の壊変で，β^+ 壊変，質量差は 0.0071 u となり，β^+ 壊変の Q 値は（質量差$-2m_0$）c^2 であるので最大エネルギーは $=5.59$ MeV。

問4

解答　7.07×10^{-10} m^3

放射能 A は $A = \dfrac{dN}{dt} = \lambda N = \dfrac{0.693}{T_{1/2}} N = \dfrac{0.693}{3.82 \times 24 \times 3600} N = 2.10 \times 10^{-6} N = 4 \times 10^{10} N$ より $N = 1.90 \times 10^{16}$。1モルは 6.02×10^{23} 個で，1モルは 222 g であるから質量は 7.00×10^{-6} g。1モルは 22.4×10^{-3} m^3 だから $\dfrac{1.90 \times 10^{16}}{6.02 \times 10^{23}} \times 22.4 \times 10^{-3} = 7.07 \times 10^{-10}$ (m^3)

問5

解答　$\dfrac{0.693}{T} \dfrac{N_A}{A}$ Bq

1 g 中の原子数はアボガドロ数を N_A とすると $N = \dfrac{1}{A} \times N_A$ で与えられる。放射能 Q は壊変定数を λ とすれば $Q = \lambda N = \dfrac{0.693}{T} N = \dfrac{0.693}{T} \dfrac{N_A}{A}$ (Bq)

問6

解答　6.49×10^3 Bq

同位体の存在度は元素中の各同位体の原子数を百分率で表したものである。人体中のカリウムの質量は $60\times10^3\times0.35\times10^{-2}=2.10\times10^2$ (g) で，カリウムの原子量は 39.1 なのでカリウム原子の個数は $\dfrac{2.10\times10^2}{39.1}\times6.02\times10^{23}=3.23\times10^{24}$ 個となる。^{40}K の存在度は 0.0117％なので ^{40}K の個数は 3.78×10^{20} 個である。放射能 Q は $Q=\lambda N=\dfrac{0.693}{T_{1/2}}N=\dfrac{0.693}{T_{1/2}}N=\dfrac{0.693}{1.28\times10^9\times365\times24\times3600}\times3.78\times10^{20}=6.49\times10^3$ (Bq)

問7

解答　6.41×10^3 y

炭素 1 g につき毎秒 15.3 壊変で，半減期により減衰して毎秒 7.04 壊変となったので，$7.04=15.3e^{-\lambda t}$ である。^{14}C の半減期は 5.73×10^3 y なので，$\lambda=\dfrac{0.693}{5.73\times10^3}=1.21\times10^{-4}$ y^{-1} より

$t=-\dfrac{1}{\lambda}\ln\dfrac{7.04}{15.3}=-\dfrac{1}{1.21\times10^{-4}}\ln\dfrac{7.04}{15.3}=\dfrac{1}{1.21\times10^{-4}}\times0.776=6.41\times10^3$ (y)

問8

解答　毎分 1.90×10^5 壊変

^{87}Rb 1 g の原子数は $\dfrac{1}{87}\times6.02\times10^{23}=6.92\times10^{21}$ 個，壊変定数 λ は

$\lambda=\dfrac{0.693}{4.8\times10^{10}\times365\times24\times60}=2.75\times10^{-17}$ (min^{-1}) より放射能 Q は

$Q=2.75\times10^{-17}\times6.92\times10^{21}=1.90\times10^5$ (min^{-1})

問9

解答　生物学的な減衰は $-\left(\dfrac{dN}{dt}\right)_b=\lambda_b N_0$ で物理的な減衰は $-\left(\dfrac{dN}{dt}\right)_p=\lambda_p N_0$ であるので両方の減衰が実効的な減衰だから $-\left(\dfrac{dN}{dt}\right)_{eff}=-\left\{\left(\dfrac{dN}{dt}\right)_b+\left(\dfrac{dN}{dt}\right)_p\right\}=(\lambda_b+\lambda_p)N_0=\lambda_{eff}N_0$ で $\lambda_{eff}=\dfrac{0.693}{T_{eff}}$，$\lambda_b=\dfrac{0.693}{T_b}$，$\lambda_p=\dfrac{0.693}{T_p}$ より $\lambda_{eff}=\lambda_b+\lambda_p=\dfrac{0.693}{T_b}+\dfrac{0.693}{T_p}=\dfrac{0.693}{T_{eff}}$ だから $\dfrac{1}{T_{eff}}=\dfrac{1}{T_b}+\dfrac{1}{T_p}$

問10

解答　$\dfrac{(h\nu)^2}{2M_0c^2}$

光子の運動量は $\dfrac{h\nu}{c}$ で反跳核の運動量は速度を v とすると M_0v で，初めに原子核が止まっていれば $\dfrac{h\nu}{c}+M_0v=0$ これより $v=-\dfrac{h\nu}{M_0c}$ で反跳核の運動エネルギー E は $E=\dfrac{1}{2}M_0v^2=\dfrac{1}{2}M_0\left(-\dfrac{h\nu}{M_0c}\right)^2=\dfrac{(h\nu)^2}{2M_0c^2}$

問11
解答　3

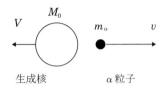

生成核　　　α粒子

上図のように，α線（静止質量 m_α）を放出し，生成核（静止質量 M_0）が反跳したとすると，
運動量保存の法則より　　　$M_0 V = m_\alpha v$
生成核 M_0，α粒子 m_α の運動エネルギーを E，E_α とする
$E = \dfrac{1}{2} M_0 V^2$　　$E_\alpha = \dfrac{1}{2} m_\alpha v^2$　　となる。

$E_\alpha = \dfrac{1}{2} m_\alpha v^2$ は $v^2 = \dfrac{2E_\alpha}{m_\alpha}$ より $E_\alpha = 4$，$m_\alpha = 4$ を代入すると

$v^2 = \dfrac{2 \times 4}{4} = 2$

$v = \sqrt{2}$

$M_0 V = m_\alpha v$ は $V = \dfrac{m_\alpha}{M_0} v$

これを $E = \dfrac{1}{2} M_0 V^2$ に代入すると

$E = \dfrac{1}{2} M_0 \left(\dfrac{m_\alpha}{M_0} v \right)^2$

これに $M_0 = 196$，$m_\alpha = 4$，$v = \sqrt{2}$ を代入すると

$E = \dfrac{1}{2} \times 196 \left(\dfrac{4}{196} \times \sqrt{2} \right)^2 = \dfrac{196 \times 4^2 \times 2}{2 \times 196^2} = \dfrac{4^2}{196} \fallingdotseq 0.08$ MeV

(4.3.4) 式から求められる $E = E_\alpha \left(\dfrac{M_0 + 4}{M_0} - 1 \right)$ より ∴ $E = E_\alpha \cdot \dfrac{4}{M_0}$ に代入しても解答を得ることができる。

問12
解答　5

壊変常数 λ，半減期を T，平均寿命を τ とすると，それぞれの間には次の関係がある。

$T = \dfrac{\ln 2}{\lambda} = \dfrac{0.693}{\lambda}$，$\lambda = \dfrac{0.693}{T}$

$\tau = 1.44 T$，$\tau = \dfrac{1}{\lambda}$

よって
a　平均寿命は壊変定数に反比例する
b　平均寿命は半減期の1.44倍である。

問 13

解答　3

　分岐壊変などのように2種類の壊変を一緒にした壊変定数 λ は（4.2.6）式より $\lambda = \lambda_1 + \lambda_2$ となる。（分岐比を考慮する必要なし）

$\lambda T = \ln 2$ より $T = \dfrac{0.693}{\lambda_1 + \lambda_2} = 60.5$ 分

（参照　第4章4.2.1）

問 14

解答　5

α 壊変は，壊変の前後で質量数と原子番号は $(A, Z) = (A-4, Z-2)$ と変化し娘核種は質量数が4減り，原子番号は2減る。

β^- 壊変は，壊変の前後で質量数と原子番号は $(A, Z) = (A, Z+1)$ と変化し娘核種は質量数が変化せず，原子番号は1増加する。

図より α 壊変により質量数は4減じ，原子番号は -2 となるが，2回 β^- 壊変しているので $+2$ となり変化なしとなる。

∴ $Z = 92$　$A = 238 - 4 = 234$ の核種となる。

問 15

解答　5

式（4.3.5）を用いる。まず，Q値を計算すると，

$$E = 226.0254 - 222.017574 - 4.002603 = 0.005223 \,[\text{u}] = 4.865224 \,[\text{MeV}]$$

となる。よって放出される α 粒子のエネルギー E_α は，

$$E_\alpha = \dfrac{222.017574}{222.017574 + 4.002603} \times 4.865224 = 4.779065 \cong 4.8 \,[\text{MeV}]$$

となる。

第5章 加速器

問1

解答　1

挙げられている加速器の中で高周波加速を行うものはサイクロトロン，シンクロトロン，線形加速器であるので，1が正しい。

問2

解答　5

A，B，C，D，は全て正しい。

問3

解答　3

シンクロトロンでは磁場の強度を変化させて加速粒子の軌道を一定に保っている。

問4

解答　13.5 MeV

遠心力 $m_0 r\omega^2 = \dfrac{m_0 v^2}{r}$ とローレンツ力 evB が等しいことから速度は $v = \dfrac{eBr}{m_0}$ で与えられる。エネルギー E は $E = \dfrac{1}{2}m_0 v^2 = \dfrac{1}{2}m_0\left(\dfrac{eBr}{m_0}\right)^2 = \dfrac{1}{2}\dfrac{(eBr)^2}{m_0}$ となる。重陽子の質量は結合エネルギーが 2.2 MeV であるので陽子の静止エネルギー 938.3 MeV と中性子の静止エネルギー 939.6 MeV より 938.3 MeV + 939.6 MeV − 2.2 MeV = 1875.7 MeV = 2.014 u となる。1 u = 1.66×10^{-27} kg より重陽子の質量 m_0 は 3.34×10^{-27} kg で磁場の強さ 1.5 (T) と半径 0.5 (m) を用いて

$$E = \dfrac{1}{2}\dfrac{(1.6 \times 10^{-19} \times 1.5 \times 0.5)^2}{3.34 \times 10^{-27}} = 2.16 \times 10^{-12}\,(\text{J}) = 1.35 \times 10^{7}\,(\text{eV}) = 13.5\,(\text{MeV})$$

問5

解答　電子は 1.17 cm，陽子は 50 cm

電子について

磁場中なので，$p = eBr$ より $r = \dfrac{p}{eB} = \dfrac{pc}{eBc}$ となる。電子は相対論的に扱うと

$(T + m_0 c^2)^2 = p^2 c^2 + m_0^2 c^4$ より $pc = \sqrt{T^2 + 2Tm_0 c^2} = \sqrt{(0.3^2 + 2 \times 0.3 \times 511)} = 17.5\,(\text{keV})$ となり，半径 r は，エネルギー 300 eV と磁場の強さ 50×10^{-4} T を用いて

$$r = \dfrac{17.5 \times 10^3 \times 1.6 \times 10^{-19}}{1.6 \times 10^{-19} \times 50 \times 10^{-4} \times 3 \times 10^8} = 1.17 \times 10^{-2}\,(\text{m}) = 1.17\,(\text{cm})$$

陽子について

陽子のエネルギー E は $E = \dfrac{p^2}{2m_0} = \dfrac{(pc)^2}{2m_0 c^2}$ より

$pc = \sqrt{2m_0c^2E} = \sqrt{2\times 938.3\times 3\times 10^{-4}} = 0.75 \text{(MeV)}$ となるので

$r = \dfrac{pc}{eBc} = \dfrac{0.75\times 10^6 \times 1.6\times 10^{-19}}{1.6\times 10^{-19}\times 50\times 10^{-4}\times 3\times 10^8} = 5\times 10^{-1} \text{(m)} = 50 \text{(cm)}$

問 6

解答　4.12×10^{-14} m

$h\nu = 30$ MeV より $\lambda = \dfrac{c}{\nu} = \dfrac{hc}{h\nu} = \dfrac{hc}{E} = \dfrac{2\pi\hbar c}{E} = \dfrac{2\times 3.14\times 197}{30} = 4.12\times 10 \text{(fm)} = 4.12\times 10^{-14} \text{(m)}$

問 7

解答　運動エネルギーの比は $\dfrac{1}{2}$，速度の比は $\sqrt{2}$

電位差が 1 MV なので，陽子の運動エネルギー $E_\mathrm{p} = 1$ MeV，He 粒子は 2 価なので 2 MeV となる。したがって，$\dfrac{E_\mathrm{p}}{E_\mathrm{He}} = \dfrac{1}{2}$ となる。また，$\dfrac{E_\mathrm{p}}{E_\mathrm{He}} = \dfrac{\frac{1}{2}m_\mathrm{p}v_\mathrm{p}^2}{\frac{1}{2}m_\mathrm{He}v_\mathrm{He}^2} = \dfrac{m_\mathrm{p}v_\mathrm{p}^2}{4m_\mathrm{p}v_\mathrm{He}^2} = \dfrac{v_\mathrm{p}^2}{4v_\mathrm{He}^2} = \dfrac{1}{2}$ より $\dfrac{v_\mathrm{p}}{v_\mathrm{He}} = \sqrt{2}$

問 8

解答　4

b　マグネトロンはマイクロ波加速電力を出す電子管で加速装置ではない。
c　ベータトロン，d　マイクロトロンともに電子の加速装置である。

問 9

解答　4

サイクロトロンは，一様な磁場（磁束密度 B）に垂直な面内では質量 M_0，電荷 ze，速度 v の荷電粒子はローレンツ力を受ける。これにより進行方向に対して直角の方向に $zevB$ の力を受け円運動する。その半径を r とすればローレンツ力と遠心力が釣り合うことから $zevB = M_0v^2/r$ (5.5.1) 式となり $v = rze/M_0$ が求められる。ただし，問題において $ze = q$ として表し，角速度 $\omega = \dfrac{v}{r}$ に代入すると $\omega = \dfrac{\frac{rqB}{m_0}}{r} = \dfrac{qB}{m_0}$ となる。（参照　第 5 章 5.5.1）

問 10

解答　1, 2

シンクロトロンは加速とともに磁場を変化させ，同一軌道を周回させる加速器である。このため円運動が方向を変える時にエネルギーの損失を生じ，進行方向に対して接線方向に制動放射（放射光）として放出される。これをシンクロトロン放射（SOR）という。制動放射線を放出するものを選択すればよい。

第6章 核反応

問1

解答　3

X (p, 3n) Y (EC壊変) → Z で X の陽子数と中性子数を N とすると，Y の陽子数は Z+1 で中性子数は N−3，Z の陽子数は Z で中性子数は N−2 となる。したがって，B, C が正しいので，解答は3。

問2

解答　1

2, 3, 4 の反応は熱中性子反応で反応断面積の大きな反応である。4つの反応の中では1のみが速中性子反応で大きな反応断面積を持つ。

問3

解答　2

正しい反応式は，反応前の陽子数の和と中性子数の和は反応後の陽子数の和と中性子数の和が等しい。したがって，正しい反応式は $^M_Z X(n, p)^M_{Z-1} Y$，$^M_Z X(d, n)^{M+1}_{Z+1} Y$，$^M_Z X(p, n)^M_{Z-1} Y$，$^M_Z X(d, \alpha)^{M+2}_{Z-1} Y$，$^M_Z X(\alpha, n)^{M+3}_{Z+2} Y$ となるので，A, B, E である。

問4

解答　1.008667 u

原子核反応 $^9\text{Be}(\gamma, n) = ^8\text{Be}+n$ 反応のしきい値 Q が 1.666 MeV であるので，$Q = (M(^9\text{Be}) - M(^8\text{Be}) - M(n))c^2 = -1.666$ MeV となり，1.666 MeV $= 1.789 \times 10^{-3} u c^2$ より，$M(^9\text{Be}) - M(^8\text{Be}) - M(n) = -1.789 \times 10^{-3}$ u となるので，$M(n) = M(^9\text{Be}) - M(^8\text{Be}) + 1.789 \times 10^{-3} = 9.012186 - 8.005308 + 0.001879 = 1.008667$ (u)

問5

解答

(1) $^{32}_{16}\text{S} + ^1_0 n \rightarrow ^{32}_{15}\text{P} + ^1_1\text{H}$　$^{32}_{15}\text{P} \rightarrow ^{32}_{16}\text{S} + \beta^-$　(2) $^{27}_{13}\text{Al} + ^1_0 n \rightarrow ^{24}_{11}\text{Na} + ^4_2\text{He}$　$^{24}_{11}\text{Na} \rightarrow ^{24}_{12}\text{Mg} + \beta^-$

(3) $^{197}_{79}\text{Au} + ^1_0 n \rightarrow ^{198}_{79}\text{Au} + \gamma$　$^{198}_{79}\text{Au} \rightarrow ^{198}_{80}\text{Hg} + \beta^-$　(4) $^{58}_{26}\text{Fe} + ^2_1\text{H} \rightarrow ^{59}_{26}\text{Fe} + ^1_1\text{H}$　$^{59}_{26}\text{Fe} \rightarrow ^{59}_{27}\text{Co} + \beta^-$

問6

解答　2

点線源を360°取り囲む半径 5 [m] の球を考える。この球の単位表面積当たりを単位時間当たりに通過する光子数がフルエンス率である。よって，

$$\frac{1.0 \times 10^6}{4 \times 3.14 \times 5^2} = 3183.09 \approx 3.2 \times 10^3 \; [/(m^2 \cdot s)]$$

となる。

問 7
解答 5
エネルギーを [J] 単位に変換し，1 分なので 60 秒を乗じれば，エネルギーフルエンスとなる。よって，
$$624 \times 10^3 \times 1.602 \times 10^{-19} \times 60 = 59978.88 \times 10^{-16} \cong 6.0 \times 10^{-12} \ [\text{J/m}^2]$$
となる。

問 8
解答 4
鉛原子 1 個当たりの電子数は原子番号なので，82 である。よって，
$$6.65 \times 10^{-29} \times 82 = 545.3 \times 10^{-29} \cong 5.5 \times 10^{-27} \ [\text{b}]$$
となる。

問 9
解答 1.22×10^9 Bq

無水炭酸ナトリウムは Na_2CO_3 でその分子量は $23 \times 2 + 12 + 18 \times 3 = 106$ であり，無水炭酸ナトリウム 1 g に含まれる Na の個数 N_T は $N_T = \frac{2}{106} \times 6.02 \times 10^{23} = 1.13 \times 10^{22}$ である。生成される ^{24}Na の個数を N とすると，生成率は $f\sigma N_T$ で与えられるので $\frac{dN}{dt} = f\sigma N_T - \lambda N$ となる。$\frac{dN}{dt} + \lambda N = 0$ の一般解 N_g は $N_g = Ae^{-\lambda t}$ である。$N = yN_g = yAe^{-\lambda t}$ と置く。ここでは y は関数で，以下で求める。これを代入して $\frac{dy}{dt} = \frac{f\sigma N_T}{A} e^{\lambda t}$ を得るので，これより $y = \frac{f\sigma N_T}{\lambda} + C$ となり，$t = 0$ で $y = 0$ より $C = \frac{f\sigma N_T}{\lambda A}$ を得る。これより $y = \frac{f\sigma N_T}{\lambda A}(e^{\lambda t} - 1)$ を得る。y を代入して $N = yN_g = \frac{f\sigma N_T}{\lambda}(1 - e^{\lambda t})$ が得られる。放射能 Q は $Q = \lambda N = f\sigma N_T(1 - e^{\lambda t}) = 2 \times 10^{11} \times 0.54 \times 10^{-24} \times 1.13 \times 10^{22} = 1.22 \times 10^9$ (Bq)

問 10
解答 4.23 MeV

$E^{\max}_{\beta^+} = (M(^{63}\text{Mn}) - M(^{63}\text{Cu}) - 2m_0)c^2$ より
$M(^{63}\text{Mn})c^2 - M(^{63}\text{Cu})c^2 = E^{\max}_{\beta^+} + 2m_0c^2 = 2.36 + 1.02 = 3.38$ (MeV)。Q 値は $Q = [M(^{63}\text{Cu}) + M(^1\text{H}) - (M(^{63}\text{Zn}) + M(^1\text{n}))]c^2 = M(^{63}\text{Cu})c^2 - M(^{63}\text{Zn})c^2 + M(^1\text{H})c^2 - M(^1\text{n})c^2$ ここで，$(M(^1\text{H}) - M(^1\text{n}) + m_e)c^2 = -1.29 + 0.51 = -0.78$ (MeV) より，$Q = -3.38 - 0.78 = -4.16$ (MeV) となる。重心系で 4.16 MeV となるには実験室系でのエネルギー E は $E = \frac{63 + 1}{63} \times 4.16 = 4.23$ (MeV)

問 11
解答

実験室系で原子核 A（質量 M_A）に粒子 X（質量 X_x）が衝突するときの重心系でのエネルギー E_R

を求めると

$$\begin{array}{cc} M_X \xrightarrow{v} \quad M_A & M_X \xrightarrow{v-V} \quad \xleftarrow{-V} M_A \\ \text{実験室系} & \text{重心系} \end{array}$$

重心の速度 V は，$M_X(v-V) - M_A V = 0$ より $V = \dfrac{M_X}{M_X + M_A} v$ となる。

相対エネルギー E_R は $E_R = \dfrac{1}{2} M_X (v-V)^2 + \dfrac{1}{2} M_A V^2 = \dfrac{1}{2} M_X V^2 \dfrac{M_A}{M_X + M_A}$ で与えられる。核反応の Q 値が負であるので，重心系での相対エネルギー $E_R > |Q|$ でないと反応が起こらない。入射粒子のエネルギー E は $E = \dfrac{1}{2} M_X v^2$ であるから $E_R = E \dfrac{M_A}{M_X + M_A} > |Q|$ より $E > \dfrac{M_X + M_A}{M_A} |Q|$ を得る。

問 12
解答　9.17×10^8 個

陽子線 1μC は陽子数 $n_p = \dfrac{10^{-6}}{1.6 \times 10^{-19}} = 6.25 \times 10^{12}$ となる。Li の原子量は 6.94 で，Li ターゲット 6.1 mg cm² より Li の原子数 n_{Li} は $n_{Li} = \dfrac{6.1 \times 10^{-3}}{6.94} \times 6.02 \times 10^{24} \times 0.925 = 4.89 \times 10^{20}$ (cm^{-2}) となる。したがって，^{7}Li(p, n)^{7}Be 反応で生成される Be の原子数 n_{Be} は $n_{Be} = 0.3 \times 10^{-24} \times 6.25 \times 10^{12} \times 4.89 \times 10^{20} = 9.17 \times 10^8$ 個となる。

問 13
解答　2

核反応の前後では，質量数（陽子数と中性子数の合計）と電気量（陽子数の合計数）は保存されるため $^9_4\text{Be} + ^0_0\gamma = ^8_4\text{Be} + ^1_0\text{n}$ となる

問 14
解答　1

核反応の前後でエネルギー（質量）は保存される。
$^1_1\text{H} + \text{n} \rightarrow ^2_1\text{H} + \gamma$
$1.0073\,\text{u} + 1.0087\,\text{u} = 2.0136\,\text{u} + \gamma$
$\gamma = 0.0024\,\text{u}$
$1\,\text{u} = 931.5\,\text{MeV}$ より，$\gamma = 0.0024 \times 931.5 = 2.2\,\text{MeV}$

問 15

解答 3, 5

1 断面積の単位は m² で核反応断面積などに用いる。特別単位として b（バーン）を用いる事もある。1b＝10^{-28} m²（参照 第8章8.4.6）
2 フルエンス率の単位は $m^{-2} \cdot s^{-1}$ である。（参照 第6章6.1.1）
3 放射線化学収率の単位は $mol \cdot J^{-1}$ である。以前は G 値，100 eV あたりの反応数を用いていた。
4 エネルギーフルエンス率の単位は $J \cdot m^{-2} \cdot s^{-1}$ である。1秒間に 1J の仕事を 1W と表すと，$W \cdot m^{-2}$ と表現できる。（参照 第6章6.1.2）
5 質量エネルギー転換係数・質量エネルギー吸収係数・質量減弱係数の単位は $m^2 \, kg^{-1}$ である。（参照 第10章10.6）

第7章　原子炉

問1

解答　191.8 MeV

^{236}U，^{139}Ba，^{94}Kr の平均結合エネルギーが，それぞれ，7.6 MeV，8.4 MeV，8.7 MeV であるので原子核の結合エネルギーは，それぞれ，1793.6 MeV，1167.6 MeV，817.8 MeV である。反応で放出されるエネルギー E は $E=1167.6\,\mathrm{MeV}+817.8\,\mathrm{MeV}-1793.6\,\mathrm{MeV}=191.8\,\mathrm{MeV}$ を得る。

問2

解答　2.22×10^4 kWh

1 g の ^{235}U の数 n_U は $n_\mathrm{U}=\dfrac{1}{235}\times6.02\times10^{23}=2.56\times10^{21}$ 個である。1 個の ^{235}U が分裂すると平均 195 MeV 放出するので，放出されるエネルギー E は $E=195\times10^6\times1.6\times10^{-19}\times2.56\times10^{21}(\mathrm{J})=7.99\times10^{10}(\mathrm{J})$ となる。1 kWh は $10^3\times3600=3.6\times10^6(\mathrm{J})$ であるので，$E=\dfrac{7.99\times10^{10}}{3.6\times10^6}=2.22\times10^4(\mathrm{kWh})$ を得る。

問3

解答　3.67 %

^{234}U は，^{238}U の壊変系列に現れる核種で ^{238}U と永年平衡の関係にある。20億年前においても ^{234}U の原子数と ^{238}U の原子数の比は同じであり，^{234}U の存在度が極めて小さいので，^{235}U 以外の原子は全て ^{238}U として計算する。原子数 N は $N=N_0 e^{-\lambda t}$ で表されるので t 年前の原子数 N_0 は $N_0=Ne^{\lambda t}$ で与えられる。^{235}U と ^{238}U の壊変定数 λ は $\lambda=\dfrac{0.693}{T_{1/2}}$ より，それぞれ 9.84×10^{-10}，1.55×10^{-10}（y^{-1}）であるので，20億年前の原子数は，存在度$\times e^{\lambda t}$ に比例する。したがって ^{235}U は，^{238}U は $0.72\times e^{9.84\times10^{-10}\times2\times10^9}=5.15$，^{238}U は $99.275\times e^{1.55\times10^{-10}\times2\times10^9}=135.3$ に比例するので，存在度は $\dfrac{5.15}{5.15+135.3}=0.0367$ となる。

第 8 章　放射線

問 1
解答　2
　エネルギーは力×距離で，力は質量×加速度よりエネルギーの次元は $kg\,m^2\,s^{-2}$ であることをもちいて，誤りは 2 である。

問 2
解答　3
A　質量阻止能は阻止能÷密度で阻止能はエネルギー÷距離であり，次元では $J\,m^2\,kg$ である。エネルギー吸収係数はエネルギーフルエンスの減衰を制動放射で補正したもので，これを密度で割ったものが質量エネルギー吸収係数となる。次元では減衰が m^{-1} で，密度で割るので $kg\,m^2$ となり異なる量であることが分かる。
B，C は正しい。
D　放射能の定義である $1\,Ci$（キュリー）は ^{226}Ra の $1\,g$ で Bq では $3.7\times10^{10}\,Bq$ となる。したがって，$1\,mg$ は $1\,mCi$ で $3.7\times10^7\,Bq$ である。

問 3
解答　$2.89\times10^{-10}\,s^{-1}$

　5 m 走っている間での壊変による減衰は無視する。2 MeV の中性子の速度 v は $v=\sqrt{\dfrac{2E}{m_0}}$ で $\dfrac{v}{c}=\sqrt{\dfrac{2E}{m_0c^2}}=\sqrt{\dfrac{2\times2}{939.6}}=6.5\times10^{-2}$ より $v=6.52\times10^{-2}\,(m\,s^{-1})$。5 m 走る時間 t は
$t=\dfrac{5}{v}=\dfrac{5}{6.52\times10^{-2}\times3.00\times10^8}=2.56\times10^{-7}\,(s)$ となり，壊変定数 λ は $\lambda=\dfrac{0.693}{614.5}=1.13\times10^{-3}$ (s^{-1}) なので，$dN=\lambda N dt=1.13\times10^{-3}\times1\times2.56\times10^{-7}=2.89\times10^{-10}\,(s^{-1})$ となる。

問 4
解答　$5.00\times10^2\,m$，$3.00\times10^1\,m$，$1.22\times10^{-1}\,m$，及び $3.00\times10^6\,Hz$，$3.00\times10^9\,Hz$，$1.00\times10^{11}\,Hz$

$\lambda=\dfrac{c}{\nu}=\dfrac{3.00\times10^8}{600\times10^3}=500\,(m)$ など，$\nu=\dfrac{c}{\lambda}=\dfrac{3.00\times10^8}{100}=3.00\times10^6\,(Hz)$ など。

問 5
解答
　エネルギーの低い重陽子反応 $^3H+^2H\rightarrow{}^4H+^1n+17.58\,MeV$ によって発生する中性子のエネルギーは，入射エネルギーが小さい反応では重心の運動は無視できる。したがって反応の Q 値 17.58 MeV が ^4He と ^1n に分配される。m_1 と m_2 の 2 体に分配されるときのエネルギーは，運動量保存則

とエネルギー保存則より m_1 の持つエネルギーは $\frac{m_1}{m_1+m_2}Q=\frac{4}{1+4}\times 17.6=14.1$ (MeV) となる。

問 6
解答　2.20×10^3 m s^{-1}

中性子が熱的に平衡状態にあり，マクスウェル・ボルツマン分布をしている場合の中性子の運動エネルギーと温度の関係は第 8 章の (8.2.1.3) 式に与えられている。これは $\frac{1}{2}m_Nv^2=kT$ と表される。ここでは k はボルツマン定数，T は絶対温度で測った温度である。常温では $T=293$ K なので，$m_Nv^2=2kT=2\times 1.38\times 10^{-23}\times 293=8.09\times 10^{-21}$ (J) $=\frac{8.09\times 10^{-21}}{1.6\div 10^{-19}}=5.06\times 10^{-2}$ (eV) で，$\left(\frac{v}{c}\right)^2=\frac{m_Nv^2}{m_Nc^2}=\frac{5.06\times 10^{-2}}{939.6\times 10^6}=5.39\times 10^{-11}$ となる。$v=\sqrt{\frac{2kT}{m_N}}=\sqrt{\frac{2kTc^2}{m_Nc^2}}$
$=\sqrt{\frac{2\times 1.38\times 10^{-23}c^2}{939.6\times 10^6\times 1.6\times 10^{-19}}}=\sqrt{53.8\times 10^{-12}}c=7.33\times 10^{-6}c=2.20\times 10^3$ (m)

問 7
解答　5190 MeV

$\frac{v}{c}=9.998\times 10^{-1}$，全エネルギー E は $E=\frac{m_0c^2}{\sqrt{1-\left(\frac{v}{c}\right)^2}}=\frac{m_0c^2}{\sqrt{1-(9.998\times 10^{-1})^2}}=\frac{m_0c^2}{\sqrt{4.00\times 10^{-4}}}$

$=\frac{m_0c^2}{2.00\times 10^{-2}}$ となる。ミュオンの静止エネルギーは 105.7 MeV であるので $E=\frac{106}{2.00\times 10^{-2}}=5300$ (MeV) より，運動エネルギー $=5300-106=5190$ (MeV)

問 8
解答

A MBq の線源から距離 rm における実効線量率は $\dot{E}$ は実効線量率定数 $\Gamma_E(\mu$Sv m^2 NBq^{-1} h$^{-1})$ を用いて $\dot{E}=\frac{A}{r^2}\Gamma_E$ μSvh^{-1} で与えられる。エネルギー E_i の γ 線のフルエンスから実効線量への換算係数を $k_i(\mu$Sv m^2 MBq^{-1} h$^{-1})$ とすると，実効線量率定数 Γ_E は $\Gamma_E=\frac{0.36}{4\pi}\sum_i k_iR_i$ で与えられる。ここで，R_i は 1 壊変当たりの γ 線の放出割合である。0.412 MeV γ 線は内部転換係数 α が 0.041 であるので $\alpha=\frac{N_e}{N_\gamma}=0.041$ で転位のうち γ 線の占める割合は $\frac{N_\gamma}{N_\gamma+N_e}=\frac{1}{1.041}=0.961$ である。γ 線のエネルギー毎に放出割合と $R_i\times k_i$ 及び $R_i\times k_i$ の和を次表に示す。

γ線のエネルギー（MeV）	β壊変分岐比	γ転位分岐比	内部転換補正	放出割合（R_i）	k_i	$R_i \times k_i$
0.412	0.990	1.000	0.961	0.951	2.060	1.960
0.676	0.010	0.820	1.000	0.008	3.180	0.029
1.088	0.010	0.180	1.000	0.002	4.740	0.008
合計						1.994

これより，$\Gamma_E = \dfrac{0.36}{4\pi} \times 1.99 = 0.0570$ を得る。したがって，線源から 1 m における実効線量率 $\dot{E}$ は $\dot{E} = \dfrac{40 \times 10^3}{1^2} \times 0.057 = 2.28 \times 10^3 (\mu Sv\ h^{-1}) = 2.28 (mSv\ h^{-1})$ となる。

問9
解答　1

照射線量は光子（X線・γ線）において定義されたものである（参照　第8章8.4.7）

問10
解答　5

図8.1より光子エネルギーの小さい順に並べると
長波→中波→短波→超短波→マイクロ波→遠赤外線→紫外線→診断用X線→治療用X線となる。
（参照　第8章8.1）

問11
解答　1

4 Gy は 4 J・kg^{-1} なので，体重 60 kg の人体に対して 4 J・kg^{-1} × 60 kg = 240 J のエネルギーが吸収されたので，比熱 4.2×10^3 J/(kg・K) から 1 kg あたりの体温上昇は

$$\dfrac{240\ J}{4.2 \times 10^3\ J/kg \cdot K \cdot 60\ kg} \fallingdotseq 0.001\ K = 1 \times 10^{-3}\ K$$

問12
解答　1，2

間接電離放射線（間接電離粒子）には電磁波である光子（X・γ線）と電荷を持たない中性子や中間子などの非荷電粒子がある。また，直接電離放射線には荷電粒子線がある。

α線，β線：荷電粒子線　γ線，X線：電磁波　中性子線，中間子：非荷電粒子線（参照　第8章8.1）

第9章　荷電粒子と物質の相互作用

問 1
解答　2

同一速度の場合，粒子の静止質量を M_0 とすると阻止能は $\dfrac{dE}{dx} \propto \dfrac{z^2}{v^2} = \dfrac{\frac{1}{2}M_0 z^2}{\frac{1}{2}M_0 v^2} = \dfrac{M_0 z^2}{E}$ で飛程 R は

$R = \displaystyle\int \dfrac{dE}{\left(\dfrac{dE}{dx}\right)} = \int \dfrac{de}{\dfrac{M_0 z^2}{E}} = \int \dfrac{EdE}{M_0 z^2} \propto \dfrac{E^2}{M_0 z^2} \propto \dfrac{M_0^2 v^4}{M_0 z^2} = \dfrac{M_0 v^4}{z^2}$．したがって $R_p \propto v^4$，$R_d \propto 2v^4$，$R_\alpha \propto v^4$ となるので $R_p = R_\alpha < R_d$

問 2
解答　5

前問にあるように阻止能は $\dfrac{dE}{dx} \propto \dfrac{z^2}{v^2} \propto z^2$ より，$S_\alpha \propto 4$ で $S_d \propto 1$ となる。これより $\dfrac{S_\alpha}{S_d} = 4$

問 3
解答　4

A　β壊変のβ線スペクトルの場合に指数関数的に減少するが単一エネルギーの 1 MeV の場合は異なるので誤り。

B　中性子を放出するには核子の結合エネルギー（～8 MeV）より大きな励起状態を作る必要がある。1 MeV の電子ではエネルギーが足りないので誤り。

C　チェレンコフ光は，媒質中を進む粒子の速度が媒質中の光の速度を上回るときに発せられる。空気の屈折率が 1 に近いために，1 MeV の電子では空気中の光の速度を上回ることはないので誤り。

D　物質中で制動放射による連続スペクトルの光子を生ずるので正しい。

問 4
解答　0.29 cm

^{32}P のβ線の最大エネルギーは 1.7 MeV である。Al 中の電子の飛程は 0.8 MeV $< E <$ 3 MeV で飛程 R は $R = 0.542E - 0.133$ (g cm^{-2}) で表される。これより $R = 0.788$ g cm^{-2}，密度 ρ は $\rho = 2.7$ g cm^3 より，飛程は 0.29 cm

問 5
解答

(1) ^{13}N　β^+ 壊変であり，消滅放射線（0.511 MeV）が発生する。

(2) ^{60}Co　γ線放出核である。

(3) ^{90}Sr + ^{90}Y　両方の核は放射平衡にあり，^{90}Y は最大エネルギー 2.28 MeV の高エネルギーβ線を放出するので鉛容器中で制動放射を生じる。

問 6
解答

問 5 で示したように ^{90}Sr は ^{90}Y と放射平衡になっていて高エネルギーの β 線が放出され，容器の壁で制動放射を引き起こす。制動放射は原子番号の高い物質で多く発生するので，原子番号の低い物質で β 線を止めて，発生する制動放射線を鉛などの原子番号の高い物質で遮へいする。

問 7
解答

電子の静止質量を m_0 とし荷電粒子の静止質量を M_0 とすると阻止能 S は $S \propto \dfrac{z^2}{v^2} \propto \dfrac{M_0 z^2}{M_0 v^2} \propto \dfrac{M_0 z^2}{E}$ となる。ここで，E は荷電粒子のエネルギーである。

問 8
解答

問 7 より $R = \int \dfrac{dE}{\left(\dfrac{dE}{dx}\right)} \propto \int \dfrac{dE}{\left(\dfrac{M_0 z^2}{E}\right)} \propto \dfrac{E^2}{M_0 z^2}$ となるので，$R_p \propto \dfrac{E_p^2}{1 \times 1^2} = E_p^2$，$R_\alpha \propto \dfrac{E_\alpha^2}{4 \times 2^2} = \dfrac{E_\alpha^2}{16}$，$R_p = R_\alpha$ より，$\dfrac{E_\alpha^2}{16} = E_p^2$ となるので $E_\alpha = 4 E_p$ となる。

問 9
解答　1

真空中の光速：c_0，媒質中の光速：c，媒質中屈折率を n とすると，媒質中の光速 c は $c = \dfrac{c_0}{n}$ で表される。$c = \dfrac{c_0}{4/3}$　$4c = 3c_0$　∴ $c : c_0$ は $3 : 4$ となる。

問 10
解答　4, 5

4　チェレンコフ効果は物質中での電子の速度が，物質中での光速 $c = \dfrac{c_0}{n}$（c_0：真空中の光速　n：物質中の屈折率）を超えたときに起こる。

5　電子は物質中で衝突損失，放射損失を起こし運動エネルギーが吸収されるため物質中に深く到達するほどエネルギーは低下する。

問 11
解答　4

重荷電粒子の衝突損失は次の式で与えられる

ベーテの式 $S_{col} \propto \dfrac{Z^2 e^4}{m_0 v^2} N_e$ より，質量衝突阻止能は $S \propto \dfrac{Z^2}{v^2}$ と表わされる

1 重荷電粒子線は水中を直線的に進む。
2 電離は飛程の終端部で急激に増大する。（ブラッグピーク）
3 上記のベーテの式より衝突損失は粒子の電荷の2乗に比例する。
4 衝突損失は運動エネルギーに反比例，また速度の2乗に反比例する。
5 α線のような重荷電粒子は放射損失を無視できるほど少ない。

問12
解答　4
1 弾性散乱は陽電子が原子とエネルギー損失なく散乱する現象で，電子や光子等も物質の相互作用として見られる。
2 制動放射は陽電子が原子核の強い電場により制動を受けると加速度運動をすることになり光子を放出する現象で，陰電子や荷電粒子にも物質の相互作用として見られる。
3 非弾性散乱は陽電子が原子と衝突することによって軌道電子を電離・励起することによりエネルギーを失いながら散乱する現象で，電子，光子，荷電粒子等にも物質の相互作用として見られる。
4 電子対生成は光子が原子核の強い電場に吸収され，陰電子と陽電子を生み出す現象をいう。電子対生成には電子質量の2倍の1.022 MeV以上（しきい値）でないと起こらない。（参照　第10章 10.5）
5 電子対消滅は，陽電子が運動エネルギーを失ったとき陰電子と合体して互いに正反対方向に放射して2個の光子になる現象である。（参照　第9章9.2.6）

問13
解答　4
$S_{rad}=S_{col}$ の時のエネルギーを臨界エネルギーという。
放射損失：S_{rad}，衝突損失：S_{col}，入射光子エネルギー：E (MeV)，物質の原子番号：Z とする。
$$\frac{S_{rad}}{S_{col}}=\frac{E \cdot Z}{800}=\frac{15 \cdot Z}{800} \quad \therefore Z=\frac{800}{15}=53.3$$
解答は $_{53}$I となる。

問14
解答　1
粒子の運動エネルギー：E，質量：m_0，速度：v とすると
$E=\frac{1}{2}m_0v^2$ となる。α粒子の質量を m_α，陽子の質量を m_p とすると，

$$\frac{陽子の運動エネルギー E_p}{\alpha 粒子の運動エネルギー E_\alpha}=\frac{\frac{1}{2}m_p v_p^2}{\frac{1}{2}m_\alpha v_\alpha^2}$$

ここで $v_\alpha=v_p$，$m_\alpha=4m_p$ より

$\dfrac{E_p}{E_\alpha} = \dfrac{1}{4}$ が求められる。

問 15
解答　1

正しく書き直すと以下の通りである。

	重荷電粒子	電子
1　衝突阻止能	大	小
2　ブラッグピーク	あり	なし
3　エネルギー揺動	小	大
4　多重散乱	小	大
5　核反応	大	小

なお，衝突阻止能とは物質を電離・励起することによってエネルギーを失うことで，ブラッグピークとは重荷電粒子がその飛程の終端で大きなエネルギーを物質に与えることである。

問 16
解答　4

線阻止能は，比電離とW値の積で表される。よって，
$$S = 2.0 \times 10^4 \times 35 = 0.7 \ [\text{MeV/cm}]$$
となる。

問 17
解答　5

電子の質量衝突阻止能には，以下の関係がある。
$$\left(\dfrac{S_{\text{col}}}{\rho}\right) \propto \dfrac{N_e}{v^2}$$

ただし，N_e は電子が衝突する物質の電子密度，v は電子の速度を表す。今，比例定数を A とおくと上式は，
$$\left(\dfrac{S_{\text{col}}}{\rho}\right) = A \times \dfrac{N_e}{v^2}$$

と表すことができる。つまり，任意の物質，任意の電子速度で利用できる式となる。ただし，A は不明である。そこで，物質 a と物質 b における電子密度をそれぞれ N_e^a, N_e^b とし，物質 a と物質 b に入射する電子の速度を v_a, v_b とすると，上記の等式が2個作成できる。

$$\left(\dfrac{S_{\text{col}}}{\rho}\right)_a = A \times \dfrac{N_e^a}{v_a^2}$$

$$\left(\dfrac{S_{\text{col}}}{\rho}\right)_b = A \times \dfrac{N_e^b}{v_b^2}$$

となる。A を消去するために両辺を割ると，

$$\frac{v_a^2}{N_e^a}\left(\frac{S_{\text{col}}}{\rho}\right)_a = \left(\frac{S_{\text{col}}}{\rho}\right)_b \frac{v_b^2}{N_e^b}$$

と書き換えることができる。電子の質量衝突阻止能は，電子が入射する物質やその速度が変化しても独立した2状態が与えてあれば，元の比例式を応用して質量阻止能を求めることができる。本題では，電子が入射する物質は同じなので電子密度は消去でき，速度の2乗の比で質量衝突阻止能を求めることができ，

$$\left(\frac{S_{\text{col}}}{\rho}\right)_{500\text{keV}} = \left(\frac{S_{\text{col}}}{\rho}\right)_{200\text{keV}} \times \left(\frac{v_{500\text{keV}}}{v_{200\text{keV}}}\right)^2$$

となる。それぞれのエネルギーにおける電子の速度を求めると，

$$v_{200\text{keV}} = c \times \sqrt{1-\left(\frac{511}{200+511}\right)^2} = 0.6953c$$

$$v_{500\text{keV}} = c \times \sqrt{1-\left(\frac{511}{500+511}\right)^2} = 0.8628c$$

となるので，

$$\left(\frac{S_{\text{col}}}{\rho}\right)_{500\text{keV}} = 2.5 \times \left(\frac{0.6953c}{0.8628c}\right)^2 \cong 1.62\ [\text{MeV}\cdot\text{cm}^2/\text{g}]$$

となる。ただし，c は光速である。

問18

解答 3

電子の質量放射阻止能には，以下の関係がある。

$$\left(\frac{S_{\text{rad}}}{\rho}\right) \propto E \cdot Z$$

ただし，E は電子の全エネルギー，Z は電子が入射する物質の原子番号を表す。問17と同様に比例定数を定義し，上記の比例式を等式にして両辺を割ると，2状態の電子のエネルギーと入射物質の原子番号に関して，

$$\frac{1}{E_a \cdot Z_a}\left(\frac{S_{\text{rad}}}{\rho}\right)_a = \frac{1}{E_b \cdot Z_b}\left(\frac{S_{\text{rad}}}{\rho}\right)_b$$

が定義できる。今，$E_a=10\ [\text{MeV}]$，$E_b=30\ [\text{MeV}]$，$Z_a=74$，$Z_b=79$ なので，

$$\left(\frac{S_{\text{rad}}}{\rho}\right)_{\text{Au}} = \frac{30\times79}{10\times74}\times1.13 = 3.619 \cong 3.62\ [\text{MeV}\cdot\text{cm}^2/\text{g}]$$

となる。

第 10 章　光子と物質との相互作用

問 1

解答　5

　線源弱係数 μ，線エネルギー転位係数 μ_{TR}，線エネルギー吸収係数 μ_{en}，質量減弱係数 μ_m，質量エネルギー転位係数 μ_{mTR}，質量エネルギー吸収係数 $\mu_{m\,en}$ は以下のように表される（電子の静止質量 m_0）。
$\mu=(\tau+\sigma+\kappa)N$, $\mu_{TR}=\left[\left(1-\dfrac{E_b}{E_r}\right)\tau+\left(\dfrac{\bar{E}}{E_r}\right)\sigma+\left(1-\dfrac{2m_0c^2}{E_r}\right)\kappa\right]N$, $\mu_{en}=\mu_{TR}(1-G)$, $\mu_m=\dfrac{\mu}{\rho}$, $\mu_{m\,TR}$
$=\dfrac{\mu_{TR}}{\rho}$, $\mu_{m\,en}=\dfrac{\mu_{en}}{\rho}$。これより $\mu>\mu_{TR}>\mu_{en}$，$\mu_m>\mu_{m\,TR}>\mu_{m\,en}$ を得るので，5 が正しい。

問 2

解答　5

　^{60}Co の γ 線のエネルギーは 1.17 MeV と 1.33 MeV であり，光電効果，コンプトン効果，電子対生成の中で，コンプトン効果が主となる。コンプトン効果は光子と電子の衝突なので，単位長さの物質では電子密度の高い物質で相互作用が多く起こり，減弱が大きくなる。つまり，単位長さの物質では電子密度の大きな物質ほど減弱が大きい。遮へい効果は電子密度×長さとなる。電子密度 N_e は $N_e=ZN=Z\dfrac{\rho}{A}N_A=\dfrac{Z}{A}\rho N_A$ で $\dfrac{Z}{A}$ の値は原子番号にあまり依らず，およそ $\dfrac{1}{2}$ であるので $N_e\propto\rho$ となる。ある厚さ X の遮へいに対して減弱効果は $N_eX\propto\rho X$ に比例する。1〜5 に対して ρX の値は，それぞれ，1) $6\times 11.4=68.4$，2) $10\times 7.86=78.6$，3) $30\times 2.35=70.5$，4) $2\times 11.4+15\times 2.35=58.1$，5) $5\times 7.86+20\times 2.35=86.3$ となるので，5 が正しい。

問 3

解答　4

A　光電効果は運動量の一部を原子核が持ち出す。このため軌道電子と原子核の結びつきの大きな軌道電子が飛び出しやすいので最内軌道である K 軌道電子が飛び出しやすいので誤り。
B　図 10.2 より正しい。
C　電子対生成は，γ 線のエネルギーが電子の静止エネルギーの 2 倍より大きくないと起こらないので誤り。
D　鉛の 1.2 MeV の光子に対する減弱係数は図 10.2 より 0.06 cm^2 g^{-1} で，鉛の密度 11.34 g cm^{-3} を用いると減弱係数 μ は $\mu=0.06\times 11.34=0.68$ (cm^{-1}) となり，半価層 $x_{1/2}=\dfrac{0.693}{\mu}=1.02$ (cm) となり正しい。

問 4

解答　4

A　電子と陽電子の静止エネルギーの和が 1.022 MeV であり，γ 線のエネルギーがあるからこれより大きくなるので誤り。

B 断面積は原子番号の2乗に比例するので誤り。
C 電子対生成の起きたところで電子と陽電子が発生し，陽電子の止まった場所で電子と陽電子が消滅して消滅放射線が発生するので誤り。
D 図10.2より正しい。

問5
解答

コンプトン効果は電子と光子の散乱なので，コンプトン散乱の断面積 σ は電子密度 N_e に比例する。物質 $1\,\mathrm{cm}^3$ の質量は ρ g で，この中の原子数 N は $N=\dfrac{\rho}{A}N_A$ 個となる。したがって電子密度 N_e は $N_e=\dfrac{Z}{A}\rho N_A$ となる。これより $\sigma \propto N_e = \dfrac{Z}{A}\rho N_A$ となるので，$\dfrac{\sigma}{\rho} \propto \dfrac{Z}{A}N_A$ と表される。ここで，$\dfrac{Z}{A}$ はおよそ $\dfrac{1}{2}$ であり，$\dfrac{\sigma}{\rho}$ は物質によらず一定となる。

問6
解答

コリメートされた γ 線の減弱は $I=I_0 e^{-\mu x}$ で表されるが，広い γ 線束に対しては散乱があるためにビルドアップを生じる。この寄与をビルドアップ係数として入れると γ 線の減弱は $I=I_0 B e^{-\mu x}$ となり，コリメートされた γ 線の減弱と異なるから。

問7
解答

電子の静止質量を m_0 とすると反跳電子のエネルギー E_e は（10.4.3）式で与えられる。
$E_e = \dfrac{E_\gamma}{1+m_0 c^2/E_\gamma(1-\cos\phi)}$，$E_e$ の最大は $\cos\phi=-1$ のときであるので $E_e^{\max}=\dfrac{E_\gamma}{1+m_0 c^2/2E_\gamma}$ を得る。

問8
解答　3

式（10.4.4）を用いる。
$$\Delta\lambda = \dfrac{h}{m_0 c}(1-\cos 60°) = \dfrac{6.626\times 10^{-34}}{9.1\times 10^{-27}\times 3.0\times 10^8} = 0.1213\times 10^{-15} \cong 1.2\times 10^{-16} = 1.2\ [\mathrm{pm}]$$

となる。

問9
解答

$\mu_{m\,\mathrm{Al}}=0.033\ \mathrm{cm}^2\,\mathrm{g}^{-1}$，$\mu_{m\,\mathrm{Fe}}=0.038\ \mathrm{cm}^2\,\mathrm{g}^{-1}$ で，密度はそれぞれ $\rho_{\mathrm{Al}}=2.7\ \mathrm{g\,cm}^{-3}$，$\rho_{\mathrm{Fe}}=7.86\ \mathrm{g\,cm}^{-3}$ であり，1/10価層 $x_{1/10}$ は $x_{1/10}=\dfrac{2.303}{\mu}=\dfrac{2.303}{\mu_m \rho}$ で与えられるので，アルミニウムと鉄の1/

10価層はそれぞれ 25.8 cm と 7.71 cm となる。

問 10

解答 $\mu = 4.18 \times 10^{-1}$ cm^{-1}, $\mu_m = 3.69 \times 10^{-1}$ g^{-2} cm^2

線減弱係数 μ は $\mu =$ 原子断面積 $\mu_a \times$ 原子密度 N で，質量減弱係数 μ_m は $\mu_m = \dfrac{\mu}{\rho}$ で表される。電子対生成の原子断面積を $\mu_a = 12.7 \times 10^{-24}$ cm^2 とし，鉛の密度 $\rho = 11.34$ g cm^{-3} より原子密度 N は $N = \dfrac{\rho}{A} N_A = \dfrac{11.34}{207.2} \times 6.02 \times 10^{23} = 3.29 \times 10^{22}$ なので $\mu = 4.18 \times 10^{-1}$ cm^{-1} で $\mu_m = 3.69 \times 10^{-1}$ g^{-2} cm^2

問 11

解答

a : $\lambda_0 = \dfrac{c}{\nu_0}$, b : $E_0 = h\nu_0$, c : $E_0 = h\nu_0 = \dfrac{hc}{\lambda_0} = \dfrac{2\pi\hbar c}{\lambda_0} = \dfrac{2 \times 3.14 \times 197}{10^{-12}} = 1.23$ より 1.2, d : 全, e : 軌道, f ; $T < E_0$, g : K 殻, h : 5, i : -3.5, j : 特性X線, k : オージェ効果, l : $\lambda_C = \dfrac{h}{m_0 c}$, m : $m_0 c^2$, n : 粒子, o : $\lambda_C (1-\cos\theta)$, p : $\lambda_s - \lambda_0 = \lambda_C (1-\cos\theta)$ より $\left(\dfrac{1}{E_s} - \dfrac{1}{E_0}\right) hc = \dfrac{h}{m_0 c}(1-\cos\theta)$ となる。$\theta = 60°$ だから $\dfrac{1}{E_s} = \dfrac{1}{E_0} + \dfrac{1}{2m_0 c^2}$ で，$E_0 = 1$ MeV より $E_s = 0.51$ MeV で，電子のエネルギー $E_e = E_0 - E_s = 0.49$ MeV を得る，q : $E_s^{\min} = \dfrac{E_0}{1 + \dfrac{2E_0}{m_0 c^2}}$, r : E_0, s : 1, t : $2m_0 c^2 (= 1.02$ MeV$)$

問 12

解答

光電効果で原子核なしに真空中で生じたとすると，図のように γ 線が消滅して電子が動き出す。電子の運動量を p とすると運動量保存則は $\dfrac{E_\gamma}{c} = p$，エネルギー保存則は $E_\gamma + m_0 c^2 = \sqrt{p^2 c^2 + m_0^2 c^4}$ となる。

エネルギー保存則の左辺は $pc + m_0 c^2$ となり，右辺は $\sqrt{(pc + m_0 c^2) - 2pc\, m_0 c^2}$ $= (pc + m_0 c^2) \sqrt{1 - \dfrac{2pc\, m_0 c^2}{(pc + m_0 c^2)^2}}$ となる。これより左辺 > 右辺となり保存則が成り立たない。

問 13

解答 4

1　レイリー散乱は，軌道電子との可干渉性散乱であり入射光子と散乱光子との間にエネルギー損失がない。（参照　第 10 章 10.4）
2　トムソン散乱は，自由電子との可干渉性散乱でありレイリー散乱と同様入射光子との間にエネルギー損失がない。（参照　第 10 章 10.4）
3　光核反応にはしきい値があり，その値は一般的に軽い元素は 10～15 MeV，重い元素は約 7 MeV となり，原子番号が大きくなるほどしきい値は小さくなる。
4　電子対生成は光子のエネルギーが 1.02 MeV 以上で起こる。（参照　第 10 章 10.5）
5　光電効果によって放出される光電子の運動エネルギーは，式 10.3.1 より入射光子のエネルギーから軌道電子の結合エネルギーを引いたものとなる。（参照　第 10 章 10.3）

問 14
解答　1，3
1　コンプトン散乱は前方に散乱される光子ほどエネルギーが大きい。
3　散乱光子は必ず入射光子より散乱されるのでエネルギーが低くなる。このため振動数も小さくなる。

問 15
解答　3
　問題の図において，
①は光電効果，
②はトムソン散乱，
③はコンプトン効果，
④は電子対生成，
⑤は三電子対生成
　の質量減弱係数を表す。

問 16
解答　2
　第 10 章の図 10.3　光子のエネルギーに対する各効果の相対的重要さの図から水の実効原子番号をおよそ 8 として光電吸収とコンプトン散乱が等しくなる $\sigma=\tau$ の線上から求めると 0.04MeV となる。この値は覚えておく必要がある。

問 17
解答　2
μ_m：質量減弱係数，μ：線減弱係数，ρ：密度
$\mu_m = \dfrac{\mu}{\rho}$ より
$\mu = \rho\mu_m = 6.7 \times 10^{-2} \times 2.3 = 0.154$ cm　　　x は 1 mm＝0.1 cm を代入

$I = I_0 e^{-\mu x}$

$I = 10^5 \times e^{-0.154 \times 0.1}$

$I = 10^5 \times e^{-0.0154}$

e^{-x} において x が小さいときは $e^{-x} = (1-x)$ で表わすことができる

$I = 10^5 \times (1-0.0154)$

$I = 0.9846 \times 10^5$

相互作用したのは $I_0 - I$ （個）あるから

$I_0 - I = 10^5 - 0.9846 \times 10^5 = 1540$ 個 $= 1.54 \times 10^3$ 個

問18
解答　2

半価層：H，線減弱係数：μ　$\mu H = \ln 2 = 0.693$ の関係がある。

いま，図より透過率が 1.0 から 0.5 になる Al の厚さを求めると 4 cm となる。

$\mu = \dfrac{0.693}{H} = \dfrac{0.693}{4} = 0.173 \text{ cm}^{-1}$

問19
解答　2

式（10.1.2）を用いる。透過率が 10% なので，以下の式が成り立つ。

$$\frac{1}{10} I_0 = I_0 e^{-28.1x}$$

よって，

$$e^{-28.1x} = \frac{1}{10}$$

となり，両辺対数をとると，

$$\ln(e^{-28.1x}) = \ln\left(\frac{1}{10}\right)$$

$$28.1x = \ln 10$$

$$x = \frac{2.3}{28.1} = 0.081 \ [\text{g/cm}^2]$$

モリブデンの密度で除して，長さの単位に変換すると，

$$\frac{0.081}{10.3} = 0.0079 \ [\text{cm}] = 7.9 \times 10^{-5} \ [\text{m}] = 79 \ [\mu\text{m}]$$

となる。

第 11 章　中性子と物質との相互作用

問 1

解答

中性子と ^{2}H（重陽子）と衝突では反跳された重陽子のエネルギーは付録第 11 章の図 A11.4.3 になる。これより反跳重陽子のエネルギーは最大 $\frac{8}{9}E_n$ となるので中性子のエネルギーは $\frac{1}{9}E_n$ となる。10 MeV の中性子が 0.1 MeV 以下になるには 3 回となる。

問 2

解答　2

A　低エネルギーの中性子の核反応断面積は $\frac{1}{v}$ に比例するので $\frac{1}{\sqrt{E}}$ に比例するので正しい。

B　^{2}H（重陽子）の結合エネルギーは 2.2 MeV なので正しい。

C　平均値が 0.025 eV のマクスウェル分布なので誤り。

D　核分裂片の質量数はおよそ 90 と 140 なので誤り。

問 3

解答

付録第 11 章の図 A11.4.3 より反跳核子のエネルギーは $0 \sim \frac{4m_0 M_0}{(m_0+M_0)^2}E_n = \frac{4A}{(1+A)^2}E_n$ で一様分布だから中性子のエネルギーは E_n から $E_n - \frac{4A}{(1+A)^2}E_n$ まで分布し，一様なので中性子エネルギーの平均値は $\frac{E_n}{2}\left(1+\frac{(1-A)^2}{(1+A)^2}\right)=\frac{E_n}{2}(1+r)$ ここで $r=\frac{(1-A)^2}{(1+A)^2}$ で表される。

^{1}H : $A=1$　　$\bar{E}_n = \frac{E_n}{2}$

^{2}H : $A=2$　　$\bar{E}_n = \frac{E_n}{2}\left(1+\frac{1^2}{3^2}\right) \fallingdotseq 0.56\bar{E}_n$

^{12}C : $A=12$　　$\bar{E}_n = \frac{E_n}{2}\left(1+\frac{11^2}{13^2}\right) = 0.86\bar{E}_n$

^{208}Pb : $A=208$　　$\bar{E}_n = \frac{E_n}{2}\left(1+\frac{207^2}{209^2}\right) = 0.99\bar{E}_n$

問 4

解答

$$n = \frac{\ln\frac{E_0}{E}}{\xi} \text{ で } \xi = 1 - \frac{(1-A)^2}{2A}\ln\frac{A+1}{A-1} \text{ であり, } E_0 = 2\text{ MeV}, E = 0.025\text{ eV だから}$$

^{1}H : $n = \ln\frac{2\text{ MeV}}{0.025\text{ eV}} = 18.2$

^{2}H：$\xi = 1 - \dfrac{1}{4}\ln 3 = 0.725$, $n = \dfrac{\ln\dfrac{2\,\text{MeV}}{0.025\,\text{eV}}}{\xi} = \dfrac{18.2}{0.725} = 25$

^{12}C：$\xi = 1 - \dfrac{11^2}{24}\ln\dfrac{13}{11} = 0.157$, $n = \dfrac{\ln\dfrac{2\,\text{MeV}}{0.025\,\text{eV}}}{\xi} = \dfrac{18.2}{0.725} = 116$

^{208}Pb：$\xi = 1 - \dfrac{207^2}{416}\ln\dfrac{209}{207} = 0.00959$, $n = \dfrac{\ln\dfrac{2\,\text{MeV}}{0.025\,\text{eV}}}{\xi} = \dfrac{18.2}{0.00959} = 1897$

問 5
解答　1

11 章 A11.4（211p）で高速中性子の中性子と原子核の弾性散乱における反跳原子核のエネルギーおよびエネルギースペクトルについて述べているので参照すること。

式 A11.4.4 から反跳原子核 E_A の最大値は $E_n \cdot \dfrac{4m_N M_0}{(m_N + M_0)^2}$ から 0 までとなる。このとき散乱核 θ に影響されるため $E_A = E_n \dfrac{4m_N M_0}{(m_N + M_0)^2}\cos^2\theta$ で表わすことができる。

$E_n = E_0$, $M_0 = A$, $m_N = 1$ を代入すると

$E_0 \dfrac{4m_N M_0}{(m_N + M_0)^2}\cos^2\theta = E_0 \dfrac{4A}{(1+A)^2}\cos^2\theta$ が得られる。

この式を求めることは困難であるため高速中性子との弾性散乱における反跳原子核のエネルギーの式は覚えておく必要がある。

問 6
解答　1，3

1　間接電離放射線である。
3　熱中性子は物質と熱平衡になっているので，マックスウェル・ボルツマン分布に従う。

問 7
解答　1，4

1　自由中性子は n → p＋e$^-$＋$\bar{\nu}$ より半減期 10.3 分で β^- 壊変する。
2　非荷電粒子（電荷を持たないので）で間接電離放射線である。
3　電荷を持たないのでクーロン場の影響を受けない。このため核反応しやすい。
　　例（n, γ）（n, α）（n, p）など
4　^{252}Cf は自発核分裂で半減期 2.65 y で中性子 3.8 個を放出する。
5　熱中性子のエネルギーは 20℃で約 0.025 eV である。

問 8

解答　4

中性子の捕獲反応断面積と中性子の入射速度には，以下の関係がある。

$$\sigma \propto \frac{1}{v}$$

よって，中性子の独立した 2 状態の捕獲反応断面積と速度が与えてあれば，間接的に必要なパラメータが計算できる。今 2 状態の捕獲反応断面積を σ_a，σ_b，速度を v_a，v_b とすると，

$$\sigma_a v_a = \sigma_b v_b$$

となる。

まず，中性子 1 [keV] の速度を求める。

$$v = 3.0 \times 10^8 \times \sqrt{1 - \left(\frac{939.5}{0.001 + 939.5}\right)^2} = 4.37 \times 10^5 \ [\mathrm{m/s}]$$

である。題意より求める捕獲反応断面積は，上式を用いると，

$$\sigma = \frac{4.73 \times 4.37 \times 10^5}{2200} = 939.55 \simeq 9.4 \times 10^2 \ [\mathrm{b}]$$

となる。

第12章　放射線診断物理学入門

問1

解答　1

CT値は，水のX線吸収係数を基準とした組織の相対的X線吸収係数で次の式で与えられる．（参照　第12章 12.1.1）

$$\text{CT値} = K \cdot \frac{\mu_t - \mu_w}{\mu_w}$$

μ_t：組織の線吸収係数，μ_w：水の線吸収係数，K：比例定数

問2

解答　4

a　CT値は水を基準（ゼロ）としている．脂肪は水よりも低い（-90前後の値）（参照　第12章 12.1）

b　X線ビームの線減弱係数から求める．

e　対象物質の線減弱係数に比例する．

問3

解答　4

a　^{1}Hの縦緩和時間は純水の方が生体内より長い．

b　核スピン間の相互作用による緩和時間はT_2：横緩和時間で表す．

c　Iは正確にはスピン量子数の意味となる．
スピン量子数Iで磁気モーメントを有する核を静磁場中に置くと，$2I+1$個のエネルギー準位に分かれる．

d　$\omega = \gamma H$となり比例する．
ただし，ω：共鳴周波数，H：静磁場の大きさ，γ：比例定数

e　^{1}H，^{2}H（重水素は，原子番号が1で奇数であるから）ともに磁気共鳴装置で測定可能である．

問4

解答　4

縦緩和はT_1緩和またはスピン－格子緩和とも呼ばれ，縦緩和は縦磁化の回復過程である．（参照　第12章　12.3.2）

横緩和はT_2緩和またはスピン－スピン緩和とも呼ばれ，横緩和は横磁化の減衰過程である．（参照　第12章　12.3.3）

問5

解答　1

ラーモアの歳差運動の式　$\omega_0 = \gamma \cdot H_0$

$\omega = \gamma \cdot H_0$, $\omega_0 = 2\pi\nu_0$ より $2\pi\nu_0 = \gamma H_0$, この式から $\nu_0 = \dfrac{\gamma \cdot H_0}{2\pi}$ が求められる。

ω_0：共鳴角速度（共鳴周波数）
γ：磁気回転比
H_0：静磁場強度
ν_0：共鳴（振動数）周波数

この式を覚えておくこと。

問6
解答　3

密度の高い物質ほど音波の伝播速度は速くなる。弾性が大きいほど伝播速度は大きい。
空気 344 m s^{-1}，脂肪 1476 m s^{-1}，水 1520 m s^{-1}，腎臓 1558 m s^{-1}，肝臓 1550 m s^{-1}，血液 1571 m s^{-1}，筋肉 1540 m s^{-1}，骨 3360 m s^{-1}，鉄 4500 m s^{-1}

問7
解答　4，5

C：音波の伝播速度，K：媒質の体積弾性率，ρ：媒質の密度，Z：音響インピーダンスとすると $C = \sqrt{\dfrac{K}{\rho}}$ および $Z = \rho \cdot C$ の公式が求められるので，伝播速度に関係するのは ρ と K となる。

問8
解答　2

超音波は周波数の高い音波であるので音波の性質を示す。干渉，屈折，散乱，反射，回折　などの性質を示す。
緩和とは NMR（核磁気共鳴）における現象である。

問9
解答　1

周波数 f〔MHz〕の超音波が減衰係数 μ〔dB cm^{-1} MHz^{-1}〕の物質を距離 z〔cm〕通過した場合の減衰〔dB〕から，減衰 [dB] $= \mu \times Z \times f$ が求められる

定 数 表

$e = 2.71828182\cdots\cdots$

$M = \log_{10} e = 0.43429448\cdots\cdots$ $1/M = \ln 10 = 2.30258509\cdots\cdots$

真空中における光の速度	$c = 2.9979246 \times 10^8 \text{ ms}^{-1}$
気 体 定 数	$R = 8.81447 \text{ J mol}^{-1}\text{K}^{-1}$
1 グラム分子の体積（0℃, 101325 Pa）	$V_0 = 22.41400 \times 10^{-3} \text{ m}^3 \text{ mol}^{-1}$
アボガドロ数（1 グラム分子の分子数）	$N_A = 6.022142 \times 10^{23} \text{ mol}^{-1}$
ロシュミット定数（0℃, 標準気圧 1 cm³ 中のガス分子数）	$n_0 = N_A/V_0 = 2.68719 \times 10^{19} \text{ cm}^{-3}$
ボルツマン定数	$k = R/N_A = 1.380650 \times 10^{-23} \text{ J K}^{-1}$
プランク定数	$h = 6.626069 \times 10^{-34} \text{ J}\cdot\text{s}$
リュードベリ定数（質量無限大の原子に対する）	$R_\infty = m_e e^4 / 4\pi h^3 c = 1.097316 \times 10^7 \text{ m}^{-1}$
電 気 素 量	$e = 1.6021765 \times 10^{-19} \text{ C}$
電子の比電荷	$e/m = 1.7588202 \times 10^{11} \text{ C kg}^{-1}$
真空の透磁率	$\mu_0 = 4\pi \times 10^{-7} = 1.2566371 \times 10^{-5} \text{ N}\cdot\text{s}^2\text{C}^{-2}$
真空の誘電率	$\varepsilon_0 = \mu_0^{-1} c^{-2} = 10^7/4\pi c^2 = 8.8541878 \times 10^{-12} \text{ F m}^{-1}$

	kg	u	MeV
電　子　(m_e)	$9.1093819 \times 10^{-31}$	5.4857991×10^{-4}	5.1099890×10^{-1}
陽　子　(m_p)	$1.6726216 \times 10^{-27}$	1.0072765	9.3827200×10^2
中 性 子　(m_n)	$1.6749272 \times 10^{-27}$	1.0086649	9.3956533×10^2
水素原子　${}_1^1\text{H}$	$1.6735325 \times 10^{-27}$	1.0078250	9.3878298×10^2
α 粒　子	$6.6446558 \times 10^{-27}$	4.0015061	3.7273790×10^3

換　算　表

1, 時　間

年	日	時	分	秒
1	365.26	8.766×10^3	5.260×10^5	3.156×10^7
2.738×10^{-3}	1	24	1.440×10^3	8.640×10^4
1.141×10^{-4}	0.04167	1	60	3.600×10^3
1.901×10^{-6}	6.944×10^{-4}	0.01667	1	60
3.169×10^{-8}	1.157×10^{-5}	2.778×10^{-4}	0.01667	1

2, エネルギーならびに関連の単位

kg	u	J	MeV
1	6.0221420×10^{26}	8.9875518×10^{16}	5.6095892×10^{29}
$1.6605387 \times 10^{-27}$	1	$1.4924178 \times 10^{-10}$	9.3149401×10^2
$1.1126501 \times 10^{-17}$	6.7005366×10^9	1	6.2415097×10^{12}
$1.7826617 \times 10^{-30}$	1.0735442×10^{-3}	$1.6021765 \times 10^{-13}$	1

$1 \text{ J} = 10^7 \text{ erg}$　$1 \text{ cal}_{15°C} = 4.1855 \text{ J}$　$1 \text{ W} = 1 \text{ J/s}$

量子エネルギー 1 eV の光の波長 = $1.23984\ \mu\text{m}$

3, 電磁気的量

量	慣用量記号	SI	CGS 絶対系 $c \fallingdotseq 3 \times 10^{10}$ cm/s	
			電磁単位（emu）	静電単位（esu）
電荷，電気量	Q	1 クーロン　(C)	$= 10^{-1}$	$= c \cdot 10^{-1}$
電　　流	I	1 アンペア　(A)	$= 10^{-1}$	$= c \cdot 10^{-1}$
電位差，電圧	V	1 ボルト　(V)	$= 10^8$	$= c^{-1} \cdot 10^8$
電場の強さ	E	1 ボルト毎メートル (V/m)	$= 10^6$	$= c^{-1} \cdot 10^6$
抵　　抗	R	1 オーム　(Ω)	$= 10^9$	$= c^{-2} \cdot 10^9$
静電容量	C	1 ファラッド　(F)	$= 10^{-9}$	$= c^2 \cdot 10^{-9}$
磁　束	ϕ	1 ウェーバ　(Wb)	$= 10^3$ Mx	$= c^{-1} \cdot 10^3$
磁束密度	B	1 テスラ　(T)	$= 10^4$ G	$= c^{-1} \cdot 10^4$

元素の周期表

	1	2	3	4	5	6	7	8	9	10	11	12	13	14	15	16	17	18
1	1 H 1.008 水素																	2 He 4.003 ヘリウム
2	3 Li 6.938 リチウム	4 Be 9.012 ベリリウム											5 B 10.81 ホウ素	6 C 12.01 炭素	7 N 14.01 窒素	8 O 16.00 酸素	9 F 19.00 フッ素	10 Ne 20.18 ネオン
3	11 Na 22.99 ナトリウム	12 Mg 24.31 マグネシウム											13 Al 26.98 アルミニウム	14 Si 28.09 ケイ素	15 P 30.97 リン	16 S 32.06 硫黄	17 Cl 35.45 塩素	18 Ar 39.95 アルゴン
4	19 K 39.10 カリウム	20 Ca 40.08 カルシウム	21 Sc 44.96 スカンジウム	22 Ti 47.87 チタン	23 V 50.94 バナジウム	24 Cr 52.00 クロム	25 Mn 54.94 マンガン	26 Fe 55.85 鉄	27 Co 58.93 コバルト	28 Ni 58.69 ニッケル	29 Cu 63.55 銅	30 Zn 65.38 亜鉛	31 Ga 69.72 ガリウム	32 Ge 72.63 ゲルマニウム	33 As 74.92 ヒ素	34 Se 78.96 セレン	35 Br 79.90 臭素	36 Kr 83.80 クリプトン
5	37 Rb 85.47 ルビジウム	38 Sr 87.62 ストロンチウム	39 Y 88.91 イットリウム	40 Zr 91.22 ジルコニウム	41 Nb 92.91 ニオブ	42 Mo 95.96 モリブデン	43 Tc — テクネチウム	44 Ru 101.1 ルテニウム	45 Rh 102.9 ロジウム	46 Pd 106.4 パラジウム	47 Ag 107.9 銀	48 Cd 112.4 カドミウム	49 In 114.8 インジウム	50 Sn 118.7 スズ	51 Sb 121.8 アンチモン	52 Te 127.6 テルル	53 I 126.9 ヨウ素	54 Xe 131.3 キセノン
6	55 Cs 132.9 セシウム	56 Ba 137.3 バリウム	57～71 ランタノイド	72 Hf 178.5 ハフニウム	73 Ta 180.9 タンタル	74 W 183.8 タングステン	75 Re 186.2 レニウム	76 Os 190.2 オスミウム	77 Ir 192.2 イリジウム	78 Pt 195.1 白金	79 Au 197.0 金	80 Hg 200.6 水銀	81 Tl 204.4 タリウム	82 Pb 207.2 鉛	83 Bi 209.0 ビスマス	84 Po — ポロニウム	85 At — アスタチン	86 Rn — ラドン
7	87 Fr — フランシウム	88 Ra — ラジウム	89～103 アクチノイド	104 Rf — ラザホージウム	105 Db — ドブニウム	106 Sg — シーボーギウム	107 Bh — ボーリウム	108 Hs — ハッシウム	109 Mt — マイトネリウム	110 Ds — ダームスタチウム	111 Rg — レントゲニウム	112 Cn — コペルニシウム	113 Nh — ニホニウム	114 Fl — フレロビウム	115 Mc — モスコビウム	116 Lv — リバモリウム	117 Ts — テネシン	118 Og — オガネソン

ランタノイド元素	57 La 138.9 ランタン	58 Ce 140.1 セリウム	59 Pr 140.9 プラセオジム	60 Nd 144.2 ネオジム	61 Pm — プロメチウム	62 Sm 150.4 サマリウム	63 Eu 152.0 ユウロピウム	64 Gd 157.3 ガドリニウム	65 Tb 158.9 テルビウム	66 Dy 162.5 ジスプロシウム	67 Ho 164.9 ホルミウム	68 Er 167.3 エルビウム	69 Tm 168.9 ツリウム	70 Yb 173.1 イッテルビウム	71 Lu 175.0 ルテチウム
アクチノイド元素	89 Ac — アクチニウム	90 Th 232.0 トリウム	91 Pa 231.0 プロトアクチニウム	92 U 238.0 ウラン	93 Np — ネプツニウム	94 Pu — プルトニウム	95 Am — アメリシウム	96 Cm — キュリウム	97 Bk — バークリウム	98 Cf — カリホルニウム	99 Es — アインスタイニウム	100 Fm — フェルミウム	101 Md — メンデレビウム	102 No — ノーベリウム	103 Lr — ローレンシウム

備考:元素記号の左側の数字は原子番号,下の数字は原子量(2012年,有効数字5桁以下は四捨五入)をそれぞれ示す。原子量が空欄になっている元素は,安定同位体のない元素である。

索　　　引

〔ア〕

アクチニウム系列	60
アボガドロ数	40
アボガドロ定数	20
アボガドロの法則	20
アルバレ型直線加速装置	70
安定核種	39
安定元素	39
安定同位体	39

〔イ〕

1グラム原子	40
1グラム分子	40
一次宇宙線	103
1次電離	117
1モル	40
インビトロ検査	157, 163
インビボ検査	157

〔ウ〕

ウィデレー型直線加速装置	69
宇宙線	103
宇宙線起源核種	58, 61
ウラン系列	58

〔エ〕

永続平衡	49
永年平衡	49
エネルギー吸収係数	142
エネルギー束密度	106
エネルギー損失	106, 115
エネルギーフルエンス	79, 106
エネルギーフルエンス率	79

〔オ〕

オージェ効果	34
オージェ電子	34
親核種	46
音響インピーダンス	168

〔カ〕

ガイガー・ヌッタルの法則	53
外部放射線治療	174
壊変図	58
壊変定数	46
核医学検査	157, 158
核医学治療	157
核異性体	57
核異性体転移	57
核子	21
核磁気共鳴イメージング	164
核種	21
核反応断面積	80
核反応のQ値	80
核反応率	81
核分裂反応	85
核分裂片	86
核融合反応	87
画素	156
過渡平衡	49
カーマ	107, 142
ガリレイ変換	11
間接電離粒子	99
管電圧	32
管電流	32

〔キ〕

基底状態	26
キャビテーション	169
吸収線量	107
強度変調放射線治療	177
共鳴散乱	150

〔ク〕

クライン―仁科の式	138
クーロンエネルギー	16
クーロン力	16

〔ケ〕

蛍光収率	34
軽，重イオン入射反応	83

索　引

結合エネルギー ……………………………31, 41
原子核 ……………………………………………21
原子核の半径 ……………………………………38
原子質量単位 ……………………………………40
原子断面積 ……………………………………131
原子量 …………………………………………40
原子炉 …………………………………………94
原子炉の構造 ……………………………………95

〔コ〕

高 LET 放射線 ……………………………………173
光子の運動量 ……………………………………15
校正深 …………………………………………178
校正点の吸収線量 ……………………………178
高速中性子 ……………………………………149
光電効果 ………………………………………136
個人線量当量 …………………………………109
コッククロフト・ウォルトン加速装置 ……67
コンピュータ断層撮影 ……………………153
コンプトン効果 ………………………………137
コンベンショナルスキャン …………………154

〔サ〕

サイクロトロン …………………………………71
最大飛程 ………………………………………121
3 次元レンダリング …………………………156
散乱 ……………………………………121, 124

〔シ〕

ジェネレータ ……………………………………159
磁気緩和 ………………………………………165
磁気モーメント ………………………………164
磁気量子数 ………………………………………26
自然放射性核種 …………………………………58
実効線量 ………………………………………108
実効線量率定数 ………………………………110
質量エネルギー吸収係数 ……………………142
質量欠損 ………………………………………41
質量減弱係数 …………………………………130
質量衝突阻止能 ………………………116, 124
質量数 …………………………………………21
質量阻止能 ……………………………116, 119
質量超過 ………………………………………41
質量放射阻止能 ………………………………116
自発核分裂 ……………………………………57
1/10 価層 ………………………………………131
周辺線量当量 …………………………………108

主量子数 …………………………………………24
照射線量 ………………………………………107
衝突カーマ ……………………………………107
消滅放射線 ……………………………………123
シンクロトロン …………………………………74
進行波型直線加速装置 ………………………70
人工放射性核種 …………………………………62
人工放射性同位体 ………………………………62
シンチカメラ …………………………………159
シンチグラフィ ………………………………162
深部量百分率曲線 ……………………………173

〔ス〕

スキャタリングフォイル ……………………177
スネルの法則 …………………………………168
スピン …………………………………………42

〔セ〕

正イオン …………………………………………31
静止エネルギー …………………………………14
制動 X 線 ………………………………………33
生物学的効果比 ………………………173, 174
線エネルギー転移係数 ………………………142
線エネルギー付与 ……………106, 117, 173
線減弱係数 ……………………………………130
全質量減弱係数 ………………………………131
線衝突阻止能 …………………………………116
線スペクトル ……………………………………31
全線減弱係数 …………………………………131
線阻止能 ………………………………………115
全電離 …………………………………………117
線放射阻止能 …………………………………116
線量校正 ………………………………………178

〔ソ〕

増倍率 …………………………………………94
束縛エネルギー …………………………………31
即発中性子 ……………………………………86
阻止能 …………………………………106, 115

〔タ〕

縦緩和 …………………………………………166
多列検出器 CT …………………………………155
断面積 …………………………………………107
単列検出器 CT …………………………………155

〔チ〕

- チェレンコフ効果 …………………………… 122
- 蓄積リング …………………………………… 75
- 遅発中性子 …………………………………… 86
- 中性子源 ……………………………………… 103
- 中性子線 ……………………………………… 100
- 中速中性子 …………………………………… 148
- 超音波検査法 ………………………………… 167
- 超音波診断装置 ……………………………… 167
- 超音波の減衰 ………………………………… 169
- 直接電離粒子 ………………………………… 99
- 直線加速装置 ………………………………… 69

〔テ〕

- 低 LET 放射線 ……………………………… 173
- 定位放射線照射 ……………………………… 177
- 定在波型加速装置 …………………………… 70
- デュエヌ・フントの法則 …………………… 34
- 電子親和力 …………………………………… 31
- 電子対生成 …………………………………… 140
- 電子入射反応 ………………………………… 84
- 電子平衡 ……………………………………… 111
- 電子捕獲 ……………………………………… 54
- 電子-陽電子対消滅 …………………………… 123
- 天然誘導放射性核種 ………………………… 61
- 伝播速度 ……………………………………… 167
- 電離 …………………………………………… 30
- 電離エネルギー ……………………………… 30
- 電離放射線 …………………………………… 99

〔ト〕

- 同位体 ………………………………………… 21
- 同位体存在度 ………………………………… 39
- 等価線量 ……………………………………… 107
- 同重体 ………………………………………… 21
- 同中性子体 …………………………………… 21
- 特殊相対性理論 ……………………………… 11
- 特性 X 線 ……………………………………… 32
- ドップラー効果 ……………………………… 169
- トムソン散乱 ………………………………… 139
- トリウム系列 ………………………………… 60
- ドリフトチューブライナック ……………… 70

〔ナ〕

- 内部転換 ……………………………………… 57
- 内部転換電子 ………………………………… 57

〔ニ〕

- 二次宇宙線 …………………………………… 103
- 2 次電離 ……………………………………… 117
- 任意断面再構成 ……………………………… 156

〔ネ〕

- 熱中性子 ……………………………………… 147
- ネプツニウム系列 …………………………… 62

〔ハ〕

- パウリの排他律 ……………………………… 26
- パッシェン系列 ……………………………… 22
- バルマー系列 ………………………………… 22
- 半価層 ………………………………………… 131
- 半減期 ………………………………………… 47

〔ヒ〕

- ピクセル ……………………………………… 156
- 飛程 ……………………………………… 116, 121, 124
- 比電離 ………………………………………… 117
- 非電離放射線 ………………………………… 99
- 微分断面積 …………………………………… 81
- 非密封 RI 治療 ……………………………… 176
- ビルドアップ比 ……………………………… 133

〔フ〕

- ファン・ド・グラーフ加速装置 …………… 68
- 負イオン ……………………………………… 31
- 物質波 ………………………………………… 15
- ブラケット系列 ……………………………… 22
- ブラッグピーク ………………………… 126, 174
- フラットニングフィルタ …………………… 177
- フンド系列 …………………………………… 22

〔ヘ〕

- 平均自由行程 ………………………………… 131
- 平均寿命 ……………………………………… 47
- 平均電離エネルギー ………………………… 117
- ベータトロン ………………………………… 73
- ヘリカルスキャン …………………………… 154

〔ホ〕

- ボーアの原子模型 …………………………… 24
- ボーア半径 …………………………………… 23
- 方位量子 ……………………………………… 26
- 方向線量当量 ………………………………… 109

索　引

放射化 …………………………………88
放射性医薬品 …………………………158
放射性壊変 ……………………………46
放射性核種の製造 ……………………158
放射性系列元素 ………………………58
放射線治療 ……………………………173
放射線崩壊 ……………………………46
放射平衡 ………………………………48

〔マ〕

マイクロトロン ………………………75
マクスウェル・ボルツマン分布 ……101
マグネトロン …………………………176
マクロ断面積 …………………………94

〔ミ〕

密封小線源治療 ………………………175

〔ム〕

娘核種 …………………………………46

〔モ〕

モーズレーの法則 ……………………24

〔ヨ〕

陽子入射反応 …………………………82
横緩和 …………………………………166

〔ラ〕

ライマン系列 …………………………22
ラーモア周波数 ………………………164
ラーモアの歳差運動 …………………164

〔リ〕

粒子束密度 ……………………………106
粒子フルエンス ………………………79, 106
粒子フルエンス率 ……………………79, 106
リュードベリ定数 ……………………22

〔レ〕

励起 ……………………………………27
励起エネルギー ………………………27
励起関数 ………………………………83
レーリー散乱 …………………………140
連鎖反応 ………………………………86
連続スペクトル ………………………31

〔ロ〕

ローレンツ変換 ………………………12

〔欧文〕

AVF サイクロトロン …………………72
CT 値 ……………………………………154
EC 壊変 …………………………………54
^{18}F-FDG …………………………………163
IMRT ……………………………………177
K 吸収端 …………………………………136
LET ………………………………………117, 173
L 吸収端 …………………………………136
MDCT ……………………………………155
MPR ………………………………………156
MRI ………………………………………164
PET 装置 …………………………………160
RBE ………………………………………173
RF パルス …………………………………165
SPECT 装置 ……………………………159
STI ………………………………………177
T_1 緩和 …………………………………166
T_2 緩和 …………………………………166
$1/v$ 法則 …………………………………149
W 値 ………………………………………117
X 線 ………………………………………31, 46
X 線 CT …………………………………153
X 線管 ……………………………………31
α 壊変 …………………………………51
α 壊変の Q 値 …………………………52
β 壊変 …………………………………53
β 壊変の Q 値 …………………………54

柴 田 徳 思（しばた とくし）

1941年：東京に生まれる。
1965年：千葉大学文理学部自然学科卒業
1967年：大阪大学理学研究科修士課程物理学科同修了
1970年：大阪大学理学研究科博士課程物理学科単位取得後退学
職　　歴：大阪大学理学部助教授，東京大学原子核研究所教授，高エネルギー加速器研究機構教授（放射線科学センター長），総合研究大学院大学数物研究科教授，日本原子力研究所特別研究員，日本原子力研究開発機構客員研究員，㈱千代田テクノル大洗研究所所長等を歴任，理学博士

中 谷 儀一郎（なかや ぎいちろう）

1956年：静岡県に生まれる
1978年：中央医療技術専門学校診療放射線学科卒業
1983年：東京理科大学理学部物理学科卒業
1996年：日本大学大学院理工学研究科修士課程修了
2009年：首都大学東京大学院人間健康科学研究科博士課程単位取得後退学
職　　歴：東京女子医科大学病院，城西医療技術専門学校，日本医療科学大学保健医療学部　学部長・教授，診療放射線技師，第一種放射線取扱主任者，修士（工学），医学物理士

山　﨑　　真（やまざき まこと）

2007年：信州大学理学部物理科学科卒業
2010年：信州大学工学系研究科物質基礎科学専攻修了
2013年：信州大学総合工学系研究科物質創成科学専攻修了
職　　歴：国立研究開発法人国立循環器病研究センター研究所画像診断医学部流動研究員，日本医療科学大学保健医療学部助教，群馬パース大学医療技術学部講師，理学博士

執筆協力

市 川 真 澄（いちかわ ますみ）
　　日本医療科学大学保健医療学部診療放射線学科　教授

末 永 光 八（すえなが みつや）
　　城西放射線技術専門学校診療放射線学科　学科長

佐 藤 　 洋（さとう ひろし）
　　日本医療科学大学保健医療学部診療放射線学科　教授

放射線物理学（改訂2版）

2011年4月21日　改訂新版第1刷発行
2019年2月25日　改訂2版第1刷発行
2023年3月10日　改訂2版第2刷発行　Ⓒ 2023

定価　3520円（本体3200円＋税）

著者　柴　田　徳　思
　　　中　谷　儀一郎
　　　山　﨑　　　真

発行　（株）通商産業研究社
東京都港区北青山2丁目12番4号（坂本ビル）
〒107-0061　TEL03(3401)6370　FAX03(3401)6320
URL　http://www.tsken.com

（落丁・乱丁はおとりかえいたします）

ISBN978-4-86045-112-7